# 连续变量系统中的量子关联问题研究

马瑞芬　著

U0344953

華中科技大學出版社
http://press.hust.edu.cn
中国 · 武汉

## 内 容 简 介

量子关联是存在于复合量子系统中的一种奇特现象。量子纠缠、量子失协、量子导引等各种量子关联,是量子计算和量子信息中的重要资源。本书利用算子代数与算子理论的方法与技巧介绍作者近年来对连续变量系统量子态的量子关联研究成果,旨在抛砖引玉。

全书共 6 章。第 1 章是绪论,介绍连续变量量子信息论的一些基础知识。第 2 章介绍基于局域高斯正算子值测量运用平均距离引入的两种量子关联。第 3 章讨论了由保持约化态不变的局域测量诱导的一种量子非定域性在高斯态上的表现行为,以及连续变量系统引入高斯量子关联(GMIN)的可能性问题。第 4 章研究了由局域高斯西算子诱导的高斯鉴别强度问题。第 5 章构造并讨论了 $k$ 体高斯乘积态的关联度量问题。第 6 章讨论了连续变量系统中的另外一种量子关联,即量子导引的判据和度量问题。

本书读者对象为高等院校基础数学专业泛函分析和量子信息方向的研究生和有关科研人员。

**图书在版编目(CIP)数据**

连续变量系统中的量子关联问题研究 / 马瑞芬著. --武汉:华中科技大学出版社,2024.9
ISBN 978-7-5772-0436-9

Ⅰ.①连… Ⅱ.①马… Ⅲ.①量子论-研究 Ⅳ.①O413

中国国家版本馆 CIP 数据核字(2024)第 040720 号

**连续变量系统中的量子关联问题研究**　　　　　　　　　　　马瑞芬　著
Lianxu Bianliang Xitong Zhong de Liangzi Guanlian Wenti Yanjiu

| | |
|---|---|
| 策划编辑:王一洁 | |
| 责任编辑:陈　忠 | |
| 封面设计:王　娜 | |
| 责任监印:朱　玢 | |
| 出版发行:华中科技大学出版社(中国·武汉) | 电　话:(027)81321913 |
| 　　　　　武汉市东湖新技术开发区华工科技园 | 邮　编:430223 |
| 录　　排:华中科技大学惠友文印中心 | |
| 印　　刷:武汉科源印刷设计有限公司 | |
| 开　　本:710mm×1000mm　1/16 | |
| 印　　张:9.5 | |
| 字　　数:141 千字 | |
| 版　　次:2024 年 9 月第 1 版第 1 次印刷 | |
| 定　　价:89.80 元 | |

本书若有印装质量问题,请向出版社营销中心调换
全国免费服务热线:400-6679-118　竭诚为您服务
版权所有　侵权必究

# 前　　言

数学是科学的语言，随着各学科的发展，数学作为工具所发挥的作用越来越明显。算子代数、算子理论是泛函分析的重要分支，有着深刻的量子力学背景，著名的数学家冯·诺依曼曾预言 Hilbert 空间上的分析学在量子力学中的重要性。量子信息科学是在量子物理基础上发展起来的新兴前沿学科，各个学科领域科学家对其高度重视并协同展开研究。量子调控研究成为《国家中长期科学和技术发展规划纲要（2006—2020 年）》中基础研究方面提出的四项重大科学研究计划之一，具有广泛和深刻的应用前景。所以，在量子理论研究中，以矩阵代数和算子理论为工具来对量子信息进行理论刻画，成了量子理论的热点问题之一，既丰富了数学知识的应用，又促进了量子信息和量子计算的创新和发展。

在量子信息理论中，量子关联是重要的物理资源。1935 年，Einstein、Podolsky 和 Rosen（EPR）首次发现了复合系统量子态与经典力学相矛盾的反常现象：对一个粒子进行局域操作，会影响到与它距离甚远的另一个粒子。这种现象被称为量子关联。同年，Schrödinger 第一次给出了“纠缠”的概念。但是，当时对纠缠的研究只是停留在哲学的层面上，直至 1989 年，Werner 从数学角度正式给出纠缠态的定义，使人们对纠缠问题的刻画更准确、更严谨。从此，纠缠问题吸引了大量物理学家、计算机学家及数学家共同协作进行研究，并且关于纠缠的研究在深度和广度上都有突破性的进展，取得了很多丰富的成果。纠缠作为一种重要的信息载体，也被广泛应用于量子密钥、量子隐形传态、量子计算等领域。在数学层面，检测纠缠的各种判据和刻画纠缠程度的多种度量不断涌现，极大地促进了量子信息科学的蓬勃发展。

随着研究的深入，学者们发现了量子系统中不同于量子纠缠的量子关联。1998 年，Knill 和 Laflamme 提出了一个量子计算模型(DQC1)，这个模型不存在纠缠态，但是实现了对经典计算机指数级加速的量子运算。因此，纠缠之外的量子关联也是重要的物理资源。这就启发了学者们从不同的角度探索研究不同的量子关联，如 Henderson 和 Vedral 及 Ollivier 和 Zurek 独立地基于量子互信息和量子测量提出了量子失协(quantum discord)；Luo 先后提出了基于测量诱导的扰动(measurement-induced disturbance)和测量诱导的非定域性 (measurement-induced nonlocality)；量子导引(quantum steering)、Bell 非定域性、量子相干性等量子关联也被广泛研究。可以说，量子关联已在量子计算、量子相变、量子计量学、量子动力学及其退相干、量子密集编码、远程量子态控制得到了广泛应用，也将在未来的保密通信和计算机领域发挥至关重要的作用。

近年来，无限维系统特别是连续变量系统也受到了人们的广泛关注，这类系统可以由正则场算子(位置算子和动量算子)描述。在连续变量系统中，常见的量子态是高斯态。在量子信息领域，许多应用需要制备一般量子态。对一般物理系统来说，这很难全部实现。但是在量子光学系统中，物理实验通过分束器、移相器、零差测量可以制备和操控高斯态。Braunstein 给出了高斯态的量子信息理论，基本包含了所有在实验上能实现的连续变量系统态。所以高斯系统具有非常广阔的应用前景和极高的理论研究价值，研究表明其在量子光学、量子隐形传态、量子克隆、连续变量量子密码、连续变量量子计算、连续变量量子算法等中有着很好的应用。

为了识别量子态是否具有某种量子关联，以及便于直观了解该量子关联的程度并掌握量子关联在信息处理过程中的变化情况，重要的任务就是寻找识别量子关联的判据，并构造具体的量化度量。高斯态纠缠已被证明是一个难度较大但有价值的工具，可以提高光学分辨率、光谱学、层析成像及量子运算的识别等。因此很多检测高斯纠缠的判据也相继得出。之后，高斯量子失协、高斯几何失协也作为重要的物理资源被广泛应用于量子密钥分布，但是即使这样，我们从中获得的信息仍然很少，只能针对特殊的双模高斯态给出精确的表达式。因此，为了让量子通信积累更多的量子资源，需要在连续变量系统中，进一步挖掘容易计算，包含更多信息、更多性能的量子关联。从不同的角度引入不同的量子关联或者同一关联的不同度量，刻画它们的性质以及在量子信息处理中的演化与作用就显得尤为重要。目前有关连续变量系统的量子关联的成果尚且有限，还有很多值得探讨的问题，本书是作者近年来的研究成果，主要利用算子代数与算子理论讨论了连续变量系统的若干量子关联问题，旨在抛砖引玉。

本书共分 6 章。第 1 章是绪论，主要介绍了连续变量系统量子信息论的一些基础知识和定理等。第 2 章我们针对连续变量系统，基于一般局域高斯正算子值测量和基于纯高斯态作为生成种子的高斯正算子测量，运用平均距离定义了两种量子关联 $Q$ 和 $Q_P$，证明了 $Q$ 和 $Q_P$ 的一系列性质。第 3 章主要讨论了由保持约化态不变的局域测量诱导的一种量子关联 MIN 在高斯态上的表现行为，以及连续变量系统引入高斯 MIN 的可能性问题。第 4 章主要讨论由局域高斯酉算子诱导的非经典性。第 5 章在第 2 章的基础上进行分析改进，研究了刻画 $k$ 体高斯乘积态的关联度量 $Q_r^{(k)}$。第 6 章讨论了连续变量系统中的另外一种量子关联——量子导引，提出了量子导引 witness 的定义、导引判据、witness 可比较问题和最优性问题，并构造了一种易于计算的节省物理资源的高斯量子导引度量。

最后介绍一下本书所用符号。本书采用量子力学中的惯用符号系统——Dirac 符号。书中 Hilbert 空间均指复 Hilbert 空间，向量用 ket 符号 $|\cdot\rangle$ 表示，用 bra-ket 符号 $\langle\cdot,\cdot\rangle$ 表示给定 Hilbert 空间 $H$ 中的内积。对给定 Hilbert 空间 $H$、$K$，$\mathcal{B}(H,K)$ 表示 $H$ 到 $K$ 上的有界线性算子组成的集合（当 $H=K$ 时，简记为 $\mathcal{B}(H)$）；$C_2(H,K)$ 表示由 $\mathcal{B}(H,K)$ 中的 Hilbert-Schmidt 类算子组成的 Hilbert 空间，即 $C_2(H,K)=$

$\{\boldsymbol{A} \in \mathcal{B}(H,K) : \|\boldsymbol{A}\|_2 = [\mathrm{Tr}(\boldsymbol{A}^+ \boldsymbol{A})]^{\frac{1}{2}}\} < +\infty\}$，其内积 $\langle \boldsymbol{A},\boldsymbol{B}\rangle = \mathrm{Tr}(\boldsymbol{A}^+ \boldsymbol{B})$，$\boldsymbol{A},\boldsymbol{B} \in C_2(H,K)$。$C_p(H)$ 表示 $H$ 上 Schatten-$p$ 类算子全体组成的 Banach 空间。当 $p=1$ 时，即迹类算子空间，用 $\mathcal{T}(H)$ 来表示。$S(H)$ 表示 Hilbert 空间 $H$ 的量子态全体。对于 $H$ 上的算子 $\boldsymbol{A}$，$\boldsymbol{A}^+$ 表示 $\boldsymbol{A}$ 的伴随算子，$\boldsymbol{A}^{\mathrm{T}}$ 表示在某组标准正交基下 $\boldsymbol{A}$ 的转置，$\mathrm{ran}(\boldsymbol{A})$表示 $\boldsymbol{A}$ 的值域，$\mathrm{rank}(\boldsymbol{A})$表示 $\boldsymbol{A}$ 的秩。若 $\boldsymbol{A}^+=\boldsymbol{A}$ 且 $\langle \boldsymbol{\varphi}|\boldsymbol{A}|\boldsymbol{\varphi}\rangle \geqslant 0$ 对所有(单位)向量 $|\boldsymbol{\varphi}\rangle \in H$ 都成立，则称 $\boldsymbol{A}$ 为正算子，记作 $\boldsymbol{A} \geqslant 0$。若 $\boldsymbol{A}$ 为迹类算子，则 $\mathrm{Tr}(\boldsymbol{A})$表示对 $\boldsymbol{A}$ 取迹。

本书相关的研究工作得到了太原科技大学应用科学学院的支持。同时，本书出版得到了国家自然科学基金(11901421)和太原科技大学博士启动基金的资助，在此一并表示衷心的感谢。由于时间仓促，加上作者水平有限，疏漏之处在所难免，恳请读者批评指正。

**马瑞芬**

2023 年 9 月

**太原科技大学**

# 目　　录

# 第 1 章　绪　　论

本章主要介绍后面章节中常用的有界线性算子、Hahn-Banach 延拓定理等泛函分析基础知识以及连续变量系统中的量子关联基本概念和结论。

## 1.1　Banach 空间及算子

**定义 1.1**　设 $X$ 是实或复线性空间，如果在 $X$ 上定义了非负函数 $\|\cdot\|$，满足下列公理。

(1) 三角不等式：对任意的 $\boldsymbol{x},\boldsymbol{y}\in X$，有 $\|\boldsymbol{x}+\boldsymbol{y}\|\leqslant\|\boldsymbol{x}\|+\|\boldsymbol{y}\|$。

(2) 对任意的 $\boldsymbol{x}\in X$，任意的数 $a$，有 $\|a\boldsymbol{x}\|=|a|\|\boldsymbol{x}\|$。

(3) $\|\boldsymbol{x}\|=0$ 当且仅当 $\boldsymbol{x}=\boldsymbol{0}$，称 $X$ 为赋范空间。进而，如果还满足对 $X$ 中的任意柯西序列 $\{\boldsymbol{x}_n\}$（即当 $n$、$m\to+\infty$ 时，$\|\boldsymbol{x}_n-\boldsymbol{x}_m\|\to 0$），存在 $\boldsymbol{x}\in X$ 使得 $\lim\limits_{n\to+\infty}\|\boldsymbol{x}_n-\boldsymbol{x}\|=0$，则称 $X$ 是 Banach 空间。

满足(1)～(3)的非负函数 $\|\cdot\|$ 称为 $X$ 上的范数。满足(1)和(2)的非负函数 $\|\cdot\|$ 称为半范数。

设 $\boldsymbol{f}$ 为 $X$ 上的线性泛函。如果 $\|\boldsymbol{f}\|=\sup\limits_{\|\boldsymbol{x}\|\leqslant 1}|\boldsymbol{f}(\boldsymbol{x})|<+\infty$，称 $\boldsymbol{f}$ 为 $X$ 上的有界线性泛函。记 Banach 空间 $X$ 上的有界线性泛函全体为 $X^*$，则 $X^*$ 按通常函数的加法和数乘法成为线性空间。$(X^*,\|\cdot\|)$ 也是 Banach 空间，称此空间为 $X$ 的共轭空间。

设 $X$ 和 $Y$ 是 Banach 空间，$\boldsymbol{T}: X\to Y$ 是线性映射。如果 $\|\boldsymbol{T}\|=\sup\limits_{\|\boldsymbol{x}\|\leqslant 1}\|\boldsymbol{T}\boldsymbol{x}\|<+\infty$，称 $\boldsymbol{T}$ 有界。$\boldsymbol{T}$ 是连续的当且仅当 $\boldsymbol{T}$ 是有界的，而 $\|\boldsymbol{T}\|$ 称为 $\boldsymbol{T}$ 的范数。

在 Banach 空间及算子理论中，通常认为开映射定理、闭图像定理、

Hahn-Banach 延拓定理和一致有界原理是最基本的定理，我们列举部分定理如下。

**定理 1.1(开映射定理)** 设 $\boldsymbol{T}$ 是 Banach 空间 $X$ 到 Banach 空间 $Y$ 的有界线性算子，且 $\boldsymbol{T}X = Y$，则 $\boldsymbol{T}$ 为开映射。

**定理 1.2(Hahn-Banach 延拓定理)** 如果 $\boldsymbol{f}$ 为 $X$ 的闭线性子空间上的有界线性泛函，则 $\boldsymbol{f}$ 可保范地延拓为 $X$ 上的有界线性泛函。

接下来，我们给出 Hahn-Banach 延拓定理的几何解释。首先，给出超平面的概念：对一般无穷维的 Banach 空间 $X$ 上的连续线性泛函 $\boldsymbol{f}(x)$，称点集 $\{x \in X : \boldsymbol{f}(x) = c\}$ 为 $X$ 中的超平面，这里 $c$ 为常数。设 $M$ 是 $X$ 中的线性流形，$x_0 \in X \backslash M$，我们称点集 $g = x_0 + M \triangleq \{x_0 + x : x \in M\}$ 为 $X$ 中的线性簇。

例如，对于三维空间上的线性泛函 $f(x,y,z) = ax + by + cz$，点集 $\{(x,y,z) : f(x,y,z) = d\}$ 正是三维空间中的一个平面，这里 $d$ 为常数。

**定理 1.3 (Hahn-Banach 定理的几何形式)** 设 $X$ 是线性赋范空间，若 $X$ 中的线性簇 $g$ 与开球 $K$ 不相交，则有超平面 $H$ 包含 $g$ 而且与 $K$ 不相交。

Mazur 在 1933 年从几何的观点陈述了 Hahn-Banach 延拓定理，得到如下重要定理。

**定理 1.4** 设 $M$ 是实线性赋范空间 $X$ 中的凸闭集。若 $0 \in M$，而 $x_0 \notin M$，则存在 $X$ 上连续线性泛函 $\boldsymbol{f}$，使得

$$f(x_0) > 1,\ 而\ f(x) \leqslant 1,\ 且\ x \in M$$

**定理 1.5(一致有界原理或共鸣定理)** 设 $\{\boldsymbol{T}_\alpha\}_{\alpha \in \Lambda}$ 为 Banach 空间 $X$ 到 Banach 空间 $Y$ 中的一族有界线性算子。如果对任意的 $\boldsymbol{x} \in X$ 有 $\sup\{\|\boldsymbol{T}_\alpha \boldsymbol{x}\|, \alpha \in \Lambda\} < +\infty$，那么 $\sup\{\|\boldsymbol{T}_\alpha\|, \alpha \in \Lambda\} < +\infty$。

从 $X$ 到 $Y$ 的所有有界线性算子的集合记为 $\mathcal{B}(X,Y)$；如果 $X = Y$，简记为 $\mathcal{B}(X)$。赋予算子范数，$\mathcal{B}(X,Y)$ 成为 Banach 空间。范数定义的拓扑又称为一致拓扑。

设 $\boldsymbol{T} \in \mathcal{B}(X,Y)$，符号 $\mathrm{ran}(\boldsymbol{T})$ 和 $\ker(\boldsymbol{T})$ 分别代表 $\boldsymbol{T}$ 的值域和零空间。算子 $\boldsymbol{T} \in \mathcal{B}(X,Y)$ 称为有限秩，如果 $\boldsymbol{T}$ 的值域 $\mathrm{ran}(\boldsymbol{T})$ 是有限维子空间，则

ran($\boldsymbol{T}$) 的维数也称为 $\boldsymbol{T}$ 的秩。用 $\mathcal{F}(X,Y)$ 表示 $\mathcal{B}(X,Y)$ 中所有有限秩算子的集合。设 $\boldsymbol{y}\in Y,\boldsymbol{f}\in X^*$ 非零,则由 $\boldsymbol{x}\mapsto\langle\boldsymbol{x},\boldsymbol{f}\rangle\boldsymbol{y}$ 定义的算子是秩一的,记为 $\boldsymbol{y}\otimes\boldsymbol{f}$ 。$\mathcal{B}(X,Y)$ 中的每个秩一算子都可表示为这种形式。$\boldsymbol{x}\otimes\boldsymbol{f}$ 的迹是 $\boldsymbol{f}$ 在 $\boldsymbol{x}$ 点处的值,即 $\mathrm{Tr}(\boldsymbol{x}\otimes\boldsymbol{f})=\langle\boldsymbol{x},\boldsymbol{f}\rangle$ 。

**定义 1.2** 令 $\boldsymbol{T}\in\mathcal{B}(X,Y)$,由 $\boldsymbol{T}$ 按如下方式可定义另一算子 $\boldsymbol{T}^*$ :

$$\boldsymbol{T}^*(\boldsymbol{f})\boldsymbol{x}=\boldsymbol{f}(\boldsymbol{T}\boldsymbol{x}),\ \forall\,\boldsymbol{x}\in X,\boldsymbol{f}\in Y^*$$

其中,$\boldsymbol{T}^*$ 是 $Y^*$ 到 $X^*$ 的线性算子,则称 $\boldsymbol{T}^*$ 是 $\boldsymbol{T}$ 的共轭算子。易验证 $\boldsymbol{T}^*$ 也是有界的,且 $\|\boldsymbol{T}\|=\|\boldsymbol{T}^*\|$ 。

有界线性算子的谱以及各种谱函数是矩阵特征值概念的推广,是算子很重要的研究对象,下面给出相关定义。

**定义 1.3** 设 $X$ 是复 Banach 空间且 $\boldsymbol{T}\in\mathcal{B}(X)$,则:

(1) $\boldsymbol{T}$ 的谱 $\sigma(\boldsymbol{T})$ 是集合 $(\lambda\in\mathbb{C},\lambda\boldsymbol{I}-\boldsymbol{T}$ 在 $\mathcal{B}(X)$ 中不可逆);

(2) $\boldsymbol{T}$ 的点谱 $\sigma_{\mathrm{p}}(\boldsymbol{T})$ 是集合 $(\lambda\in\mathbb{C}$,存在非零向量 $\boldsymbol{x}\in X$,使得 $(\lambda\boldsymbol{I}-\boldsymbol{T})\boldsymbol{x}=\boldsymbol{0})$;

(3) $\boldsymbol{T}$ 的近似点谱 $\sigma_{\mathrm{ap}}(\boldsymbol{T})$ 是集合 $(\lambda\in\mathbb{C}$,存在单位向量序列 $\{\boldsymbol{x}_n\}_{n=1}^{+\infty}\subset X$ 使得 $\|(\lambda\boldsymbol{I}-\boldsymbol{T})\boldsymbol{x}_n\|\to 0)$;

(4) $\boldsymbol{T}$ 的满谱 $\sigma_{\mathrm{s}}(\boldsymbol{T})$ 是集合 $(\lambda\in\mathbb{C},(\lambda\boldsymbol{I}-\boldsymbol{T})X\neq X)$;

(5) $\boldsymbol{T}$ 的压缩谱 $\sigma_{\mathrm{c}}(\boldsymbol{T})$ 是集合 $(\lambda\in\mathbb{C},\mathrm{ran}(\lambda\boldsymbol{I}-\boldsymbol{T})$ 在 $X$ 中不稠密);

(6) $\boldsymbol{T}$ 的谱半径 $r(\boldsymbol{T})=\sup\{|\lambda|,\lambda\in\sigma(T)\}\left(=\lim\limits_{n\to+\infty}\sqrt[n]{\|\boldsymbol{T}^n\|}\leqslant\|\boldsymbol{T}\|\right)$。

**定义 1.4** 设 $H$ 是线性空间,$\langle\cdot,\cdot\rangle$是其上的一个二元函数。如果$\langle\cdot,\cdot\rangle$关于第一个变元是线性的,而关于第二个变元是共轭线性的,且满足下列条件:对任意 $\boldsymbol{x}$、$\boldsymbol{y}\in H$,有

(1) $\langle\boldsymbol{x},\boldsymbol{x}\rangle\geqslant 0$,而 $\langle\boldsymbol{x},\boldsymbol{x}\rangle=0\Rightarrow\boldsymbol{x}=\boldsymbol{0}$;

(2) $\langle\boldsymbol{x},\boldsymbol{y}\rangle=\overline{\langle\boldsymbol{y},\boldsymbol{x}\rangle}$。

则称$\langle\cdot,\cdot\rangle$为 $H$ 上的内积。

设 $H$ 是 Banach 空间且具有内积$\langle\cdot,\cdot\rangle$,如果 $H$ 上的范数 $\|\cdot\|$ 由此内积导出,即对任意的 $\boldsymbol{x}\in H$,有 $\|\boldsymbol{x}\|=\sqrt{\langle\boldsymbol{x},\boldsymbol{x}\rangle}$,则称 $H$ 为 Hilbert 空间。

设 $H$ 为 Hilbert 空间，如果 $\boldsymbol{x}$、$\boldsymbol{y} \in H$ 满足 $\langle \boldsymbol{x}, \boldsymbol{y} \rangle = 0$，称 $\boldsymbol{x}$ 与 $\boldsymbol{y}$ 正交。如果 $\{\boldsymbol{e}_i, i \in \Lambda\}$ 是 $H$ 中一族相互正交的单位向量，且其线性张成在 $H$ 中稠密，则称它为 $H$ 的一个标准正交基。此时，任意 $\boldsymbol{x} \in H$ 可唯一表示为 $\boldsymbol{x} = \sum_{i \in \Lambda} \langle \boldsymbol{x}, \boldsymbol{e}_i \rangle \boldsymbol{e}_i$。可分 Hilbert 空间存在可数标准正交基。

**定义 1.5** 设 $H$ 是 Hilbert 空间，其内积为 $\langle \cdot, \cdot \rangle$。令 $\boldsymbol{A} \in \mathcal{B}(H)$，则存在 $\boldsymbol{A}^* \in \mathcal{B}(H)$ 使得对任意 $\boldsymbol{x}$、$\boldsymbol{y} \in H$ 都有 $\langle \boldsymbol{A}\boldsymbol{x}, \boldsymbol{y} \rangle = \langle \boldsymbol{x}, \boldsymbol{A}^* \boldsymbol{y} \rangle$ 成立，称 $\boldsymbol{A}^*$ 为 $\boldsymbol{A}$ 的共轭算子或伴随算子。

(1) 如果 $\boldsymbol{A}^* = \boldsymbol{A}$，称 $\boldsymbol{A}$ 是自伴算子；

(2) 如果 $\boldsymbol{A}$ 自伴且对每个 $\boldsymbol{x} \in H$，有 $\langle \boldsymbol{A}\boldsymbol{x}, \boldsymbol{x} \rangle \geqslant 0$，称 $\boldsymbol{A}$ 是正算子；

(3) 如果 $\boldsymbol{A}$ 是正算子且 $\boldsymbol{A}$ 是 2 阶幂等算子，称 $\boldsymbol{A}$ 是投影；

(4) 如果 $\boldsymbol{A}\boldsymbol{A}^* = \boldsymbol{A}^*\boldsymbol{A}$，称 $\boldsymbol{A}$ 是正规算子；

(5) 如果 $\boldsymbol{A}\boldsymbol{A}^* = \boldsymbol{A}^*\boldsymbol{A} = \boldsymbol{I}$，则称 $\boldsymbol{A}$ 是酉算子；如果 $\boldsymbol{A}^*\boldsymbol{A} = \boldsymbol{I}$，则称 $\boldsymbol{A}$ 是等距算子；如果 $\boldsymbol{A}^*\boldsymbol{A}$ 和 $\boldsymbol{A}\boldsymbol{A}^*$ 都是投影算子，则称 $\boldsymbol{A}$ 是部分等距算子，而 $\boldsymbol{A}^*\boldsymbol{A}$ 和 $\boldsymbol{A}\boldsymbol{A}^*$ 分别称为 $\boldsymbol{A}$ 的始投影和终投影。

**命题 1.1**[1,2] 设 $H$ 是 Hilbert 空间且 $\boldsymbol{T}$、$\boldsymbol{S} \in \mathcal{B}(H)$，则下列陈述等价：

(1) $\mathrm{ran}(\boldsymbol{T}) \subseteq \mathrm{ran}(\boldsymbol{S})$；

(2) 存在算子 $\boldsymbol{R} \in \mathcal{B}(H)$ 使得 $\boldsymbol{T} = \boldsymbol{S}\boldsymbol{R}$；

(3) 存在正数 $\delta$ 使得 $\boldsymbol{T}\boldsymbol{T}^* \leqslant \delta \boldsymbol{S}\boldsymbol{S}^*$。

**定义 1.6** 设 $H$ 是 Hilbert 空间，令 $\{\boldsymbol{e}_i, i \in \Lambda\}$ 是 $H$ 中一组标准正交基，$\boldsymbol{A} \in \mathcal{B}(H)$，对于 $1 \leqslant p < +\infty$，定义

$$\mathrm{Tr}(\boldsymbol{A}) = \sum_{i \in \Lambda} \langle \boldsymbol{A}\boldsymbol{e}_i, \boldsymbol{e}_i \rangle$$

$$\|\boldsymbol{A}\|_p = [\mathrm{Tr}(|\boldsymbol{A}|^p)]^{\frac{1}{p}}$$

$\mathrm{Tr}(\boldsymbol{A})$ 称为算子 $\boldsymbol{A}$ 的迹。易验证，迹与标准正交基的选取无关。如果 $\|\boldsymbol{A}\|_p < +\infty$，称 $\boldsymbol{A}$ 是 Schatten-$p$ 类算子。而当 $p = 1$ 时，称 $\boldsymbol{A}$ 为迹类算子；当 $p = 2$ 时，称 $\boldsymbol{A}$ 为 Hilbert-Schmidt 算子。

$H$ 上全体有限秩算子、全体紧算子和全体 Schatten-$p$ 类算子分别记为

$\mathcal{F}(H)$ 、$\mathcal{K}(H)(=\mathcal{C}_\infty(H))$ 和 $\mathcal{C}_p(H)$ 。

**定义 1.7** 若线性映射 $\varphi: \mathcal{B}(H) \to \mathcal{B}(K)$ 满足对任意正算子 $\mathbf{A} \in \mathcal{B}(H)$，$\varphi(\mathbf{A})$ 是正算子，则称 $\varphi$ 是正线性映射(简称正映射)；如果 $\varphi_k = \varphi \otimes \mathbb{I}_k: \mathcal{B}(H) \otimes \boldsymbol{M}_k \to \mathcal{B}(K) \otimes \boldsymbol{M}_k$ 是正的，则称 $\varphi$ 是 $k$- 正的，这里 $\boldsymbol{M}_k$ 表示 $k$ 阶复矩阵代数，$\varphi_k([\boldsymbol{A}_{ij}]_{k\times k}) = [\varphi(\boldsymbol{A}_{ij})]_{k\times k}$，$\boldsymbol{A}_{ij} \in \mathcal{B}(H)$；若对任意正整数 $k$，$\varphi$ 都是正的，则称 $\varphi$ 是完全正映射。

## 1.2 量子力学基本概念

量子力学是目前为止描述微观世界最完备的理论，它也是理解量子信息和量子计算的基础。描述量子系统有两种语言，即态向量语言和密度算子语言，这两种语言等价。量子信息理论的内容十分丰富，我们不作全面的介绍，本节只列出量子信息理论中的基本概念，包括量子态、量子测量和量子信道等。

在量子理论的数学框架中，任何一个孤立的量子系统都与某个可分复 Hilbert 空间相对应，称其为系统的状态(量子态)空间。当 $\dim H < +\infty$ 时，称这个系统是有限维量子系统；当 $\dim H = +\infty$ 时，称这个系统为无限维系统。一个量子态 $\boldsymbol{\rho}$ 就是 $H$ 上迹为 1 的正算子。若 $\mathrm{Tr}(\boldsymbol{\rho}^2) = 1$，则称 $\boldsymbol{\rho}$ 为纯态；若 $\mathrm{Tr}(\boldsymbol{\rho}^2) < 1$，则称 $\boldsymbol{\rho}$ 为混合态。在数学上，每一个纯态都可以看成是态空间 $H$ 中的单位向量，用 $|\psi\rangle$ 表示(物理上称此符号为 ket，它的对偶称为 bra，记为 $\langle\psi|$，并且 $|\psi\rangle$ 和 $\exp(\mathrm{i}\theta)|\psi\rangle$ 表示同一个向量)。纯态 $|\psi\rangle$ 的密度算子用 $|\psi\rangle\langle\psi|$ 表示。用 $S(H)$ 表示 $H$ 上的量子态全体，$\mathcal{T}(H)$ 表示 $H$ 上迹类算子被赋予迹范数 $\|\cdot\|_1$ 形成的 Banach 空间。显然，$S(H)$ 是 $\mathcal{T}(H)$ 的闭凸子集。

两个或两个以上量子系统的叠加称为复合系统，我们用张量积表示复合系统。假设量子系统 $A_i(i=1,2,\cdots,n)$ 的态空间为 $H_i$，则总系统的态空间为 $H = \otimes_{i=1}^n H_i$。当 $n=2$ 时，称为两体系统；当 $n \geqslant 2$ 时，称为多体系统。

若 $A_i$ 系统处在量子态 $\boldsymbol{\rho}_i \in S(H_i)$ 上，则总的系统处在量子态 $\boldsymbol{\rho} = \bigotimes_{i=1}^{n} \boldsymbol{\rho}_i \in \bigotimes_{i=1}^{n} S(H_i) = S(\bigotimes_{i=1}^{n} H_i)$ 上，这种形式的态称为乘积态。有时研究复合量子系统仅仅只会对部分子系统感兴趣，因此我们将借助约化密度算符来研究部分子系统的量子特性。假设包含有两个子系统 $H_A$ 和 $H_B$ 的复合量子系统的态为 $\boldsymbol{\rho}_{AB}$，那么，对于子系统 $H_A$ 可以用约化密度矩阵来描述 $\boldsymbol{\rho}_A = \mathrm{Tr}_B(\boldsymbol{\rho}_{AB})$，其中 $\mathrm{Tr}_B$ 为对子系统 $H_B$ 部分取迹。部分取迹定义如下

$$\mathrm{Tr}_B[|\boldsymbol{a}_1\rangle\langle\boldsymbol{a}_2| \otimes |\boldsymbol{b}_1\rangle\langle\boldsymbol{b}_2|] = |\boldsymbol{a}_1\rangle\langle\boldsymbol{a}_2| \mathrm{Tr}[|\boldsymbol{b}_1\rangle\langle\boldsymbol{b}_2|]$$

其中，$|\boldsymbol{a}_1\rangle$ 和 $|\boldsymbol{a}_2\rangle$ 为子系统 $A$ 在 Hilbert 空间 $H_A$ 上的任意两个矢量，同理，$|\boldsymbol{b}_1\rangle$ 和 $|\boldsymbol{b}_2\rangle$ 为子系统 $B$ 的任意两个矢量。

量子系统用态表示，想要获得态的信息，我们需要对态进行测量。下面我们给出投影测量和正算子值测量的定义。

**定义 1.8** [3] 一个测量算子 $\boldsymbol{M}$ 为一个投影测量，是指算子 $\boldsymbol{M}$ 可以分解为以下形式

$$\boldsymbol{M} = \sum_m m\boldsymbol{P}_m$$

其中，$\boldsymbol{P}_m$ 是到特征值 $m$ 的本征空间上的投影，指标 $m$ 为可能出现的结果。若测量前系统的状态为 $|\varphi\rangle$，则结果 $m$ 出现的概率为 $p(m) = \langle\varphi|\boldsymbol{P}_m|\varphi\rangle$，测量后的状态为 $\dfrac{\boldsymbol{P}_m|\varphi\rangle}{\sqrt{p(m)}}$。我们称 $\boldsymbol{M}$ 是由测量算子 $\boldsymbol{P}_m$ 描述的投影测量，其中 $\boldsymbol{P}_m$ 满足 $\boldsymbol{P}_m\boldsymbol{P}_{m'} = \delta_{mm'}\boldsymbol{P}_m$ 和 $\sum_m \boldsymbol{P}_m = \boldsymbol{I}$。

**定义 1.9** [3] 设测量算子 $\boldsymbol{M}_m$ 对量子态 $|\varphi\rangle$ 进行测量，则结果 $m$ 出现的概率为 $p(m) = \langle\varphi|\boldsymbol{M}_m^{\dagger}\boldsymbol{M}_m|\varphi\rangle$。我们定义

$$\boldsymbol{E}_m = \boldsymbol{M}_m^{\dagger}\boldsymbol{M}_m$$

则 $\boldsymbol{E}_m$ 是满足 $\sum_m \boldsymbol{E}_m = \boldsymbol{I}$ 和 $p(m) = \langle\varphi|\boldsymbol{E}_m|\varphi\rangle$ 的半正定算子，称为正算子值测量(POVM)元，完整的集合 $\{\boldsymbol{E}_m\}$ 称为一个 POVM。

基于量子力学的基本假设，封闭量子系统的动力学演化过程可以用酉变换来描述，但我们通常研究的系统总是开放系统，那么如何表示有噪声影响的开放系统呢？这需要引入量子信道概念。量子信道是通信信道的一个

数学模型，它广泛地应用于量子信息理论。量子信道既可以传递经典信息，也可以传递量子信息。

**定义 1.10** 令 $H$ 和 $K$ 是两个复 Hilbert 空间。若 $\Phi: \mathcal{T}(H) \to \mathcal{T}(K)$ 是完全正的保迹线性映射，则称 $\Phi$ 为量子信道。其对偶信道是一个完全正保单位算子的线性映射 $\Phi^*: \mathcal{B}(H) \to \mathcal{B}(K)$。对任意的量子态 $\boldsymbol{\rho} \in \mathcal{T}(H)$ 和任意的自伴算子 $\boldsymbol{T} \in \mathcal{B}(H)$，等式 $\mathrm{Tr}[\Phi(\boldsymbol{\rho})\boldsymbol{T}] = \mathrm{Tr}[\boldsymbol{\rho}\Phi^*(\boldsymbol{T})]$ 成立。

并且，量子信道还有算子和表示形式，即 $\Phi$ 是一个量子信道，当且仅当存在一族算子 $\{\boldsymbol{E}_i\}_{i=1}^n$，满足 $\sum_i^n \boldsymbol{E}_i^\dagger \boldsymbol{E}_i = \boldsymbol{I}$，并且使得 $\Phi(\boldsymbol{\rho}) = \sum_i^n \boldsymbol{E}_i \boldsymbol{\rho} \boldsymbol{E}_i^\dagger$ 对任意量子态 $\boldsymbol{\rho}$ 成立。

容易看出，量子测量与量子信道之间的不同点在于它们关注的重点不同，量子测量关注的重点是每次测量输出的结果，而量子信道更关注的是最终输出的结果。无论是量子测量还是量子信道，都属于量子操作。

## 1.3 连续变量系统

在量子信息处理过程中，通常有两类量子系统，即离散变量系统和连续变量系统。整数型系统和连续变量系统都属于无限维系统。本书主要研究连续变量系统中的若干量子关联问题，因此，本节将连续变量量子系统中的基本概念，如高斯态、高斯信道、高斯态可分等概念作简要的介绍。

在量子力学中，一个系统称为连续变量系统，是指它对应一个无限维 Hilbert 空间，该空间可由具有连续特征值的可观测量来描述。连续变量系统的原型就是光子传输系统，也称为玻色系统。这种系统是由若干个量子谐振子构成的，每个量子谐振子具有一定的频率。从数学角度看，具有 $m$ 个量子谐振子的玻色系统可以用张量积 $H = \bigotimes_{k=1}^m H_k$ 来表示，每个 $H_k (k = 1, 2, \cdots, m)$ 称为单模玻色系统。对每个单模玻色系统 $H_k$，对应 $\hat{\boldsymbol{a}}_k^\dagger$、$\hat{\boldsymbol{a}}_k$ 为该模的生成算子、湮灭算子。而每个单模玻色系统是可分的无限维的 Hilbert

空间，实际上，这个空间是由光子数态 $\{|n\rangle_k\}$ 张成的空间，这种态是计数算子 $\hat{\boldsymbol{N}}=\hat{\boldsymbol{a}}_k^{\dagger}\hat{\boldsymbol{a}}_k$ 的本征态，即

$$\hat{\boldsymbol{a}}_k^{\dagger}\hat{\boldsymbol{a}}_k \mid n\rangle_k = n \mid n\rangle_k$$

这种基 $\{|n\rangle_k\}$ 也叫 Fock 基。那么 $\hat{\boldsymbol{a}}_k^{\dagger}$ 和 $\hat{\boldsymbol{a}}_k$ 为

$$\hat{\boldsymbol{a}}_k^{\dagger} \mid n\rangle_k = \sqrt{n+1} \mid n+1\rangle_k,$$

$$\hat{\boldsymbol{a}}_k \mid n\rangle_k = \sqrt{n} \mid n-1\rangle_k$$

特别地

$$\hat{\boldsymbol{a}}_k \mid 0\rangle_k = 0$$

并且满足玻色正则对易关系(CCR)：

$$[\hat{\boldsymbol{a}}_i,\hat{\boldsymbol{a}}_j^{\dagger}]=\delta_{ij}\boldsymbol{I},[\hat{\boldsymbol{a}}_i^{\dagger},\hat{\boldsymbol{a}}_j^{\dagger}]=[\hat{\boldsymbol{a}}_i,\hat{\boldsymbol{a}}_j]=0 \quad i,j=1,2,\cdots,m$$

对于玻色系统，还可以用另外一种场算子 $\{\hat{\boldsymbol{q}}_k,\hat{\boldsymbol{p}}_k\}_{k=1}^m$ 来刻画。其中，$\hat{\boldsymbol{q}}_k=(\hat{\boldsymbol{a}}_k+\hat{\boldsymbol{a}}_k^{\dagger})/\sqrt{2}$ 和 $\hat{\boldsymbol{p}}_k=-\mathrm{i}(\hat{\boldsymbol{a}}_k-\hat{\boldsymbol{a}}_k^{\dagger})/\sqrt{2}$ $(k=1,2,\cdots,m)$ 分别是第 $k$-模的位移和动量算符[4]。令 $\hat{\boldsymbol{R}}=(\hat{\boldsymbol{R}}_1,\hat{\boldsymbol{R}}_2,\cdots,\hat{\boldsymbol{R}}_{2m})=(\hat{\boldsymbol{q}}_1,\hat{\boldsymbol{p}}_1,\cdots,\hat{\boldsymbol{q}}_m,\hat{\boldsymbol{p}}_m)$ 为正则算子(canonical operator)向量，则它们满足

$$[\hat{\boldsymbol{R}}_i,\hat{\boldsymbol{R}}_j]=\mathrm{i}J_{ij} \quad i,j=1,2,\cdots,2m$$

其中 $\boldsymbol{J}=(J_{ij})=\bigoplus_{k=1}^m\boldsymbol{\Delta},\boldsymbol{\Delta}=\begin{pmatrix}0 & 1\\ -1 & 0\end{pmatrix}$。

我们利用上述两种场算子，可以定义两种特殊的算子。一种是基于生成、湮灭算子表示的幺正位移算符(displacement operator)，是指

$$D(\alpha)=\exp\Big[\sum_{j=1}^{m}(\alpha_j\hat{\boldsymbol{a}}_j^{\dagger}-\alpha_j^{*}\hat{\boldsymbol{a}}_j)\Big],\alpha\in\mathbb{C}^m$$

还有一种是基于动量、位置算符表示的 Weyl 算符，是指

$$\boldsymbol{V}(\boldsymbol{z})=\exp\{\mathrm{i}\boldsymbol{z}^{\mathrm{T}}\hat{\boldsymbol{R}}\},\boldsymbol{z}\in\mathbb{R}^{2m}$$

有些文章采用这种 Weyl 算符的表示方法。其实这两种算符具有如下转换关系。

**命题 1.2** $m$ 模玻色系统中，Weyl 算符和幺正位移算符之间具有如下

关系：

$$D(\lambda_1,\lambda_2,\cdots,\lambda_m)=V(y_1,-x_1,y_2,-x_2,\cdots,y_m,-x_m)$$

其中，$\lambda_j=\dfrac{x_j+\mathrm{i}y_j}{\sqrt{2}}, j=1,2,\cdots,m$。

**证明：**因为 $\hat{\boldsymbol{p}}=-\mathrm{i}(\hat{\boldsymbol{a}}-\hat{\boldsymbol{a}}^{\dagger})/\sqrt{2}, \hat{\boldsymbol{q}}=(\hat{\boldsymbol{a}}+\hat{\boldsymbol{a}}^{\dagger})/\sqrt{2}$，得到

$$\hat{\boldsymbol{a}}^{\dagger}=\frac{\hat{\boldsymbol{q}}-\mathrm{i}\hat{\boldsymbol{p}}}{\sqrt{2}},\hat{\boldsymbol{a}}=\frac{\hat{\boldsymbol{q}}+\mathrm{i}\hat{\boldsymbol{p}}}{\sqrt{2}}$$

因此，

$$\begin{aligned}D(\lambda_j)&=\exp(\lambda_j\hat{\boldsymbol{a}}^{\dagger}-\lambda_j^{*}\hat{\boldsymbol{a}})\\&=\exp\Big(\lambda_j\frac{\hat{\boldsymbol{q}}-\mathrm{i}\hat{\boldsymbol{p}}}{\sqrt{2}}-\lambda_j^{*}\frac{\hat{\boldsymbol{q}}+\mathrm{i}\hat{\boldsymbol{p}}}{\sqrt{2}}\Big)\\&=\exp[\mathrm{i}(y_j\hat{\boldsymbol{q}}-x_j\hat{\boldsymbol{p}})]\\&=V(y_j,-x_j)\end{aligned}$$

类似地，对 $m$ 模自由度有

$$\begin{aligned}D(\lambda_1,\lambda_2,\cdots,\lambda_m)&=\exp\Big[\sum_{j=1}^{m}(\alpha_j\hat{\boldsymbol{a}}_j^{\dagger}-\alpha_j^{*}\hat{\boldsymbol{a}}_j)\Big]\\&=\bigotimes_{j=1}^{m}D(\lambda_j)\end{aligned}$$

即

$$D(\lambda_1,\lambda_2,\cdots,\lambda_m)=V(y_1,-x_1,y_2,-x_2,\cdots,y_m,-x_m)$$

其中 $\lambda_j=\dfrac{x_j+\mathrm{i}y_j}{\sqrt{2}}, j=1,2,\cdots,m$。证毕。

$m$-模玻色系统 $H$ 的自由哈密顿量定义为

$$\hat{H}=\sum_{k=1}^{m}\hat{H}_k,\hat{H}_k=h\omega_k\Big(\hat{\boldsymbol{a}}_k^{\dagger}\hat{\boldsymbol{a}}_k+\frac{1}{2}\Big)$$

并且因为每个模的哈密顿量是下方有界的，所以就保证了系统的稳定性。

设 $\boldsymbol{\rho}$ 是 $n$-模连续变量系统 $S(H)$ 中的态，一方面，可以用 Fock 基来表示这个系统中的态。在 Fock 基下，$n$-模连续变量系统中的量子态 $\boldsymbol{\rho}$ 可以表示为

$$\boldsymbol{\rho}=\sum\boldsymbol{\rho}_{n_1,m_1,\cdots,n_n,m_n}\,|\,n_1n_2\cdots n_n\rangle\langle m_1m_2\cdots m_n\,|$$

然而，这种表示有时在计算的时候非常烦琐。因此，另一方面，针对连续变量系统，还可以从相位空间的角度去描述和刻画这种态。我们利用 Weyl 算符或者幺正位移算符引入特性函数的定义。$\boldsymbol{\rho}$ 的特性函数 $\chi_{\boldsymbol{\rho}}$ 定义为

$$\chi_{\boldsymbol{\rho}}(\boldsymbol{\alpha}) = \mathrm{Tr}[\boldsymbol{\rho} D(\alpha)]$$

其中，$\boldsymbol{\alpha} \in \mathbb{C}^n, D(\boldsymbol{\alpha}) = \exp\left[\sum_{j=1}^{n}(\alpha_j \hat{\boldsymbol{a}}_j^\dagger - \alpha_j^* \hat{\boldsymbol{a}}_j)\right]$ 是幺正位移算符。

特性函数并不是一个真正的概率分布，因为它的值可以为负数。由上述定义可知，$n$-模量子态可以由它的特性函数和 Weyl 算子表示成下式：

$$\boldsymbol{\rho} = \frac{1}{(2\pi)^n}\int_{\mathbb{R}^{2n}} X_{\boldsymbol{\rho}}(\boldsymbol{z})\boldsymbol{V}(-\boldsymbol{z})\mathrm{d}\boldsymbol{z}^{2n}$$

因此一个量子态和一个函数是一一对应的。Wigner 函数是特性函数的傅里叶变换，即

$$W_{\boldsymbol{\rho}}(\boldsymbol{x}) = \frac{1}{(2\pi)^{2n}}\int_{\mathbb{R}^{2n}} \exp(-\mathrm{i}\boldsymbol{x}^{\mathrm{T}}\Omega\boldsymbol{z})X_{\boldsymbol{\rho}}(\boldsymbol{z})\mathrm{d}\boldsymbol{z}^{2n}, \boldsymbol{x} \in \mathbb{R}^{2n}$$

### 1.3.1 高斯态

令 $\boldsymbol{\alpha} \in \mathbb{C}^n, \boldsymbol{\xi}_{\boldsymbol{\alpha}} = \sqrt{2}[\mathrm{Re}(\alpha_1), \mathrm{Im}(\alpha_1), \cdots, \mathrm{Re}(\alpha_n), \mathrm{Im}(\alpha_n)]^{\mathrm{T}} \in \mathbb{R}^{2n}$。

**定义 1.11**[4-6] 设 $\boldsymbol{\rho}$ 是 $n$-模连续变量系统 $S(H)$ 中的态，称 $\boldsymbol{\rho}$ 为高斯态，如果 $\boldsymbol{\rho}$ 的特性函数 $\chi_{\boldsymbol{\rho}}(\boldsymbol{\alpha})$ 具有高斯形式，即

$$\chi_{\boldsymbol{\rho}}(\boldsymbol{\alpha}) = \exp\left[-\frac{1}{4}\boldsymbol{\xi}_{\boldsymbol{\alpha}}^{\mathrm{T}}\boldsymbol{J\Gamma J}^{\mathrm{T}}\boldsymbol{\xi}_{\boldsymbol{\alpha}} + \mathrm{i}(\boldsymbol{Jd})^{\mathrm{T}}\boldsymbol{\xi}_{\boldsymbol{\alpha}}\right] \tag{1.1}$$

其中，$\boldsymbol{d} = (\langle \hat{R}_k \rangle) \in \mathbb{R}^{2n}$ 是 $\boldsymbol{\rho}$ 的位移，$\langle \hat{R}_k \rangle = \mathrm{Tr}(\boldsymbol{\rho}\hat{R}_k)$，$\boldsymbol{\Gamma} = (\gamma_{kl})$ 是 $\boldsymbol{\rho}$ 的相关矩阵，其定义为 $\gamma_{kl} = \mathrm{Tr}[\boldsymbol{\rho}(\boldsymbol{\Delta}\hat{R}_k\boldsymbol{\Delta}\hat{R}_l + \boldsymbol{\Delta}\hat{R}_l\boldsymbol{\Delta}\hat{R}_k)]$，$\boldsymbol{\Delta}\hat{R}_k = \hat{R}_k - \langle \hat{R}_k \rangle$，$\hat{R} = (\hat{R}_1, \hat{R}_2, \cdots, \hat{R}_{2n}) = (\hat{\boldsymbol{q}}_1, \hat{\boldsymbol{p}}_1, \cdots, \hat{\boldsymbol{q}}_n, \hat{\boldsymbol{p}}_n)$，注意到 $\boldsymbol{\Gamma}$ 是实对称矩阵并且满足 $\boldsymbol{\Gamma} + \mathrm{i}\boldsymbol{J} \geqslant \boldsymbol{0}$，其中 $\boldsymbol{J} = \oplus_n \boldsymbol{\Delta}$，$\boldsymbol{\Delta} = \begin{pmatrix} 0 & 1 \\ -1 & 0 \end{pmatrix}$。

由 Wigner 函数的定义可知，高斯态 $\boldsymbol{\rho}$ 的 Wigner 函数为

$$W_{\boldsymbol{\rho}}(\boldsymbol{x}) = \frac{\exp\left[\frac{1}{4}(\boldsymbol{x}-\boldsymbol{d})\boldsymbol{\Gamma}^{-1}(\boldsymbol{x}-\boldsymbol{d})^{\mathrm{T}}\right]}{(2\pi)^{n}\sqrt{\det\boldsymbol{\Gamma}}}$$

也是高斯函数。

假设 $\boldsymbol{\rho}_{AB}$ 是任意 $(m+n)$- 模高斯态，那么 $\boldsymbol{\Gamma}$ 可以写为

$$\boldsymbol{\Gamma} = \begin{pmatrix} \boldsymbol{A} & \boldsymbol{C} \\ \boldsymbol{C}^{\mathrm{T}} & \boldsymbol{B} \end{pmatrix} \tag{1.2}$$

其中 $\boldsymbol{A}\in M_{2m}(\mathbb{R})$，$\boldsymbol{B}\in M_{2n}(\mathbb{R})$，$\boldsymbol{C}\in M_{2m\times 2n}(\mathbb{R})$。特别地，当 $m=n=1$ 时，通过局域酉变换，$\boldsymbol{\Gamma}$ 具有标准形式：

$$\boldsymbol{\Gamma}_0 = \begin{pmatrix} a & 0 & c & 0 \\ 0 & a & 0 & d \\ c & 0 & b & 0 \\ 0 & d & 0 & b \end{pmatrix} \tag{1.3}$$

其中 $a,b\geqslant 1$，$ab-1\geqslant \max\{c^2,d^2\}$。此外，当 $c=-d$ 时，双模高斯态称为压缩热态；当 $c=d$ 时，双模高斯态称为混合热态；当 $\det\boldsymbol{\Gamma}=1$ 时，则态对应为纯态。

可以看出，一个 $(m+n)$-模的高斯态对应的相位空间就是 $2(m+n)$ 维的实向量空间，这样把无限维中的量子理论转化为有限维的相位空间理论，有助于对连续变量系统的探讨。

在量子信息和量子光学中，一些典型的高斯态起着非常重要的作用[5,6]。

**例 1.1**　真空态：光子数为零的态 $|0\rangle_k \in S(H_k)$ 就是真空态。

**例 1.2**　相干态：$|\alpha\rangle_k \in S(H_k)$，称为相干态，是指 $|\alpha\rangle_k$ 是 $\hat{\boldsymbol{a}}_k$ 的本征态，即 $\hat{\boldsymbol{a}}_k|\alpha\rangle_k=\alpha|\alpha\rangle_k$。如果用本系统的 Fock 基表示的话，相干态可以表示成

$$|\alpha\rangle_k = \exp\left(-\frac{1}{2}|\alpha|^2\right)\sum_{n=1}^{+\infty}\frac{\alpha^n}{\sqrt{n!}}|n\rangle_k$$

这可以用来很好地描述激光器发出的激光态。并且这些态可以由幺正位移

算符作用于真空态产生，即

$$|\alpha\rangle_k = D(\alpha)|0\rangle_k, \alpha \in \mathbb{C}$$

并且还满足

$$\int \frac{d^2\alpha_k}{\pi}|\alpha\rangle_k\langle\alpha| = I$$

上面的式子称为相干态的超完备性，同时还有 $|\langle\beta|\alpha\rangle|^2 = \exp(-|\beta-\alpha|^2)$。

那么 $m$-模相干态 $|\alpha\rangle$ 就为 $m$ 个单模相干态的直积，即 $|\alpha\rangle = |\alpha_1, \alpha_2, \cdots, \alpha_m\rangle = \bigotimes_{k=1}^m |\alpha_k\rangle$。态为 $m$ 模相干态 $|\alpha\rangle$ 时，我们可以通过计算得到这一类态的相关矩阵为 $2m$ 阶单位矩阵 $\boldsymbol{\Gamma} = \boldsymbol{I}_{2m}$。

任何 $m$-模态 $\boldsymbol{\rho}$ 可以用相干态表示成对角形式，即

$$\boldsymbol{\rho} = \int P(\alpha_1, \alpha_2, \cdots, \alpha_m)|\alpha_1, \alpha_2, \cdots, \alpha_m\rangle\langle\alpha_1, \alpha_2, \cdots, \alpha_m|\prod_{j=1}^m d^2\alpha_j \quad (1.4)$$

这种形式称为态 $\boldsymbol{\rho}$ 的 $P$ 表示，并且 $P(\alpha_1, \alpha_2, \cdots, \alpha_m)$ 称为 $P$ 函数。

**例 1.3** 热态：用光子数态表示的密度矩阵，即

$$\boldsymbol{\rho} = (1-\upsilon)\sum_{n=0}^{+\infty}\upsilon^n|n\rangle\langle n|, \upsilon = \exp[-w], w = \frac{h\omega}{kT} \quad (1.5)$$

称为单模热噪声态，是一种简单的玻色量子高斯态，也称为普朗克分布。借助于相干态，热噪声态可以表示为

$$\boldsymbol{\rho} = \frac{1}{\pi N}\int \exp\left[-\frac{|\alpha|^2}{N}|\alpha\rangle\langle\alpha|\right]d^2\alpha$$

从上述表示可以看出热噪声态的“高斯属性”。任何一个高斯态可以分解成热态，所以热态是很基本的重要的态。$m$-模热态为单模热噪声态的直积，即

$$\boldsymbol{\rho}_{\text{th}} = \bigotimes_{j=1}^m (1-\upsilon_j)\sum_{n=0}^{+\infty}\upsilon_j^n|n\rangle_j\langle n|$$

**例 1.4** 有一类高斯态在量子关联中也有着很重要的意义，称为对称压缩热态。该高斯态的相关矩阵可以表示为

$$
\boldsymbol{\Gamma}_0 = \begin{pmatrix} 1+2\bar{n} & 0 & 2\mu\sqrt{\bar{n}(1+\bar{n})} & 0 \\ 0 & 1+2\bar{n} & 0 & -2\mu\sqrt{\bar{n}(1+\bar{n})} \\ 2\mu\sqrt{\bar{n}(1+\bar{n})} & 0 & 1+2\bar{n} & 0 \\ 0 & -2\mu\sqrt{\bar{n}(1+\bar{n})} & 0 & 1+2\bar{n} \end{pmatrix} \tag{1.6}
$$

其中,参数 $\mu$ 是满足 $0\leqslant\mu\leqslant 1$ 的混合参数,$\bar{n}$ 是平均光子数。一般地,可以将其参数化为 $\boldsymbol{\rho}_{AB}(\bar{n},\mu)$ 。

下面关于高斯态的两个引理对我们的证明非常有用。

**引理 1.1**[6] 对任意两体高斯态 $\boldsymbol{\rho}_{AB}$,其相关矩阵为 $\boldsymbol{\Gamma}=\begin{pmatrix}\boldsymbol{A} & \boldsymbol{C}\\ \boldsymbol{C}^{\mathrm{T}} & \boldsymbol{B}\end{pmatrix}$,则约化态 $\boldsymbol{\rho}_A=\mathrm{Tr}_B(\boldsymbol{\rho}_{AB})$ 和 $\boldsymbol{\rho}_B=\mathrm{Tr}_A(\boldsymbol{\rho}_{AB})$ 的相关矩阵分别为 $\boldsymbol{A}$ 和 $\boldsymbol{B}$。

**引理 1.2** 对任意 $(m+n)$-模两体态 $\boldsymbol{\rho}_{AB}$,其相关矩阵为 $\boldsymbol{\Gamma}=\begin{pmatrix}\boldsymbol{A} & \boldsymbol{C}\\ \boldsymbol{C}^{\mathrm{T}} & \boldsymbol{B}\end{pmatrix}$,则 $\boldsymbol{\rho}_{AB}$ 为乘积态,即存在某个 $\boldsymbol{\sigma}_A\in S(H_A)$、$\boldsymbol{\sigma}_B\in S(H_B)$,使得 $\boldsymbol{\rho}_{AB}=\boldsymbol{\sigma}_A\otimes\boldsymbol{\sigma}_B$ 成立当且仅当 $\boldsymbol{\Gamma}=\boldsymbol{\Gamma}_A\oplus\boldsymbol{\Gamma}_B$,其中 $\boldsymbol{\Gamma}$、$\boldsymbol{\Gamma}_A$ 和 $\boldsymbol{\Gamma}_B$ 分别为 $\boldsymbol{\rho}_{AB}$、$\boldsymbol{\sigma}_A$ 和 $\boldsymbol{\sigma}_B$ 的相关矩阵。

**定理 1.6**[7,8] $(m+n)$-模两体高斯态 $\boldsymbol{\rho}_{AB}\in S(H_A\otimes H_B)$,相关矩阵为 $\boldsymbol{\Gamma}$,那么 $\boldsymbol{\rho}_{AB}$ 可分当且仅当存在相关矩阵 $\boldsymbol{\Gamma}_A\in M_{2m}(\mathbb{R})$ 和 $\boldsymbol{\Gamma}_B\in M_{2n}(\mathbb{R})$,使得 $\boldsymbol{\Gamma}\geqslant\boldsymbol{\Gamma}_A\oplus\boldsymbol{\Gamma}_B$。

### 1.3.2 高斯正算子值测量和高斯信道

高斯态可以在实验室用很高的控制度来制备和检测。在量子连续变量系统中,冯·诺依曼测量会把高斯态变为非高斯态,比如光子计数测量。还有一种应用广泛的测量是高斯测量[9,10],这是一种把高斯态映射为高斯态的测量,可以通过线性光学、零差检测和制备高斯态的辅助系统来实现,在高斯系统中起着非常重要的作用。

**定义 1.12** $m$-模连续变量系统上的高斯正算子值测量(GPOVM) $\Pi=\{\Pi(\alpha)\}$是指：

$$\Pi(\alpha)=\frac{1}{\pi^m}D(\alpha)\tilde{\boldsymbol{\omega}}D^\dagger(\alpha) \tag{1.7}$$

其中，$D(\alpha)=\exp[\sum_{j=1}^{m}(\alpha_j\hat{\boldsymbol{a}}_j^\dagger-\alpha_j^*\hat{\boldsymbol{a}}_j)]$是$m$-模幺正位移算符，$\boldsymbol{\alpha}\in\mathbb{C}^m$，$\tilde{\boldsymbol{\omega}}$是零位移的$m$-模高斯态，也称作$\Pi$的生成种子。令$\boldsymbol{\Sigma}=\boldsymbol{\Sigma}_{\tilde{\omega}}$表示生成种子态$\tilde{\boldsymbol{\omega}}$的相关矩阵。特别地，对于$m=1$的情形，$\tilde{\boldsymbol{\omega}}$的相关矩阵可以表示成$\boldsymbol{\Sigma}=\boldsymbol{U}(\theta)\boldsymbol{T}(x,\lambda)\boldsymbol{U}^{\mathrm{T}}(\theta)$，其中

$$\boldsymbol{U}(\theta)=\begin{pmatrix}\cos\theta & \sin\theta\\ -\sin\theta & \cos\theta\end{pmatrix}\text{且 }\boldsymbol{T}(x,\lambda)=\begin{pmatrix}x\lambda & 0\\ 0 & \dfrac{x}{\lambda}\end{pmatrix}$$

即

$$\boldsymbol{\Sigma}=\begin{pmatrix}x\lambda\cos^2\theta+x\dfrac{\sin^2\theta}{\lambda} & x\dfrac{(\lambda^2-1)\cos\theta\sin\theta}{\lambda}\\ x\dfrac{(\lambda^2-1)\cos\theta\sin\theta}{\lambda} & x\lambda\sin^2\theta+x\dfrac{\cos^2\theta}{\lambda}\end{pmatrix} \tag{1.8}$$

其中，$\lambda\in[0,1]$，$\theta\in[0,\pi)$与$x\in[1,+\infty)$分别代表压缩参数、旋转角度和温度。此外，$\tilde{\boldsymbol{\omega}}$是纯态种子当且仅当式(1.8)中的$x=1$，此时相应的$\Pi(\alpha)$即为秩一测量，即

$$\boldsymbol{\Sigma}_0=\begin{pmatrix}\lambda\cos^2\theta+\dfrac{\sin^2\theta}{\lambda} & \dfrac{(\lambda^2-1)\cos\theta\sin\theta}{\lambda}\\ \dfrac{(\lambda^2-1)\cos\theta\sin\theta}{\lambda} & \lambda\sin^2\theta+\dfrac{\cos^2\theta}{\lambda}\end{pmatrix} \tag{1.9}$$

我们利用$\tilde{\boldsymbol{\omega}}$的$P$-表示是可以验证此概念的合理性的，因为$\tilde{\boldsymbol{\omega}}$可以用相干态表示

$$\tilde{\boldsymbol{\omega}}=\int p(\alpha_1,\alpha_2,\cdots,\alpha_m)\,|\,\alpha_1,\alpha_2,\cdots,\alpha_m\rangle\langle\alpha_1,\alpha_2,\cdots,\alpha_m\,|\prod_{j=1}^{m}\mathrm{d}^2\alpha_j$$

从而易证$\int\frac{1}{\pi^m}\Pi(\alpha)\mathrm{d}^{2m}\alpha=I$。

### 1.3.3 高斯信道

在量子通信中,高斯信道本身具有独特的属性和意义。在很多量子通信协议中,高斯信道是噪声的标准模型,并且描述了通信过程中的交互过程,而且它所对应的高斯操作可通过目前的实验技术,比如分束器、移相器和压缩器等来实现,并且把高斯态映射为高斯态。下面我们给出高斯信道的定义[11-14]。

**定义 1.13** $\Phi:\mathcal{T}(H)\to\mathcal{T}(H)$ 称为高斯信道,是指 $\Phi$ 是一个完全正定的保迹映射,并且把高斯态映射为高斯态。

假设我们输入态和输出态都是 $n$- 模态,高斯信道还有另一种定义,从特性函数、相关矩阵的角度可以来描述高斯信道。

**定义 1.14** 假设$H$ 为 $n$- 模连续变量系统,$\Phi:\mathcal{T}(H)\to\mathcal{T}(H)$ 称为高斯信道,是指它是一个完全正定的保迹线性映射,如果其对偶信道 $\Phi^*$:$\mathcal{B}(H)\to\mathcal{B}(H)$ 使得 Weyl 算符 $V(\boldsymbol{\xi})=\exp(\mathrm{i}\boldsymbol{\xi}^{\mathrm{T}}\hat{R})$,$\boldsymbol{\xi}\in\mathbb{R}^{2n}$ 有如下变换:

$$V(\boldsymbol{\xi})\mapsto V(\boldsymbol{K}^{\mathrm{T}}\boldsymbol{\xi})\exp\left(-\frac{1}{4}\boldsymbol{\xi}^{\mathrm{T}}\boldsymbol{M}\boldsymbol{\xi}+\mathrm{i}\boldsymbol{m}^{\mathrm{T}}\boldsymbol{\xi}\right)$$

其中,$\boldsymbol{K},\boldsymbol{M}\in M_{2n}(\mathbb{R})$ 是实矩阵,$\boldsymbol{M}$ 是半正定矩阵,并且满足以下不等式

$$\boldsymbol{M}+\mathrm{i}\boldsymbol{J}_n-\mathrm{i}\boldsymbol{K}\boldsymbol{J}_n\boldsymbol{K}^{\mathrm{T}}\geqslant\boldsymbol{0}$$

其中,$\boldsymbol{J}_n=\bigoplus_n\begin{pmatrix}0&1\\-1&0\end{pmatrix}$。

高斯信道 $\Phi$ 由 $\boldsymbol{K}$、$\boldsymbol{M}$、$\boldsymbol{m}$ 确定,可记为 $\Phi(\boldsymbol{K},\boldsymbol{M},\boldsymbol{m})$。假设 $\Phi(\boldsymbol{K},\boldsymbol{M},\boldsymbol{m})$ 是一个 $n$- 模高斯系统的高斯信道,设 $\boldsymbol{\rho}=\boldsymbol{\rho}(\boldsymbol{\Gamma},\boldsymbol{d})$ 为 $n$- 模高斯态,经过高斯信道 $\Phi=\Phi(\boldsymbol{K},\boldsymbol{M},\boldsymbol{m})$,则相关矩阵有如下变换:

$$\boldsymbol{\Gamma}\to\boldsymbol{K}\boldsymbol{\Gamma}\boldsymbol{K}^{\mathrm{T}}+\boldsymbol{M},\boldsymbol{d}\to\boldsymbol{K}\boldsymbol{d}+\boldsymbol{m}\tag{1.10}$$

那么这两种定义究竟是否等价呢? Palma 等[15]通过高斯态特性函数的演化证明了这两种定义的等价性,并且给出了把高斯态映射为高斯态的一般线性映射的刻画(不必是完全正的)。

酉操作在量子信息的演化过程中发挥着非常重要的作用，而在连续变量系统中，有一类酉算子非常特殊，设酉算子 $\boldsymbol{U}$，如果 $\boldsymbol{\rho} \mapsto \boldsymbol{U}\boldsymbol{\rho}\boldsymbol{U}^{\dagger}$ 将高斯态映射为高斯态，则称该酉算子是高斯酉算子。利用正则场算子，可以非常容易地表示高斯酉算子的作用。$n$- 模高斯酉算子 $\boldsymbol{U}$ 在正则场算子上的作用为

$$\boldsymbol{U}^{\dagger}\boldsymbol{R}\boldsymbol{U} = \boldsymbol{S}\boldsymbol{R} + \boldsymbol{m} \tag{1.11}$$

其中，$\boldsymbol{S}$ 是 $2n \times 2n$ 阶的辛矩阵，$\boldsymbol{m}$ 为 $\mathbb{R}^{2n}$ 中的某向量。每个高斯酉算子 $\boldsymbol{U}$ 都是由作用于相空间的仿射辛映射 $(\boldsymbol{S},\boldsymbol{m})$ 确定的，可以用 $\boldsymbol{U} = \boldsymbol{U}_{\boldsymbol{S},\boldsymbol{m}}$ 表示。所以，如果 $\boldsymbol{\rho}$ 是 $n$- 模高斯态，相关矩阵为 $\boldsymbol{\Gamma}$，位移向量为 $\boldsymbol{d}$，$\boldsymbol{U}_{\boldsymbol{S},\boldsymbol{m}}$ 是一个高斯酉算子，则高斯态 $\boldsymbol{\sigma} = \boldsymbol{U}_{\boldsymbol{S},\boldsymbol{m}}\boldsymbol{\rho}\boldsymbol{U}_{\boldsymbol{S},\boldsymbol{m}}^{\dagger}$ 的相关矩阵为 $\boldsymbol{\Gamma}_{\sigma} = \boldsymbol{S}\boldsymbol{\Gamma}\boldsymbol{S}^{\mathrm{T}}$，位移为 $\boldsymbol{d}_{\sigma} = \boldsymbol{m} + \boldsymbol{S}\boldsymbol{d}$ 。

在量子力学研究中，辛矩阵是一类非常重要的矩阵，在许多应用中起着类似于酉矩阵的作用。

**定义 1.15**[16]　实矩阵 $\boldsymbol{S} \in M_{2m}(\mathbb{R})$ 称为辛矩阵，是指若 $\boldsymbol{S}\boldsymbol{J}_m\boldsymbol{S}^{\mathrm{T}} = \boldsymbol{J}_m$，其中 $\boldsymbol{J}_m = \bigoplus_m \begin{pmatrix} 0 & 1 \\ -1 & 0 \end{pmatrix}$，$2m$ 阶实辛矩阵全体记为 $S_P(2m,\mathbb{R})$，并且 $\boldsymbol{S}^{-1} = \boldsymbol{J}_m\boldsymbol{S}^{\mathrm{T}}\boldsymbol{J}_m^{-1}$。若 $\boldsymbol{S}$ 是实辛矩阵，则 $\boldsymbol{S}^{-1}$、$\boldsymbol{S}^{\mathrm{T}}$ 也为辛矩阵，并且 $|\det\boldsymbol{S}| = 1$。

**定理 1.7**[17]　对任何一个 $2n \times 2n$ 阶实正定对称矩阵，存在一个辛矩阵 $\boldsymbol{S} \in S_P(2n,\mathbb{R})$，使得 $\boldsymbol{S}\boldsymbol{A}\boldsymbol{S}^{\mathrm{T}} = \mathrm{diag}(\gamma_1,\gamma_1,\gamma_2,\gamma_2,\cdots,\gamma_n,\gamma_n)$，其中 $\gamma_j > 0(j = 1,2,\cdots,n)$ 。

注意到，Williamson 定理在高斯态的研究中起着非常重要的作用。

## 1.4　量子关联

本节主要介绍几种常见的量子关联。近年来，量子信息理论得到了飞速发展，量子信息处理具有经典信息处理难以比拟的优越性。作为通信过程中的重要量子资源，量子关联发挥了至关重要的作用。在本节，我们列出几种常见的量子关联。

### 1.4.1 量子纠缠

量子纠缠在量子信息和量子计算中起着重要的作用，利用量子态的纠缠性质可以完成经典信息中不能实现的信息处理任务。

量子纠缠的概念来自复合 Hilbert 空间中波函数的性质，最显著的例子就是维数为 $\dim H_A = \dim H_B = 2$ 的复合 Hilbert 空间 $H = H_A \otimes H_B$ 的波函数 $|\psi_-\rangle = \frac{|0\rangle_A |1\rangle_B - |1\rangle_A |0\rangle_B}{\sqrt{2}}$，其中 $|1\rangle_{A(B)}$、$|0\rangle_{A(B)}$ 为 $H_{A(B)}$ 的正交基。对任何局部波函数 $|\psi\rangle_A$、$|\psi\rangle_B$，波函数 $|\psi_-\rangle$ 都不能写成可分离形式 $|\psi\rangle_A \otimes |\psi\rangle_B$。态纠缠的数学概念是 Werner[18] 在 1989 年提出的，1991 年，科学家基于纠缠态提出了第一个量子加密协议，自此以后，科学家们把纠缠应用到科学和实践中。

**定义 1.16**[18,19] 设 $\dim H_A \otimes H_B \leqslant +\infty$，$\boldsymbol{\rho} \in S(H_A \otimes H_B)$，如果 $\boldsymbol{\rho}$ 能表示成子系统中态的张量积的凸组合，即

$$\boldsymbol{\rho} = \sum_i p_i \boldsymbol{\rho}_i^A \otimes \boldsymbol{\rho}_i^B, \sum_i p_i = 1, p_i \geqslant 0 \tag{1.12}$$

或者是 $\boldsymbol{\rho}$ 可以表示成式(1.12)中态的极限(按迹范数拓扑)，则称 $\boldsymbol{\rho}$ 是可分的。不可分的态称为纠缠态。

满足式(1.12)的态也称为可数可分解态。在有限维系统中，所有可分态都是可数可分解态。但在无限维中，还有不具有这种形式的可分态[20,21]。令 $S_P(H_A)$、$S_P(H_B)$ 分别表示 $A$、$B$ 系统中的纯态，可分态可定义如下。

**定义 1.17**[20] 设 $\dim H_A \otimes H_B \leqslant +\infty$，$\boldsymbol{\rho} \in S(H_A \otimes H_B)$，那么 $\boldsymbol{\rho}$ 是可分的当且仅当 $\boldsymbol{\rho}$ 能表示成如下的 Bochner 积分形式

$$\boldsymbol{\rho} = \int_{S_{s-p}} \varphi(\boldsymbol{\rho}_A \otimes \boldsymbol{\rho}_B) \mathrm{d}\mu(\boldsymbol{\rho}_A \otimes \boldsymbol{\rho}_B) \tag{1.13}$$

其中，$\mu$ 为 $S_{s-p}$ 上的 Borel 概率测度，$\varphi: S_{s-p} \to S_{s-p}$ 为可测函数，$\boldsymbol{\rho}_A \in S_P(H_A)$，$\boldsymbol{\rho}_B \in S_P(H_B)$。

### 1.4.2 量子失协与几何量子失协

随着研究的深入,人们发现量子纠缠并不是所有使得量子计算机超越经典的原因。1998 年,Knill 和 Laflamme 提出了一个量子计算模型(DQC1),在这个模型中,态是没有纠缠的,但是这个计算模型能够完成具有比任何经典计算机指数加速的量子运算,这启发了人们研究在量子理论中的其他关联的存在性及应用性。2001 年,Henderson 和 Vedral[23] 以及 Ollivier 和 Zurek[24] 等指出量子纠缠并不能概括所有的非经典关联,随后他们引入了一种新的非经典关联,即量子失协(quantum discord,QD)。

首先回顾量子失协的概念。在经典通信中,$A$ 和 $B$ 对各自系统测量,测量结果分别服从随机变量 $X$、$Y$ 的概率分布,联合概率分布为 $p^{AB}=\{p_{ij}^{AB}\}$。系统 $A$ 和 $B$ 的边缘态(即约化态)分别为 $p^{A}=\left\{p_i^{A}=\sum_j p_{ij}^{AB}\right\}$, $p^{B}=\left\{p_j^{B}=\sum_i p_{ij}^{AB}\right\}$。两个系统的互信息可以有两种定义,一种定义是

$$I(A:B)=H(A)+H(B)-H(A,B)$$

另一种定义是用条件熵表示

$$I(A:B)=H(A)-H(A\mid B)$$

其中, $H(X)=-\sum_x p(x)\log_2 p(x)$ 是用概率 $p(x)$ 表示的香农熵, $H(X\mid Y)=-\sum_{x,y}p(x,y)\log_2 p(x\mid y)$ 为条件概率 $p(x\mid y)$ 的条件熵, $H(X,Y)=-\sum_{x,y}p(x,y)\log_2 p(x,y)$ 为随机变量 $X$、$Y$ 的联合熵。这两种方式表示的互信息是相等的。然而,在量子情形下,用冯·诺依曼熵代替香农熵,借助量子测量对条件熵做推广,这时量子测量对系统会产生影响,这两者不一定相等了。所以学者们把两者之间的误差定义为量子失协。

**定义 1.18** 假设 $\dim H_A\otimes H_B\leqslant+\infty$, $\boldsymbol{\rho}_{AB}\in S(H_A\otimes H_B)$, $\Pi^A=\{\Pi_k\}$ 为系统 $A$ 上的冯·诺依曼测量,那么定义态 $\boldsymbol{\rho}_{AB}$ 的量子失协为

$$D_A(\boldsymbol{\rho}_{AB})=I(\boldsymbol{\rho}_{AB})-J(\boldsymbol{\rho}_{AB})$$

其中，$I(\boldsymbol{\rho}_{AB})=S(\boldsymbol{\rho}_A)+S(\boldsymbol{\rho}_B)-S(\boldsymbol{\rho}_{AB})$ 为 $\boldsymbol{\rho}_{AB}$ 的互信息，$S(\boldsymbol{\rho})=-\mathrm{Tr}[\boldsymbol{\rho}\log_2\boldsymbol{\rho}]$ 称为 $\boldsymbol{\rho}$ 的冯·诺依曼熵，$J(\boldsymbol{\rho}_{AB})=\sup\limits_{\{\Pi_k\}}S(\boldsymbol{\rho}_B)-\sum\limits_k p(k)S(\boldsymbol{\rho}_{B|k})$，为可提取的信息，并且 $p(k)=\mathrm{Tr}[(\Pi_k\otimes\boldsymbol{I}_B)\boldsymbol{\rho}_{AB}]$，$\boldsymbol{\rho}_{B|k}=\dfrac{1}{p(k)}\mathrm{Tr}_A[(\Pi_k\otimes\boldsymbol{I}_B)\boldsymbol{\rho}_{AB}]$。

同样地，可以定义由 $B$ 系统执行冯·诺依曼测量诱导的量子失协 $D_B(\boldsymbol{\rho}_{AB})$，以及考虑基于双边测量诱导的高斯量子失协[25,26]，得到对称化的量子失协。

类似地，对连续变量系统，Giorda、Paris[27]考虑连续态基于冯·诺依曼测量诱导的量子失协。当然，若是经过光子计数测量，测量后的态已经不是高斯态。Giorda、Paris[28]和 Adesso、Datta[29]采用高斯正算子值测量来进行局域测量，分别给出了高斯态的高斯量子失协，定义如下。

**定义 1.19** 假设 $H=H_A\otimes H_B$ 是连续变量系统，$\boldsymbol{\rho}_{AB}\in S(H_A\otimes H_B)$，$H^A=\{\Pi_\alpha\}$ 为系统 $A$ 上的高斯正算子值测量(GPOVM)，那么定义连续态 $\boldsymbol{\rho}_{AB}$ 的量子失协为

$$C_A(\boldsymbol{\rho}_{AB})=I(\boldsymbol{\rho}_{AB})-J(\boldsymbol{\rho}_{AB})$$

其中，$I(\boldsymbol{\rho}_{AB})=S(\boldsymbol{\rho}_A)+S(\boldsymbol{\rho}_B)-S(\boldsymbol{\rho}_{AB})$ 为 $\boldsymbol{\rho}_{AB}$ 的互信息，$S(\boldsymbol{\rho})=-\mathrm{Tr}[\boldsymbol{\rho}\log_2\boldsymbol{\rho}]$ 称为 $\boldsymbol{\rho}$ 的冯·诺依曼熵，$J(\boldsymbol{\rho}_{AB})=\sup\limits_{\{\Pi_\alpha\}}S(\boldsymbol{\rho}_B)-\int_\alpha p(\alpha)S(\boldsymbol{\rho}_{B|\alpha})\mathrm{d}^2\alpha$ 为可提取信息，并且 $p(\alpha)=\mathrm{Tr}[(\Pi_\alpha\otimes\boldsymbol{I}_B)\boldsymbol{\rho}_{AB}]$，$\boldsymbol{\rho}_{B|\alpha}=\dfrac{1}{p(\alpha)}\mathrm{Tr}_A[(\Pi_\alpha\otimes\boldsymbol{I}_B)\boldsymbol{\rho}_{AB}]$。

同样地，可以定义由 $B$ 系统执行局域正算子值测量诱导的高斯量子失协 $C_B(\boldsymbol{\rho}_{AB})$，或者采取如下的方式

$$C^{\leftrightarrow}(\boldsymbol{\rho}_{AB})=\max\{C_A(\boldsymbol{\rho}_{AB}),C_B(\boldsymbol{\rho}_{AB})\}$$

量子失协的计算比较复杂，不过，针对双模压缩热态，学者们得出了解析表达式，并分析了这种量子关联的性质。

2010 年，Daki 等提出了几何量子失协[30]。

**定义 1.20** 假设 $\dim H_A \otimes H_B < +\infty$，$\boldsymbol{\rho}_{AB} \in S(H_A \otimes H_B)$，那么态 $\boldsymbol{\rho}_{AB}$ 的几何量子失协定义为

$$D_G(\boldsymbol{\rho}_{AB}) = \min_{\chi_{AB}} \| \boldsymbol{\rho}_{AB} - \boldsymbol{\chi}_{AB} \|_2^2$$

其中，min 是对所有量子失协为零的态 $\boldsymbol{\chi}_{AB}$ 取最小值，$\|\cdot\|_2$ 代表 Hilbert-Schmidt 范数，即 $\|\boldsymbol{A}\|_2 = [\mathrm{Tr}(\boldsymbol{A}^\dagger \boldsymbol{A})]^{\frac{1}{2}}$。

几何量子失协还有等价的表示，即

$$D_G(\boldsymbol{\rho}_{AB}) = \min_{\Pi^A} \| \boldsymbol{\rho}_{AB} - \Pi^A(\boldsymbol{\rho}_{AB}) \|_2^2$$

其中，min 是对所有冯·诺依曼测量取最小值，并且 $\Pi^A(\boldsymbol{\rho}_{AB}) = \sum_k (\Pi_k^A \otimes \boldsymbol{I}_B)\boldsymbol{\rho}_{AB}(\Pi_k^A \otimes \boldsymbol{I}_B)$。这样，几何量子失协也可以看成是局域测量对态带来的干扰。

相应地，针对高斯系统，Adesso 等[31]基于高斯正算子值测量，给出了双模高斯态的高斯几何失协。

**定义 1.21** 假设 $H = H_A \otimes H_B$ 是(1+1)-模连续变量系统 $\boldsymbol{\rho}_{AB} \in S(H_A \otimes H_B)$，$\Pi^A = \{\Pi_\alpha^A\}$ 为系统 $A$ 上的高斯正算子值测量(GPOVM)，那么定义连续态 $\boldsymbol{\rho}_{AB}$ 的高斯几何失协为

$$D_A(\boldsymbol{\rho}_{AB}) = \inf_{\Pi_A} \| \boldsymbol{\rho}_{AB} - \Pi_A(\boldsymbol{\rho}_{AB}) \|$$

其中，$\Pi^A(\boldsymbol{\rho}_{AB}) = \int_\alpha [(\Pi_\alpha^A \otimes \boldsymbol{I}_B)^{\frac{1}{2}} \boldsymbol{\rho}_{AB} (\Pi_\alpha^A \otimes \boldsymbol{I}_B)^{\frac{1}{2}}] \mathrm{d}^2\alpha$。

# 第 2 章　连续变量系统由平均距离诱导的量子关联

量子关联是量子力学的基本现象，贯穿量子力学的研究。在各种类型的量子关联中，量子纠缠被认为是核心的资源之一，广泛用于量子隐形传态、保密通信、量子计算中。随着研究的深入，种种迹象表明，包括纠缠的各种量子关联同样发挥着重要的作用，也广泛存在于各种生命体和生命现象中，如光合作用、神经网络、人脸识别、生物医学等。为了更好地研究量子通信和生命活动中的各种量子关联现象，怎么识别量子关联，度量量子关联程度，并顺利利用这些量子关联是重要的研究任务，也需要丰富的量子关联理论。因此，探寻更多的量子关联或者更好的量子关联度量就显得非常迫切。

我们知道，量子失协（quantum discord）[24]、基于测量诱导的非定域性 MIN[32,33] 与扰动 MID[34] 等量子关联多数是由局域测量引入的。另外，在量化量子关联中，运用平均距离度量已被用于检测复合系统态的纠缠性等[35,36]。2015 年，郭和范[37]利用平均距离定义了有限维系统中态的一种量子关联。在本章中，我们主要将此想法推广到连续变量系统，分别基于局域一般高斯正算子值测量和纯高斯态作为生成种子的高斯正算子测量，定义了两种量子关联 $Q$ 和 $Q_P$，证明了任意 $(m+n)$- 模两体高斯态 $\boldsymbol{\rho}_{AB}$ 是乘积态当且仅当两种关联 $Q(\boldsymbol{\rho}_{AB})$ 和 $Q_P(\boldsymbol{\rho}_{AB})$ 均为 0；针对任意双模高斯态，证明了这两种量子关联是一致的，并讨论了该度量一系列性质；经分析，得出 $Q$ 和 $Q_P$ 比高斯几何失协能更好地检测到量子关联性。

## 2.1 基于冯·诺依曼测量诱导的量子关联

刻画量子关联有时会采用均值法。2015 年,郭和范[37]利用局域测量和均值计算定义了有限维系统中的一种量子关联度量,并证明了只有乘积态不包含这种量子关联。我们针对无限维系统给出了基于冯·诺依曼测量诱导的由平均距离定义的量子非经典性 $Q$ 的定义。

**定义 2.1**[37] 令 $H = H_A \otimes H_B$ 为复合系 $\dim H_A = m$, $\dim H_B = n \geqslant m$, $\boldsymbol{\rho} \in S(H)$, 定义由平均距离诱导的量子关联 $Q(\boldsymbol{\rho})$:

$$Q(\boldsymbol{\rho}) = \sup_{\{\Pi^A\}} \sum_k p_k \| \boldsymbol{\rho}_b - \boldsymbol{\rho}_b^{(k)} \|_2^2$$

其中, $\| \cdot \|_2$ 代表 Hilbert-Schmidt 范数(即 $\| \mathbf{A} \|_2 = [\mathrm{Tr}(\mathbf{A}^\dagger \mathbf{A})]^{\frac{1}{2}}$ ),上确界取遍 $A$ 系统上的所有冯·诺依曼测量 $\Pi^A = \{\Pi_k^A\}$, $\boldsymbol{\rho}_B^{(k)} = \frac{1}{p_k} \mathrm{Tr}_A(\Pi_k^A \otimes \boldsymbol{I}_B)\boldsymbol{\rho}(\Pi_k^A \otimes \boldsymbol{I}_B)$, $p_k = \mathrm{Tr}[(\Pi_k^A \otimes \boldsymbol{I}_B)\boldsymbol{\rho}(\Pi_k^A \otimes \boldsymbol{I}_B)]$, $\boldsymbol{\rho}_B = \mathrm{Tr}_A(\boldsymbol{\rho})$ 是 $\boldsymbol{\rho}$ 的约化态, $\boldsymbol{I}_B$ 是 $B$ 系统上的恒等算子。

$Q(\boldsymbol{\rho})$ 描述的是局域态和输出局域态的最大平均距离。在 $A$ 系统执行测量,此处平均距离是指另一个系统测量前状态和测量后状态系统的加权距离。$Q(\boldsymbol{\rho}) > 0$ 意味着对 $A$ 系统执行一个合适的冯·诺依曼测量,$B$ 系统的态会发生变化,并且作者讨论了有限维系统 $Q(\boldsymbol{\rho})$ 的性质,如局域酉不变性,并证明了两体态不包含这种量子关联当且仅当它是乘积态;对于纯态 $|\psi\rangle$,文中给出了 $Q(|\psi\rangle)$ 的表达式和上界。

**命题 2.1**[37] 令 $|\psi\rangle$ 是纯态,Schmidt 系数为 $\{\lambda_i\}$, Schmidt 秩为 $r$,则

$$Q(|\psi\rangle\langle\psi|) = 2\left(1 - \sum_i \lambda_i^4\right) \leqslant \frac{2(r-1)}{r}$$

并且等式成立当且仅当 $|\psi\rangle$ 是极大纠缠的。

令 $\boldsymbol{\rho} \in S(H_A \otimes H_B)$ 是两体态,当把 $\boldsymbol{\rho}$ 看作 Hilbert 空间 $\mathcal{B}(H_A) \otimes \mathcal{B}(H_B)$ 中的向量时,其中 $\langle X | Y \rangle = \mathrm{Tr}(X^\dagger Y)$, $\boldsymbol{\rho}$ 可以表示成 $\boldsymbol{\rho} = \sum_i \delta_i \boldsymbol{E}_i \otimes$

$\boldsymbol{F}_i$，记 $\mathrm{Tr}(\boldsymbol{E}_i)=\beta_i$，$\mathrm{Tr}(\boldsymbol{F}_i)=\gamma_i$。令 $\{|k\rangle\}$ 是 $H_A$ 的一组正交基，则 $\boldsymbol{\rho}_b=\sum_i \delta_i\beta_i\boldsymbol{F}_i$，$p_k\boldsymbol{\rho}_b^{(k)}=\sum_i \delta_i\alpha_{ki}\boldsymbol{F}_i$，其中

$$\alpha_{ki}=\langle k\mid \boldsymbol{E}_i\mid k\rangle$$

所以

$$\sum_k p_k\|\boldsymbol{\rho}_b-\boldsymbol{\rho}_b^{(k)}\|_2^2=\sum_k p_k\left\|\sum_i \delta_i\left(\beta_i-\frac{\alpha_{ki}}{p_k}\right)\boldsymbol{F}_i\right\|_2^2$$

$$=\sum_k p_k\left[\sum_k \delta_i^2\left(\beta_i-\frac{\alpha_{ki}}{p_k}\right)^2\right]=\sum_i \delta_i^2\left(\sum_k \frac{\alpha_{ki}^2}{p_k}-\beta_i^2\right)$$

**定理 2.1**[37]　令 $\boldsymbol{\rho}$ 是两体态，算子 Schmidt 系数为 $\{\delta_i\}$，$\boldsymbol{T}=[\alpha_{ki}]$，则

$$Q(\rho)=\sup_T\sum_i \delta_i^2\left(\sum_k \frac{\alpha_{ki}^2}{p_k}-\beta_i^2\right)$$

其中，上确界取遍所有可能的矩阵 $\boldsymbol{T}=[\alpha_{ki}]$。

那么，这个量子关联和性质对无限维成立吗？首先，我们针对无限维系统中的态 $\boldsymbol{\rho}_{AB}$，讨论基于冯·诺依曼测量由平均距离导出的量子关联 $Q(\boldsymbol{\rho}_{AB})$ 的性质。

**定义 2.2**　假设 $H=H_A\otimes H_B$，$\dim H_A=\dim H_B=+\infty$，$\boldsymbol{\rho}_{AB}\in S(H)$，定义 $Q(\boldsymbol{\rho}_{AB})$：

$$Q(\boldsymbol{\rho}_{AB})=\sup_{\Pi^A}\sum_{k=1}^{+\infty}p_k\|\boldsymbol{\rho}_B-\boldsymbol{\rho}_B^{(k)}\|_2^2$$

其中上确界取遍 $H_A$ 系统所有的冯·诺依曼测量 $\Pi^A=\{\Pi_k^A\}$，$\boldsymbol{\rho}_B=\mathrm{Tr}_A(\boldsymbol{\rho}_{AB})$，$\boldsymbol{\rho}_B^{(k)}=\frac{1}{p_k}\mathrm{Tr}_A[(\Pi_k^A\otimes\boldsymbol{I}_B)\boldsymbol{\rho}_{AB}(\Pi_k^A\otimes\boldsymbol{I}_B)]$，$p_k=\mathrm{Tr}[(\Pi_k^A\otimes\boldsymbol{I}_B)\boldsymbol{\rho}_{AB}(\Pi_k^A\otimes\boldsymbol{I}_B)]$，$\boldsymbol{I}_B$ 是 $H_B$ 的恒等算子。

实际上，定义 2.2 是合理的。容易看出，$\{S_n=\sum_{k=1}^{n}p_k\|\boldsymbol{\rho}_B-\boldsymbol{\rho}_B^{(k)}\|_2^2\}$ 是单调增加的，并且

$$S_n=\sum_{k=1}^{n}p_k\|\boldsymbol{\rho}_B-\boldsymbol{\rho}_B^{(k)}\|_2^2\leqslant\sum_{k=1}^{n}p_k(\|\boldsymbol{\rho}_B\|_2+\|\boldsymbol{\rho}_B^{(k)}\|_2)^2$$

$$\leqslant\sum_{k=1}^{n}p_k(\|\boldsymbol{\rho}_B\|_1+\|\boldsymbol{\rho}_B^{(k)}\|_1)^2=4\sum_{k=1}^{n}p_k\leqslant 4$$

这意味着 $\{S_n\}$ 是上方有界的，所以 $\{S_n\}$ 是收敛的，并且 $\sum_{k=1}^{+\infty} p_k \| \boldsymbol{\rho}_B - \boldsymbol{\rho}_B^{(k)} \|_2^2 \leqslant 4$。对无限维系统而言，$Q(\boldsymbol{\rho}_{AB})$ 是定义良好的。

对无限维量子系统，基于冯·诺依曼测量，我们得到该量子关联是刻画高斯非乘积态的，即两体态不包含这种关联当且仅当它是乘积态，见定理 2.2。

**定理 2.2** 对两体态 $\boldsymbol{\rho}_{AB}$，有 $Q(\boldsymbol{\rho}_{AB}) = 0$ 当且仅当 $\boldsymbol{\rho}_{AB}$ 是乘积态。

**证明：**先证明必要条件。若 $Q(\boldsymbol{\rho}_{AB}) = 0$，则对任意冯·诺依曼测量 $\Pi^A = \{\Pi_k^A\}_{k=1}^{+\infty}$，有 $\boldsymbol{\rho}_B^{(k)} = \boldsymbol{\rho}_B$ 对任意 $k$ 成立。令 $\{|i\rangle\}$ 和 $\{|j'\rangle\}$ 分别是 $H_A$、$H_B$ 的规范正交基。记 $\boldsymbol{E}_{ij} = |i\rangle\langle j|$，则任意 $\boldsymbol{\rho}_{AB}$ 可以表示为

$$\boldsymbol{\rho}_{AB} = \sum_{i,j=1}^{+\infty} \boldsymbol{E}_{ij} \otimes \boldsymbol{B}_{ij}$$

其中，$\boldsymbol{B}_{ij}$ 是 $H_B$ 上的有界线性算子，则有 $\boldsymbol{\rho}_B = \mathrm{Tr}_A(\boldsymbol{\rho}_{AB}) = \sum_i \boldsymbol{B}_{ii}$，$\boldsymbol{\rho}_B^{(k)} = \mathrm{Tr}_A\left[(|k\rangle\langle k| \otimes I)\left(\sum_{i,j=1}^{+\infty} \boldsymbol{E}_{ij} \otimes \boldsymbol{B}_{ij}\right)(|k\rangle\langle k| \otimes I)\right] = \boldsymbol{B}_{kk}$。由于 $\boldsymbol{\rho}_B^{(k)} = \boldsymbol{\rho}_B$ 对任意 $k$ 成立，所以可以得到 $\boldsymbol{B}_{ii} \propto \boldsymbol{\rho}_B$。

接下来只要证明对任何 $i$、$j$，$\boldsymbol{B}_{ij} \propto \boldsymbol{\rho}_B$ 都成立，那么可以得出 $\boldsymbol{\rho}_{AB}$ 是乘积态。

首先考虑测量 $\{|\psi\rangle\langle\psi|, |\tilde{\psi}\rangle\langle\tilde{\psi}|\}$，其中 $|\psi\rangle = \frac{1}{\sqrt{2}}(|i\rangle + |j\rangle)$，$|\tilde{\psi}\rangle = \frac{1}{\sqrt{2}}(|i\rangle - |j\rangle)$，经过计算得，$\boldsymbol{\rho}_B^{|\psi\rangle} = \frac{1}{2}(\boldsymbol{B}_{ii} + \boldsymbol{B}_{jj} + \boldsymbol{B}_{ij} + \boldsymbol{B}_{ji})$，$\boldsymbol{\rho}_B^{|\tilde{\psi}\rangle} = \frac{1}{2}(\boldsymbol{B}_{ii} + \boldsymbol{B}_{jj} - \boldsymbol{B}_{ij} - \boldsymbol{B}_{ji})$，综合上面两式，得 $\boldsymbol{B}_{ij} + \boldsymbol{B}_{ji} \propto \boldsymbol{\rho}_B$。

再考虑测量 $\{|\varphi\rangle\langle\varphi|, |\tilde{\varphi}\rangle\langle\tilde{\varphi}|\}$，其中 $|\varphi\rangle = \frac{1}{\sqrt{2}}(|i\rangle + i|j\rangle)$，$|\tilde{\varphi}\rangle = \frac{1}{\sqrt{2}}(|i\rangle - i|j\rangle)$，我们有 $\boldsymbol{\rho}_B^{|\varphi\rangle} = \frac{1}{2}(\boldsymbol{B}_{ii} + \boldsymbol{B}_{jj} + i\boldsymbol{B}_{ij} - i\boldsymbol{B}_{ji})$，$\boldsymbol{\rho}_B^{|\tilde{\varphi}\rangle} = \frac{1}{2}(\boldsymbol{B}_{ii} + \boldsymbol{B}_{jj} - i\boldsymbol{B}_{ij} + i\boldsymbol{B}_{ji})$，所以 $\boldsymbol{B}_{ij} - \boldsymbol{B}_{ji} \propto \boldsymbol{\rho}_B$。

这意味着 $\boldsymbol{B}_{ij} \propto \boldsymbol{\rho}_B$ 以及 $\boldsymbol{B}_{ji} \propto \boldsymbol{\rho}_B$，所以 $\boldsymbol{\rho}_{AB}$ 是一个乘积态。

## 2.2 基于高斯正算子值测量诱导的量子关联 $Q$、$Q_P$

连续变量系统在量子通信中占据着重要的地位，特别是在远距离信息传输中发挥着重要的作用，因此连续变量的量子关联和离散系统的情形一样颇受人关注。Fiurasek 等[9]研究了由高斯正算子值测量诱导的多模高斯态的纠缠，Giedke 等[10]研究了高斯操作和高斯态的提纯，Bowen 等[38]讨论了连续变量的纠缠，齐、侯[41]用连续的局域正则可观测量给出了连续系统的纠缠 witness。2010 年，Giorda、Paris[28]和 Adesso、Datta[29]分别给出了由局域高斯正算子值测量诱导的双模高斯态的高斯量子失协，并且讨论了对压缩热态使经典量子关联最大的是一般的正算子值测量，而不是投影测量，以及几乎所有的双模高斯态都包含这种量子关联。我们可以对 $A(B)$ 系统进行局域测量，也可以进行双边测量。之后，Giorda、Paris[24]用非高斯测量考虑了高斯量子失协。2015 年，P. Marian[39]用 Hellinger 距离刻画了高斯量子失协，高斯量子失协已经广泛到量子密钥分布[40]。Mista 等[34]探讨了高斯态的由测量诱导的干扰(disturbances)和非经典关联。可以说，学者们从各个角度用不同的方式来研究高斯态，并且也获得了较为丰富的结果。

我们在本节，把 2.1 节中的量子关联推广到连续变量系统，在子系统执行局域高斯正算子值测量，并利用均值加权计算，定义如下。

**定义 2.3** 假设 $\boldsymbol{\rho}_{AB}$ 是 $(m+n)$-模连续变量系统 $S(H_A\otimes H_B)$ 中的任意态，定义 $Q(\boldsymbol{\rho}_{AB})$ 为：

$$Q(\boldsymbol{\rho}_{AB})=\sup_{\Pi^A}\int p(\alpha)\parallel\boldsymbol{\rho}_B-\boldsymbol{\rho}_B^{(\alpha)}\parallel_2^2\mathrm{d}^{2m}\alpha \tag{2.1}$$

其中，上确界取遍系统 $H_A$ 上的所有高斯 POVM $\Pi^A=\{\Pi^A(\alpha)\}$，$\boldsymbol{\rho}_B=\mathrm{Tr}_A(\boldsymbol{\rho}_{AB})$，$p(\alpha)=\mathrm{Tr}[(\Pi^A(\alpha)\otimes\boldsymbol{I}_B)\boldsymbol{\rho}_{AB}]$ 且 $\boldsymbol{\rho}_B^{(\alpha)}=\dfrac{1}{p(\alpha)}\mathrm{Tr}_A[(\Pi^A(\alpha)\otimes\boldsymbol{I}_B)^{\frac{1}{2}}\boldsymbol{\rho}_{AB}$

$(\Pi^A(\alpha)\otimes \boldsymbol{I}_B)^{\frac{1}{2}}]$。

因为在有限维系统中量子关联 $Q$ 采用冯·诺依曼测量定义，所以很自然地，我们考虑用以纯态作为生成种子的高斯 POVM 来定义这种度量。令 $P=\{\boldsymbol{\sigma}_A\in S(H_A):\boldsymbol{\sigma}_A$ 是 $H_A$ 上的零均值的高斯纯态$\}$，定义 $Q_P(\boldsymbol{\rho}_{AB})$ 为

$$Q_P(\boldsymbol{\rho}_{AB}):=\sup_{\Pi_P^A}\int p_P(\alpha)\parallel \boldsymbol{\rho}_B-\boldsymbol{\rho}_B^{(\alpha)}\parallel_2^2 \mathrm{d}^{2m}\alpha \tag{2.2}$$

其中，上确界取遍系统 $H_A$ 上的所有高斯 POVMs $\Pi_P^A$（即生成种子属于 $P$），$p_P(\alpha)=\mathrm{Tr}[(\Pi_P^A(\alpha)\otimes \boldsymbol{I}_B)\boldsymbol{\rho}_{AB}]$ 且 $\boldsymbol{\rho}_{B,P}^{(\alpha)}=\dfrac{1}{p_P(\alpha)}\mathrm{Tr}_A[(\Pi_P^A(\alpha)\otimes \boldsymbol{I}_B)^{\frac{1}{2}}\boldsymbol{\rho}_{AB}$

$(\Pi_P^A(\alpha)\otimes \boldsymbol{I}_B)^{\frac{1}{2}}]$，即 $p_P(\alpha)$、$\boldsymbol{\rho}_{B,P}^{(\alpha)}$ 与 $Q(\boldsymbol{\rho}_{AB})$ 定义中的形式相似。

从式(2.1)、式(2.2)可以看出 $Q(\boldsymbol{\rho}_{AB})\geqslant Q_P(\boldsymbol{\rho}_{AB})\geqslant 0$。$Q(\boldsymbol{\rho}_{AB})$、$Q_P(\boldsymbol{\rho}_{AB})>0$ 意味着对 $A$ 系统执行一个合适的高斯测量，整体系统的态会发生变化。因此，$Q$、$Q_P$ 体现了系统状态的量子关联性。

下面讨论对于任意两体高斯态 $\boldsymbol{\rho}_{AB}$，借助高斯正算子值测量诱导的 $Q(\boldsymbol{\rho}_{AB})$ 和 $Q_P(\boldsymbol{\rho}_{AB})$ 的性质。

**定理 2.3** 对两体连续变量系统中的任意态 $\boldsymbol{\rho}_{AB}$，若 $\boldsymbol{\rho}_{AB}$ 是乘积态，则 $Q(\boldsymbol{\rho}_{AB})=Q_P(\boldsymbol{\rho}_{AB})=0$。

**证明：**假设 $\boldsymbol{\rho}_{AB}$ 为任意 $(m+n)$-模的态，若 $\boldsymbol{\rho}_{AB}=\boldsymbol{\sigma}_A\otimes\boldsymbol{\sigma}_B$，则对 $H_A$ 上的任意高斯 POVM$\Pi^A=\{\Pi^A(\alpha)\}$，我们有

$$\begin{aligned}p(\alpha)&=\mathrm{Tr}[(\Pi^A(\alpha)\otimes \boldsymbol{I}_B)(\boldsymbol{\sigma}_A\otimes\boldsymbol{\sigma}_B)]\\&=\mathrm{Tr}[\Pi^A(\alpha)\boldsymbol{\sigma}_A\otimes\boldsymbol{\sigma}_B]=\mathrm{Tr}[\Pi^A(\alpha)\boldsymbol{\sigma}_A]\end{aligned}$$

和

$$\begin{aligned}\rho_B^{(\alpha)}&=p(\alpha)^{-1}\mathrm{Tr}_A[(\Pi^A(\alpha)\otimes \boldsymbol{I}_B)(\boldsymbol{\sigma}_A\otimes\boldsymbol{\sigma}_B)]\\&=p(\alpha)^{-1}\mathrm{Tr}[\Pi^A(\alpha)\boldsymbol{\sigma}_A]\boldsymbol{\sigma}_B=\boldsymbol{\sigma}_B\end{aligned}$$

注意到 $\boldsymbol{\rho}_B=\boldsymbol{\sigma}_B$，所以 $\parallel\boldsymbol{\rho}_B-\boldsymbol{\rho}_B^{(\alpha)}\parallel_2^2=0$ 对所有的 $\alpha$ 成立，这意味着 $Q(\boldsymbol{\rho}_{AB})=0$。由于 $Q(\boldsymbol{\rho}_{AB})\geqslant Q_P(\boldsymbol{\rho}_{AB})\geqslant 0$，所以 $Q_P(\boldsymbol{\rho}_{AB})=0$。证毕。

现在假设 $\boldsymbol{\rho}_{AB}\in S(H_A\otimes H_B)$ 为 $(m+n)$-模的高斯态，其相关矩阵为 $\boldsymbol{\Gamma}=\begin{pmatrix}\boldsymbol{A}&\boldsymbol{C}\\\boldsymbol{C}^{\mathrm{T}}&\boldsymbol{B}\end{pmatrix}$，位移为 $\boldsymbol{d}=(\boldsymbol{d}_A,\boldsymbol{d}_B)$。令 $\left\{\Pi^A(\alpha)=\dfrac{1}{\pi^m}D_A(\alpha)\tilde{\boldsymbol{\omega}}D_A^{\dagger}(\alpha)\right\}$ 为

$H_A$ 上的任意高斯 POVM，$\tilde{\boldsymbol{\omega}}$ 为其生成种子；$\left\{\Pi_P^A(\alpha)=\frac{1}{\pi^m}D_A(\alpha)\tilde{\boldsymbol{\omega}}_P D_A^{\dagger}(\alpha)\right\}$ 为 $H_A$ 上的任意高斯 POVM，且 $\tilde{\boldsymbol{\omega}}_P$ 为其纯态生成种子。记 $\boldsymbol{\Sigma}_A$ 和 $\boldsymbol{\Sigma}_{A,P}$ 分别为 $\tilde{\boldsymbol{\omega}}$ 和 $\tilde{\boldsymbol{\omega}}_P$ 的相关矩阵。类似于 Giedke[10] 和 Anders[42] 给出的证明方法，我们可得到式(2.1)和式(2.2)中的 $\boldsymbol{\rho}_B^{(\alpha)}$ 和 $\boldsymbol{\rho}_{B,P}^{(\alpha)}$ 的相关矩阵分别为

$$\boldsymbol{\Lambda}=\boldsymbol{B}-\boldsymbol{C}^{\mathrm{T}}(\boldsymbol{A}+\boldsymbol{\Sigma}_A)^{-1}\boldsymbol{C} \tag{2.3}$$

和

$$\boldsymbol{\Lambda}_P=\boldsymbol{B}-\boldsymbol{C}^{\mathrm{T}}(\boldsymbol{A}+\boldsymbol{\Sigma}_{A,P})^{-1}\boldsymbol{C} \tag{2.4}$$

可以看出这两个量是不依赖于测量的结果，并且 $\boldsymbol{\rho}_B^{(\alpha)}$ 和 $\boldsymbol{\rho}_{B,P}^{(\alpha)}$ 的位移分别为

$$\boldsymbol{\mu}=\boldsymbol{d}_B-\boldsymbol{C}^{\mathrm{T}}(\boldsymbol{A}+\boldsymbol{\Sigma}_A)^{-1}(\boldsymbol{d}_A-\boldsymbol{D}_\alpha) \tag{2.5}$$

$$\boldsymbol{\mu}_P=\boldsymbol{d}_B-\boldsymbol{C}^{\mathrm{T}}(\boldsymbol{A}+\boldsymbol{\Sigma}_{A,P})^{-1}(\boldsymbol{d}_A-\boldsymbol{D}_{\alpha,P}) \tag{2.6}$$

此处 $\boldsymbol{D}_\alpha$、$\boldsymbol{D}_{\alpha,P}$ 分别为态 $D_A(\alpha)\tilde{\boldsymbol{\omega}}D_A^{\dagger}(\alpha)$ 和 $D_A(\alpha)\tilde{\boldsymbol{\omega}}_P D_A^{\dagger}(\alpha)$ 的位移。

下面我们考虑这个量子关联的局域高斯酉不变性。为了验证 $Q$ 和 $Q_P$ 的局域高斯酉不变性，我们需要下面的引理 2.1。

**引理 2.1** 假设 $\boldsymbol{\rho}_{AB}$ 为任意 $(m+n)$- 模的高斯态，相关矩阵为 $\boldsymbol{\Gamma}=\begin{pmatrix}\boldsymbol{A} & \boldsymbol{C}\\ \boldsymbol{C}^{\mathrm{T}} & \boldsymbol{B}\end{pmatrix}$，$\boldsymbol{A}\in M_{2m}(\mathbb{R})$，$\boldsymbol{B}\in M_{2n}(\mathbb{R})$，$\boldsymbol{C}\in M_{2m\times 2n}(\mathbb{R})$，那么式(2.1)中的 $\{p(\alpha)\}$ 是协方差为 $\frac{\boldsymbol{A}+\boldsymbol{\Sigma}_A}{2}$ 的高斯概率分布；式(2.2)中的 $\{p_P(\alpha)\}$ 是协方差为 $\frac{\boldsymbol{A}+\boldsymbol{\Sigma}_{A,P}}{2}$ 的高斯分布。

**证明：** 假设 $\boldsymbol{\rho}_{AB}$ 为 $(m+n)$- 模的高斯态，相关矩阵为 $\boldsymbol{\Gamma}$，位移为 $\boldsymbol{d}$。

注意到

$$\boldsymbol{\rho}_{AB}=\frac{1}{\pi^{m+n}}\int\chi_{\boldsymbol{\rho}_{AB}}(-\lambda_A,-\lambda_B)D_A(\lambda_A)\otimes D_B(\lambda_B)\mathrm{d}^{2m}\lambda_A\mathrm{d}^{2n}\lambda_B$$

并且

$$\tilde{\boldsymbol{\omega}}=\frac{1}{\pi^m}\int\chi_{\tilde{\omega}}(-\eta)D_A(\eta)\mathrm{d}^{2m}\eta$$

所以有

$$
\begin{aligned}
p(\alpha) &= \mathrm{Tr}[(\Pi^A(\alpha)\otimes \boldsymbol{I}_B)\boldsymbol{\rho}_{AB}] \\
&= \frac{1}{\pi^{3m+n}}\int \chi_{\tilde{\omega}}(-\eta)\chi_{\boldsymbol{\rho}_{AB}}(-\lambda_A,-\lambda_B)\,\mathrm{Tr}[(D_A(\alpha)D_A(\eta)D_A^{\dagger}(\alpha)D_A(\lambda_A) \\
&\quad \otimes D_B(\lambda_B)]\mathrm{d}^{2m}\lambda_A\mathrm{d}^{2m}\lambda_B\mathrm{d}^{2m}\eta \\
&= \frac{1}{\pi^{3m}}\int \chi_{\tilde{\omega}}(-\eta)\chi_{\boldsymbol{\rho}_{AB}}(-\lambda_A,-\lambda_B)\,\mathrm{Tr}_A[D_A(\alpha)D_A(\eta)D_A^{\dagger}(\alpha)D_A(\lambda_A)] \\
&\quad \mathrm{Tr}_B[D_B(\lambda_B)]\mathrm{d}^{2m}\lambda_A\mathrm{d}^{2m}\lambda_B\mathrm{d}^{2m}\eta \\
&= \frac{1}{\pi^{2m}}\int \chi_{\tilde{\omega}}(-\eta)\chi_{\boldsymbol{\rho}_{AB}}(-\lambda_A,0)\mathrm{Tr}[D_A(\alpha)D_A(\eta)D_A^{\dagger}(\alpha)D_A(\lambda_A)]\mathrm{d}^{2m}\lambda_A\mathrm{d}^{2m}\eta \\
&= \frac{1}{\pi^{2m}}\int \chi_{\tilde{\omega}}(-\eta)\chi_{\boldsymbol{\rho}_{AB}}(-\lambda_A,0)\exp(\alpha\eta^*-\alpha^*\eta)\,\mathrm{Tr}[D_A(\eta)D_A(\lambda_A)]\mathrm{d}^2\eta\mathrm{d}^2\lambda_A \\
&= \frac{1}{\pi^{2m}}\int \exp\left[-\frac{1}{4}\boldsymbol{\xi}_{\eta}^{\mathrm{T}}\boldsymbol{J}_A(\boldsymbol{A}+\boldsymbol{\Sigma}_A)\boldsymbol{J}_A^{\mathrm{T}}\boldsymbol{\xi}_{\eta}\right]\exp(\alpha\eta^*-\alpha^*\eta)\mathrm{d}^{2m}\eta \\
&= \frac{1}{\pi^m\sqrt{\det[(\boldsymbol{A}+\boldsymbol{\Sigma}_A)/2]}}\exp[-\boldsymbol{\xi}_{\alpha}^{\mathrm{T}}(\boldsymbol{A}+\boldsymbol{\Sigma}_A)^{-1}\boldsymbol{\xi}_{\alpha}]
\end{aligned}
$$

$\{p_P(\alpha)\}$ 是协方差为 $\dfrac{\boldsymbol{A}+\boldsymbol{\Sigma}_A}{2}$ 的高斯概率分布。在证明中我们使用了 Weyl 算符的性质[42]

$$D_A(\lambda)D_A(\mu)=\exp\left(\frac{\lambda\mu^*-\lambda^*\mu}{2}\right)D_A(\lambda+\mu)$$

以及

$$\mathrm{Tr}[D_A(\lambda)]=\pi^m\delta^{2m}(\lambda)$$

同理,可得到式(2.2)中的 $\{p_P(\alpha)\}$ 是协方差为 $\dfrac{\boldsymbol{A}+\boldsymbol{\Sigma}_{A,P}}{2}$ 的高斯分布。

**定理 2.4** 设 $\boldsymbol{\rho}_{AB}$ 为任意 $(m+n)$-模的两体高斯态,则 $Q(\boldsymbol{\rho}_{AB})$ 和 $Q_P(\boldsymbol{\rho}_{AB})$ 是局域高斯酉不变的(体现在相关矩阵层面是局域辛不变的)。

**证明:**假设 $\boldsymbol{U}_A\otimes\boldsymbol{U}_B$ 是任意局域高斯酉变换。我们要证明

$$Q[(\boldsymbol{U}_A\otimes\boldsymbol{U}_B)\boldsymbol{\rho}_{AB}(\boldsymbol{U}_A^{\dagger}\otimes\boldsymbol{U}_B^{\dagger})]=Q(\boldsymbol{\rho}_{AB})$$

以及

$$Q_P[(\boldsymbol{U}_A\otimes\boldsymbol{U}_B)\boldsymbol{\rho}_{AB}(\boldsymbol{U}_A^{\dagger}\otimes\boldsymbol{U}_B^{\dagger})]=Q_P(\boldsymbol{\rho}_{AB})$$

因为 $Q$ 和 $Q_p$ 的证明类似，所以，我们只给出 $Q$ 的证明。

我们首先证明 $Q[(\boldsymbol{U}_A\otimes\boldsymbol{I}_B)\boldsymbol{\rho}_{AB}(\boldsymbol{U}_A^{\dagger}\otimes\boldsymbol{I}_B)]=Q(\boldsymbol{\rho}_{AB})$。为了方便，我们记 $\tilde{\boldsymbol{\rho}}_{AB}=(\boldsymbol{U}_A\otimes\boldsymbol{I}_B)\boldsymbol{\rho}_{AB}(\boldsymbol{U}_A^{\dagger}\otimes\boldsymbol{I}_B)$，则有

$$\tilde{\boldsymbol{\rho}}_B=\mathrm{Tr}_A(\tilde{\boldsymbol{\rho}}_{AB})=\mathrm{Tr}_A[(\boldsymbol{U}_A\otimes\boldsymbol{I}_B)\boldsymbol{\rho}_{AB}(\boldsymbol{U}_A^{\dagger}\otimes\boldsymbol{I}_B)]=\boldsymbol{\rho}_B,$$

$$\tilde{p}(\alpha)=\mathrm{Tr}[(\Pi^A(\alpha)\otimes\boldsymbol{I}_B)\tilde{\boldsymbol{\rho}}_{AB}]=\mathrm{Tr}[(\boldsymbol{U}_A^{\dagger}\Pi^A(\alpha)\boldsymbol{U}_A\otimes\boldsymbol{I}_B)\boldsymbol{\rho}_{AB}]$$

和

$$\begin{aligned}\tilde{\rho}_B^{(\alpha)}&=\frac{1}{\tilde{p}(\alpha)}\mathrm{Tr}_A[(\Pi^A(\alpha)\otimes\boldsymbol{I}_B)^{\frac{1}{2}}(\boldsymbol{U}_A\otimes\boldsymbol{I}_B)\boldsymbol{\rho}_{AB}(\boldsymbol{U}_A^{\dagger}\otimes\boldsymbol{I}_B)(\Pi^A(\alpha)\otimes\boldsymbol{I}_B)^{\frac{1}{2}}]\\&=\frac{1}{\tilde{p}(\alpha)}\mathrm{Tr}_A[(\boldsymbol{U}_A^{\dagger}\Pi^A(\alpha)\boldsymbol{U}_A\otimes\boldsymbol{I}_B)\boldsymbol{\rho}_{AB}]\end{aligned}$$

注意到局域测量 $\{\Pi^A(\alpha)\}$ 作用到态 $\tilde{\boldsymbol{\rho}}_{AB}$ 上等价于 $\{\boldsymbol{U}_A^{\dagger}\Pi^A(\alpha)\boldsymbol{U}_A\}$ 作用到 $\boldsymbol{\rho}_{AB}$ 上。对高斯酉变换 $\boldsymbol{U}_A$，存在辛矩阵 $\boldsymbol{S}_A$，使得 $\boldsymbol{U}_A^{\dagger}\hat{\boldsymbol{R}}\boldsymbol{U}_A=\boldsymbol{S}_A\hat{\boldsymbol{R}}+\boldsymbol{v}_{U_A}$，所以 $\boldsymbol{U}_A^{\dagger}\Pi^A(\alpha)\boldsymbol{U}_A$ 的位移为 $\boldsymbol{\gamma}=\boldsymbol{S}_A m_\alpha+\boldsymbol{v}_{U_A}$，相关矩阵为 $\boldsymbol{S}_A\boldsymbol{\Sigma}\boldsymbol{S}_A^{\mathrm{T}}$。实际上，种子态集合 $S=\{\boldsymbol{\Sigma}\}$ 等价于 $V=\{\boldsymbol{S}_A\boldsymbol{\Sigma}\boldsymbol{S}_A^{\mathrm{T}}\}$，一方面，显然 $V\subseteq S$；另一方面，对任意 $\boldsymbol{\Sigma}_0\in S$，因为 $\boldsymbol{T}=\boldsymbol{S}_A\boldsymbol{\Sigma}_0\boldsymbol{S}_A^{\mathrm{T}}\in V$ 且 $\boldsymbol{S}_A^{-1}$ 也是辛矩阵，因此

$$\boldsymbol{\Sigma}_0=\boldsymbol{S}_A^{-1}\boldsymbol{T}\boldsymbol{S}_A^{\mathrm{T}-1}=\boldsymbol{S}_A^{-1}\boldsymbol{S}_A\boldsymbol{\Sigma}_0\boldsymbol{S}_A^{\mathrm{T}}\boldsymbol{S}_A^{\mathrm{T}-1}=\boldsymbol{S}_A(\boldsymbol{S}_A^{-1}\boldsymbol{\Sigma}_0\boldsymbol{S}_A^{\mathrm{T}-1})\boldsymbol{S}_A^{\mathrm{T}}\in V$$

所以，$S=V$。进一步

$$\begin{aligned}Q(\tilde{\boldsymbol{\rho}}_{AB})&=\sup_{\Pi^A}\int\tilde{p}(\alpha)\parallel\tilde{\boldsymbol{\rho}}_B-\tilde{\boldsymbol{\rho}}_B^{(\alpha)}\parallel_2^2\mathrm{d}^{2m}\alpha\\&=\sup_{\Pi^A}\int p(\gamma)\parallel\boldsymbol{\rho}_B-\boldsymbol{\rho}_B^{(\gamma)}\parallel_2^2\frac{1}{\det\boldsymbol{S}_A}\mathrm{d}^{2\mathrm{m}}\gamma\\&=\sup_{\Pi^A}\int p(\gamma)\parallel\boldsymbol{\rho}_B-\boldsymbol{\rho}_B^{(\gamma)}\parallel_2^2\mathrm{d}^{2\mathrm{m}}\gamma\\&=Q(\boldsymbol{\rho}_{AB})\end{aligned}$$

类似地，可以证明 $Q[(\boldsymbol{I}\otimes\boldsymbol{U}_B)\boldsymbol{\rho}_{AB}(\boldsymbol{I}\otimes\boldsymbol{U}_B^{\dagger})]=Q(\boldsymbol{\rho}_{AB})$。

因此

$$\begin{aligned}&Q[(\boldsymbol{U}_A\otimes\boldsymbol{U}_B)\boldsymbol{\rho}_{AB}(\boldsymbol{U}_A^{\dagger}\otimes\boldsymbol{U}_B^{\dagger})]\\&=Q[(\boldsymbol{U}_A\otimes\boldsymbol{I}_B)(\boldsymbol{I}_A\otimes\boldsymbol{U}_B)\boldsymbol{\rho}_{AB}(\boldsymbol{I}_A\otimes\boldsymbol{U}_B^{\dagger})(\boldsymbol{U}_A^{\dagger}\otimes\boldsymbol{I}_B)]=Q(\boldsymbol{\rho}_{AB})\end{aligned}$$

设 $\boldsymbol{\rho}_{AB}$ 为任意 $(m+n)$- 模的两体高斯态，我们继续讨论 $Q(\boldsymbol{\rho}_{AB})$ 和

$Q_P(\boldsymbol{\rho}_{AB})$ 的性质，并给出 $Q(\boldsymbol{\rho}_{AB})$ 和 $Q_P(\boldsymbol{\rho}_{AB})$ 的计算公式。令 $\boldsymbol{\xi}_\alpha=(\boldsymbol{\xi}_A,\boldsymbol{\xi}_B)^{\mathrm{T}}=\sqrt{2}\,[\mathrm{Re}(\alpha_1),\mathrm{Im}(\alpha_1),\cdots,\mathrm{Re}(\alpha_{m+n}),\mathrm{Im}(\alpha_{m+n})]^{\mathrm{T}}\in\mathbb{R}^{2(m+n)}$。

**定理 2.5** 假设 $\boldsymbol{\rho}_{AB}$ 是两体 $(m+n)$- 模高斯态，其相关矩阵为 $\boldsymbol{\Gamma}=\begin{pmatrix}\boldsymbol{A} & \boldsymbol{C}\\ \boldsymbol{C}^{\mathrm{T}} & \boldsymbol{B}\end{pmatrix}$，其中 $\boldsymbol{A}\in M_{2m}(\mathbb{R})$，$\boldsymbol{B}\in M_{2n}(\mathbb{R})$，$\boldsymbol{C}\in M_{2m\times 2n}(\mathbb{R})$，则

$$Q(\boldsymbol{\rho}_{AB})=\frac{1}{\sqrt{\det\boldsymbol{B}}}+\sup_{\boldsymbol{\Sigma}_A}\left\{\frac{1}{\sqrt{\det\boldsymbol{\Lambda}}}-\frac{2N}{\sqrt{\det[(\boldsymbol{B}+\boldsymbol{\Lambda})/2]}}\right\},$$

$$Q_P(\boldsymbol{\rho}_{AB})=\frac{1}{\sqrt{\det\boldsymbol{B}}}+\sup_{\boldsymbol{\Sigma}_{A,P}}\left\{\frac{1}{\sqrt{\det\boldsymbol{\Lambda}_P}}-\frac{2N_P}{\sqrt{\det[(\boldsymbol{B}+\boldsymbol{\Lambda}_P)/2]}}\right\}$$

这里 $\boldsymbol{\Sigma}_A$ 和 $\boldsymbol{\Sigma}_{A,P}$ 分别是表示 $m$-模生成种子和纯态生成种子相关矩阵

$$\boldsymbol{\Lambda}=\boldsymbol{B}-\boldsymbol{C}^{\mathrm{T}}(\boldsymbol{A}+\boldsymbol{\Sigma}_A)^{-1}\boldsymbol{C},$$

$$N=\frac{1}{\pi^m\sqrt{\det[(\boldsymbol{\Sigma}_A+\boldsymbol{A})/2]}}\int\exp(-\boldsymbol{\xi}_\alpha^{\mathrm{T}}\boldsymbol{Y}_A\boldsymbol{\xi}_\alpha)\mathrm{d}^{2m}\alpha,$$

$$\boldsymbol{Y}_A=(\boldsymbol{\Sigma}_A+\boldsymbol{A})^{-1}+(\boldsymbol{\Sigma}_A+\boldsymbol{A})^{-1}\boldsymbol{C}(\boldsymbol{B}+\boldsymbol{\Lambda})^{-1}\boldsymbol{C}^{\mathrm{T}}(\boldsymbol{A}+\boldsymbol{\Sigma}_A)^{-1}$$

并且 $\boldsymbol{\Lambda}_{\mathrm{P}}$、$N_P$、$\boldsymbol{Y}_{A,P}$ 与 $\boldsymbol{\Lambda}$、$N$、$\boldsymbol{Y}_A$ 有相似的形式，$\boldsymbol{\Sigma}_A$ 用 $\boldsymbol{\Sigma}_{A,P}$ 代替。

**证明：**由参考文献[43]可知，对任意两个高斯态 $\boldsymbol{\rho}_1$、$\boldsymbol{\rho}_2$，相关矩阵分别为 $\boldsymbol{\Gamma}_1$ 和 $\boldsymbol{\Gamma}_2$，位移分别为 $\boldsymbol{\mu}_1$ 和 $\boldsymbol{\mu}_2$，我们有

$$\mathrm{Tr}(\boldsymbol{\rho}_1\boldsymbol{\rho}_2)=\frac{1}{\pi^m\sqrt{\det(\frac{\boldsymbol{\Gamma}_1+\boldsymbol{\Gamma}_2}{2})}}\exp[-\boldsymbol{\delta}_\mu^{\mathrm{T}}(\boldsymbol{\Gamma}_1+\boldsymbol{\Gamma}_2)^{-1}\boldsymbol{\delta}_\mu] \tag{2.7}$$

其中 $\boldsymbol{\delta}_\mu=\boldsymbol{\mu}_2-\boldsymbol{\mu}_1$。

由定理 2.4 $Q(\boldsymbol{\rho}_{AB})$ 的局域高斯酉不变性表明，我们可以通过局域高斯酉变换，选位移为零的高斯态 $\boldsymbol{\rho}_{AB}$。令 $\boldsymbol{\rho}_{AB}$ 为任意位移为零的 $(m+n)$- 模的高斯态。由引理 1.1 可知，$\boldsymbol{\rho}_B$ 的位移为零，相关矩阵为 $\boldsymbol{B}$。通过式(2.3)和式(2.5)可得，$\boldsymbol{\rho}_B^{(\alpha)}$ 具有相关矩阵 $\boldsymbol{\Lambda}=\boldsymbol{B}-\boldsymbol{C}^{\mathrm{T}}(\boldsymbol{A}+\boldsymbol{\Sigma}_A)^{-1}\boldsymbol{C}$，位移 $\boldsymbol{\mu}_\alpha=\boldsymbol{C}^{\mathrm{T}}(\boldsymbol{A}+\boldsymbol{\Sigma}_A)^{-1}\boldsymbol{D}_\alpha$，其中 $\boldsymbol{D}_\alpha=\boldsymbol{\xi}_\alpha$。所以，由式(2.7)得出

$$\mathrm{Tr}(\boldsymbol{\rho}_B\boldsymbol{\rho}_B^{(\alpha)})=\frac{1}{\sqrt{\det\left(\frac{\boldsymbol{B}+\boldsymbol{\Lambda}}{2}\right)}}\exp[-\boldsymbol{\mu}_\alpha^{\mathrm{T}}(\boldsymbol{B}+\boldsymbol{\Lambda})^{-1}\boldsymbol{\mu}_\alpha]$$

$$=\frac{1}{\sqrt{\det\left(\frac{\boldsymbol{B}+\boldsymbol{\Lambda}}{2}\right)}}\exp[-\boldsymbol{\xi}_\alpha^{\mathrm{T}}(\boldsymbol{A}+\boldsymbol{\Sigma}_A)^{-1}\boldsymbol{C}(\boldsymbol{B}+\boldsymbol{\Lambda})^{-1}\boldsymbol{C}^{\mathrm{T}}(\boldsymbol{A}+\boldsymbol{\Sigma}_A)^{-1}\boldsymbol{\xi}_\alpha]$$

令 $\boldsymbol{M}=(\boldsymbol{\Sigma}_A+\boldsymbol{A})^{-1}\boldsymbol{C}(\boldsymbol{B}+\boldsymbol{\Lambda})^{-1}\boldsymbol{C}^{\mathrm{T}}(\boldsymbol{A}+\boldsymbol{\Sigma}_A)^{-1}$，从而得到

$$\begin{aligned}\|\boldsymbol{\rho}_B-\boldsymbol{\rho}_B^{(\alpha)}\|_2^2&=\mathrm{Tr}(\boldsymbol{\rho}_B^2)+\mathrm{Tr}[(\boldsymbol{\rho}_B^{(\alpha)})^2]-2\mathrm{Tr}(\boldsymbol{\rho}_B\boldsymbol{\rho}_B^{(\alpha)})\\&=\frac{1}{\sqrt{\det\boldsymbol{B}}}+\frac{1}{\sqrt{\det\boldsymbol{\Lambda}}}-\frac{2\exp(-\boldsymbol{\xi}_\alpha^{\mathrm{T}}\boldsymbol{M}\boldsymbol{\xi}_\alpha)}{\sqrt{\det[(\boldsymbol{B}+\boldsymbol{\Lambda})/2]}}\end{aligned}$$

进而有

$$\begin{aligned}&\int p(\alpha)\|\boldsymbol{\rho}_B-\boldsymbol{\rho}_B^{(\alpha)}\|_2^2\mathrm{d}^{2\mathrm{m}}\alpha\\&=\frac{1}{\sqrt{\det\boldsymbol{B}}}+\frac{1}{\sqrt{\det\boldsymbol{\Lambda}}}-\frac{2}{\sqrt{\det[(\boldsymbol{B}+\boldsymbol{\Lambda})/2]}}\int\exp(-\boldsymbol{\xi}_\alpha^{\mathrm{T}}\boldsymbol{M}\boldsymbol{\xi}_\alpha)p(\alpha)\mathrm{d}^{2m}\alpha\end{aligned}$$

令 $\boldsymbol{Y}_A=(\boldsymbol{\Sigma}_A+\boldsymbol{A})^{-1}+\boldsymbol{M}, N=\frac{1}{\pi^m\sqrt{\det[(\boldsymbol{\Sigma}_A+\boldsymbol{A})/2]}}\int\exp(-\boldsymbol{\xi}_\alpha^{\mathrm{T}}\boldsymbol{Y}_A\boldsymbol{\xi}_\alpha)\mathrm{d}^{2m}\alpha$。

由引理 2.1,我们得到

$$\begin{aligned}Q(\boldsymbol{\rho}_{AB})&=\sup_{\Pi^A}\int p(\alpha)\|\boldsymbol{\rho}_B-\boldsymbol{\rho}_B^{(\alpha)}\|_2^2\mathrm{d}^{2\mathrm{m}}\alpha\\&=\frac{1}{\sqrt{\det\boldsymbol{B}}}+\sup_{\boldsymbol{\Sigma}_A}\left[\frac{1}{\sqrt{\det\boldsymbol{\Lambda}}}-\frac{2N}{\sqrt{\det[(\boldsymbol{B}+\boldsymbol{\Lambda})/2]}}\right]\end{aligned}$$

其中 $\boldsymbol{\Sigma}_A$ 取遍所有的生成种子的相关矩阵。

类似地,可以得到

$$Q_P(\boldsymbol{\rho}_{AB})=\frac{1}{\sqrt{\det\boldsymbol{B}}}+\sup_{\boldsymbol{\Sigma}_{A,P}}\left[\frac{1}{\sqrt{\det\boldsymbol{\Lambda}_P}}-\frac{2N_P}{\sqrt{\det[(\boldsymbol{B}+\boldsymbol{\Lambda}_P)/2]}}\right]$$

其中 $\boldsymbol{\Sigma}_{A,P}$ 取遍所有的纯态生成种子的相关矩阵,

$$\boldsymbol{\Lambda}_P=\boldsymbol{B}-\boldsymbol{C}^{\mathrm{T}}(\boldsymbol{A}+\boldsymbol{\Sigma}_{A,P})^{-1}\boldsymbol{C}$$

和

$$N_P=\frac{1}{\pi^m\sqrt{\det[(\boldsymbol{\Sigma}_{A,P}+\boldsymbol{A})/2]}}\int\exp(-\boldsymbol{\xi}_\alpha^{\mathrm{T}}\boldsymbol{Y}_{A,P}\boldsymbol{\xi}_\alpha)\mathrm{d}^{2m}\alpha,$$

$$\boldsymbol{M}_P=(\boldsymbol{\Sigma}_{A,P}+\boldsymbol{A})^{-1}\boldsymbol{C}(\boldsymbol{B}+\boldsymbol{\Lambda}_P)^{-1}\boldsymbol{C}^{\mathrm{T}}(\boldsymbol{A}+\boldsymbol{\Sigma}_{A,P})^{-1}$$

以及

$$\boldsymbol{Y}_{A,P} = (\boldsymbol{\Sigma}_{A,P} + \boldsymbol{A})^{-1} + \boldsymbol{M}_P$$

因此，$\boldsymbol{\Lambda}_P$、$N_P$、$\boldsymbol{Y}_{A,P}$ 与 $\boldsymbol{\Lambda}$、$N$、$\boldsymbol{Y}_A$ 具有相似的形式，$\boldsymbol{\Sigma}_A$ 用 $\boldsymbol{\Sigma}_{A,P}$ 来代替。证毕。

注意到定理 2.5 中的 $N$、$N_P$都小于等于 1。实际上，注意到

$$N = \frac{1}{\pi^m \sqrt{\det[(\boldsymbol{\Sigma}_A + \boldsymbol{A})/2]}} \int \exp(-\boldsymbol{\xi}_\alpha^{\mathrm{T}} \boldsymbol{Y}_A \boldsymbol{\xi}_\alpha) \mathrm{d}^{2m}\alpha \ ,$$

$$\boldsymbol{Y}_A = (\boldsymbol{\Sigma}_A + \boldsymbol{A})^{-1} + (\boldsymbol{\Sigma}_A + \boldsymbol{A})^{-1} \boldsymbol{C} (\boldsymbol{B} + \boldsymbol{\Lambda})^{-1} \boldsymbol{C}^{\mathrm{T}} (\boldsymbol{A} + \boldsymbol{\Sigma}_A)^{-1}$$

令 $\boldsymbol{X} = (\boldsymbol{\Sigma}_A + \boldsymbol{A})^{-1}$ 和 $\boldsymbol{\eta}_\alpha = \boldsymbol{C}^{\mathrm{T}} \boldsymbol{X} \boldsymbol{\xi}_\alpha$，则

$$\exp(-\boldsymbol{\xi}_\alpha^{\mathrm{T}} \boldsymbol{Y}_A \boldsymbol{\xi}_\alpha) = \exp(-\boldsymbol{\xi}_\alpha^{\mathrm{T}} \boldsymbol{X} \boldsymbol{\xi}_\alpha) \exp[-\boldsymbol{\eta}_\alpha^{\mathrm{T}} (\boldsymbol{B} + \boldsymbol{\Lambda})^{-1} \boldsymbol{\eta}_\alpha]$$

因为 $\boldsymbol{B}$、$\boldsymbol{\Lambda} \geqslant 0$，因此 $\exp[-\boldsymbol{\eta}_\alpha^{\mathrm{T}} (\boldsymbol{B} + \boldsymbol{\Lambda})^{-1} \boldsymbol{\eta}_\alpha] \leqslant 1$，进而有 $\exp(-\boldsymbol{\xi}_\alpha^{\mathrm{T}} \boldsymbol{Y}_A \boldsymbol{\xi}_\alpha) \leqslant \exp(-\boldsymbol{\xi}_\alpha^{\mathrm{T}} \boldsymbol{X} \boldsymbol{\xi}_\alpha)$。这意味着

$$\begin{aligned} N &= \frac{1}{\pi^m \sqrt{\det[(\boldsymbol{\Sigma}_A + \boldsymbol{A})/2]}} \int \exp(-\boldsymbol{\xi}_\alpha^{\mathrm{T}} \boldsymbol{Y}_A \boldsymbol{\xi}_\alpha) \mathrm{d}^{2m}\alpha \\ &\leqslant \frac{1}{\pi^m \sqrt{\det[(\boldsymbol{\Sigma}_A + \boldsymbol{A})/2]}} \int \exp(-\boldsymbol{\xi}_\alpha^{\mathrm{T}} \boldsymbol{X} \boldsymbol{\xi}_\alpha) \mathrm{d}^{2m}\alpha = 1 \end{aligned}$$

类似地，得出 $N_P \leqslant 1$。这帮助我们得出 $Q(Q_P)$ 的下界。

**定理 2.6** 假设 $\boldsymbol{\rho}_{AB}$ 是两体 $(m+n)$- 模高斯态，其相关矩阵 $\boldsymbol{\Gamma} = \begin{pmatrix} \boldsymbol{A} & \boldsymbol{C} \\ \boldsymbol{C}^{\mathrm{T}} & \boldsymbol{B} \end{pmatrix}$。我们有

$$Q(\boldsymbol{\rho}_{AB}) \geqslant Q_l(\boldsymbol{\rho}_{AB}) = \frac{1}{\sqrt{\det \boldsymbol{B}}} + \sup_{\boldsymbol{\Sigma}_A} \left\{ \frac{1}{\sqrt{\det \boldsymbol{\Lambda}}} - \frac{2}{\sqrt{\det[(\boldsymbol{B} + \boldsymbol{\Lambda})/2]}} \right\}$$

和

$$Q_P(\boldsymbol{\rho}_{AB}) \geqslant Q_{P,l}(\boldsymbol{\rho}_{AB}) = \frac{1}{\sqrt{\det \boldsymbol{B}}} + \sup_{\boldsymbol{\Sigma}_{A,P}} \left\{ \frac{1}{\sqrt{\det \boldsymbol{\Lambda}_P}} - \frac{2}{\sqrt{\det[(\boldsymbol{B} + \boldsymbol{\Lambda}_P)/2]}} \right\}$$

其中 $\boldsymbol{\Sigma}_A$ 和 $\boldsymbol{\Sigma}_{A,P}$分别是表示 $m$-模生成种子和纯态生成种子相关矩阵，并且

$$\boldsymbol{\Lambda} = \boldsymbol{B} - \boldsymbol{C}^{\mathrm{T}} (\boldsymbol{A} + \boldsymbol{\Sigma}_A)^{-1} \boldsymbol{C},$$

$$\boldsymbol{\Lambda}_P = \boldsymbol{B} - \boldsymbol{C}^{\mathrm{T}} (\boldsymbol{A} + \boldsymbol{\Sigma}_{A,P})^{-1} \boldsymbol{C}$$

现在我们讨论 $Q(\boldsymbol{\rho}_{AB})$ 和 $Q_P(\boldsymbol{\rho}_{AB})$ 为零的特性。由定理 2.3 知道，若 $\boldsymbol{\rho}_{AB}$ 是乘积态，则 $Q(\boldsymbol{\rho}_{AB}) = Q_P(\boldsymbol{\rho}_{AB}) = 0$。那么反过来，这个问题的逆命题是

否成立呢？虽然我们对一般态不知道结果，但肯定的是，这对高斯态是成立的。因此，一个高斯态 $\boldsymbol{\rho}_{AB}$ 包含量子关联 $Q$ 当且仅当它不是乘积态。

**定理 2.7** 设 $\boldsymbol{\rho}_{AB}$ 是两体 $(m+n)$- 模高斯态，则下列命题等价：

(1) $\boldsymbol{\rho}_{AB}$ 是乘积态；

(2) $Q(\boldsymbol{\rho}_{AB})=0$；

(3) $Q_P(\boldsymbol{\rho}_{AB})=0$。

**证明：**(1)⇒(2)⇒(3)：由定理 2.3 直接得出。

(3)⇒(1)：假设 $\boldsymbol{\rho}_{AB}$ 的相关矩阵 $\boldsymbol{\Gamma}=\begin{pmatrix}\boldsymbol{A} & \boldsymbol{C}\\ \boldsymbol{C}^{\mathrm{T}} & \boldsymbol{B}\end{pmatrix}$。若 $Q_P(\boldsymbol{\rho}_{AB})=0$，则由定理 2.6，有 $Q_{P,l}(\boldsymbol{\rho}_{AB})=0$，这意味着

$$\frac{1}{\sqrt{\det\boldsymbol{B}}}+\frac{1}{\sqrt{\det\boldsymbol{\Lambda}_P}}-\frac{2}{\sqrt{\det[(\boldsymbol{B}+\boldsymbol{\Lambda}_P)/2]}}=\|\boldsymbol{\rho}_B-\boldsymbol{\rho}_{B,P}^{(0)}\|_2^2=0$$

对所有的纯态种子的相关矩阵 $\boldsymbol{\Sigma}_{A,P}\in\boldsymbol{M}_{2m}(\mathbb{R})$ 都成立，其中

$$\boldsymbol{\Lambda}_P=\boldsymbol{B}-\boldsymbol{C}^{\mathrm{T}}(\boldsymbol{A}+\boldsymbol{\Sigma}_{A,P})^{-1}\boldsymbol{C}$$

是 $\boldsymbol{\rho}_{B,P}^{(0)}$ 的相关矩阵，所以 $\boldsymbol{\rho}_B=\boldsymbol{\rho}_{B,P}^{(0)}$ 成立。因而 $\boldsymbol{B}=\boldsymbol{\Lambda}_P=\boldsymbol{B}-\boldsymbol{C}^{\mathrm{T}}(\boldsymbol{A}+\boldsymbol{\Sigma}_{A,P})^{-1}\boldsymbol{C}$，所以 $\boldsymbol{C}^{\mathrm{T}}(\boldsymbol{A}+\boldsymbol{\Sigma}_{A,P})^{-1}\boldsymbol{C}=0$ 对所有的纯态种子的相关矩阵 $\boldsymbol{\Sigma}_{A,P}\in\boldsymbol{M}_{2m}(\mathbb{R})$ 都成立，因为 $(\boldsymbol{A}+\boldsymbol{\Sigma}_{A,P})^{-1}$ 是正定的，所以 $(\sqrt{(\boldsymbol{A}+\boldsymbol{\Sigma}_{A,P})^{-1}}\boldsymbol{C})^{\mathrm{T}}(\sqrt{(\boldsymbol{A}+\boldsymbol{\Sigma}_{A,P})^{-1}}\boldsymbol{C})=0$。这意味着$(\sqrt{(\boldsymbol{A}+\boldsymbol{\Sigma}_{A,P})^{-1}}\boldsymbol{C})=0$，所以 $\boldsymbol{C}=\boldsymbol{0}$。可由引理 1.2 得出 $\boldsymbol{\rho}_{AB}$ 是乘积态。

## 2.3 双模高斯系统的量子关联

本节我们着重讨论对于双模高斯态，量子关联 $Q$、$Q_P$ 的一些性质，包括 $Q$、$Q_P$ 等于零的等价条件。

我们知道，在有限维系统中，经典-量子态(classical-quantum state)是可分态并且量子失协为零。郭、侯[19]又给出了无限维情形 CQ 态的定义，并讨论了量子态是 CQ 态的充要条件。回顾下，一个态 $\boldsymbol{\rho}_{AB}\in S(H_A\otimes H_B)$，

$\dim(H_A \otimes H_B) \leqslant +\infty$，称为 CQ 态[19,44]，是指 $\boldsymbol{\rho}_{AB} = \sum_{i=1}^{N} p_i \mid i_A\rangle\langle i_A \mid \otimes \rho_i^B$，$\mid i_A\rangle$ 为 $H_A$ 的某个正交集(基)，$\rho_i^B \in S(H_B)$ 是子系统 $H_B$ 的态，$p_i \geqslant 0$，$\sum_i p_i = 1$ 且 $N \leqslant \dim H_A$。

对一般有限维和无穷维的量子态 $\boldsymbol{\rho}$ 而言，$Q(\boldsymbol{\rho})$ 与量子失协 $D(\boldsymbol{\rho})$ 是不同的。一个态的量子失协为零当且仅当该态是 CQ 态。由 2.1 节可知，$Q(\boldsymbol{\rho})$ 为零当且仅当 $\boldsymbol{\rho}$ 是乘积态。在本节，针对高斯系统，我们证明了本章所引入的 $Q$、$Q_P$ 描述的是与高斯量子失协等价的量子关联，并且讨论了高斯 CQ 态的等价条件。

在定理 2.7 的基础上，我们得到了关于双模高斯态的性质。

**定理 2.8** 对双模高斯态 $\boldsymbol{\rho}_{AB} \in S(H_A \otimes H_B)$，下列命题是等价的：

(1) $\boldsymbol{\rho}_{AB}$ 是乘积态；

(2) $Q(\boldsymbol{\rho}_{AB}) = 0$；

(3) $Q_P(\boldsymbol{\rho}_{AB}) = 0$；

(4)互信息 $I(\boldsymbol{\rho}_{AB}) = 0$；

(5)高斯量子失协 $C(\boldsymbol{\rho}_{AB}) = 0$；

(6) $\boldsymbol{\rho}_{AB}$ 是 CQ 态；

(7) $[\boldsymbol{\rho}_{AB}, \boldsymbol{\rho}_A \otimes I] = 0$。

**证明：**令 $\boldsymbol{\rho}_{AB}$ 是双模高斯态，由参考文献[29]可知，对于高斯量子失协 $C$，$C(\boldsymbol{\rho}_{AB}) = 0$ 当且仅当 $\boldsymbol{\rho}_{AB}$ 是乘积态。由定理 2.7 可知，我们只需要证明 (1)⇔(4)，(1)⇔(6) 以及 (1)⇔(7)。

(1)⇔(4)：注意到 $I(\boldsymbol{\rho}_{AB}) = S(\boldsymbol{\rho}_A) + S(\boldsymbol{\rho}_B) - S(\boldsymbol{\rho}_{AB})$，其中 $S(\boldsymbol{\rho}) = -\mathrm{Tr}(\boldsymbol{\rho}\ln\boldsymbol{\rho})$ 是 $\boldsymbol{\rho}_{AB}$ 的冯·诺依曼熵。因为高斯态的位移和相关矩阵都是有限的，即态满足 $\mathrm{Tr}(\boldsymbol{\rho}\hat{\boldsymbol{a}}^+\hat{\boldsymbol{a}}) < +\infty$，这表明高斯态是二阶矩有限的态，即满足能量有限。所以在能量约束条件下，高斯态的熵是有限的，即 $I(\boldsymbol{\rho}_{AB}) < +\infty$。因此采用与有限维量子态类似的方法，容易得出

$$I(\boldsymbol{\rho}_{AB}) = S(\boldsymbol{\rho}_A) + S(\boldsymbol{\rho}_B) - S(\boldsymbol{\rho}_{AB}) = S(\boldsymbol{\rho}_{AB} \parallel \boldsymbol{\rho}_A \otimes \boldsymbol{\rho}_B) \geqslant 0$$

并且等式成立当且仅当 $\boldsymbol{\rho}_{AB} = \boldsymbol{\rho}_A \otimes \boldsymbol{\rho}_B$。

(1)⇔(7)：由参考文献[45]可知，对双模高斯态 $\boldsymbol{\rho}_{AB}$，有 $[\boldsymbol{\rho}_{AB},\boldsymbol{\rho}_{A}\otimes I]=0$ 当且仅当 $\boldsymbol{\rho}_{AB}=\boldsymbol{\rho}_{A}\otimes\boldsymbol{\rho}_{B}$。

(1)⇔(6)：(1)⇔(6) 是显然的。为了验证 (6)⇔(1)，假设 $\boldsymbol{\rho}_{AB}$ 是 CQ 态，则由参考文献[19]，得到 $[\boldsymbol{\rho}_{AB},\boldsymbol{\rho}_{A}\otimes I]=0$。因为 (1)⇔(7)，所以 (6)⇔(1) 成立。证毕。

定理 2.8 揭示了对双模高斯态 $\boldsymbol{\rho}_{AB}$、$Q(\boldsymbol{\rho}_{AB})$、$Q_P(\boldsymbol{\rho}_{AB})$ 和 $C(\boldsymbol{\rho}_{AB})$ 描述的是相同的量子关联，也就是说，它们是同一个量子关联的不同刻画，都是刻画双模乘积态的一种度量。

一般来说，通过定理 2.5 很难计算 $Q$、$Q_P$ 的值，并且对于两者是否相等不是很清楚。不过，我们利用 $Q$、$Q_P$ 的局域高斯酉不变性，结合定理 2.5，证明了对于任意双模高斯态 $\boldsymbol{\rho}_{AB}$，有 $Q(\boldsymbol{\rho}_{AB})=Q_P(\boldsymbol{\rho}_{AB})$，定理如下。

**定理 2.9**　假设 $\boldsymbol{\rho}_{AB}$ 是任意双模高斯态，且相关矩阵的标准形式为

$$\boldsymbol{\Gamma}_0=\begin{pmatrix} a & 0 & c & 0 \\ 0 & a & 0 & d \\ c & 0 & b & 0 \\ 0 & d & 0 & b \end{pmatrix}$$

其中 $a,b\geqslant 1,ab-1\geqslant\max\{c^2,d^2\}$。

则当 $c\geqslant|d|$ 时，有

$$\begin{aligned} Q(\boldsymbol{\rho}_{AB}) &= Q_P(\boldsymbol{\rho}_{AB}) \\ &= \max\left\{\frac{a+1}{\sqrt{(ab+b-c^2)(ab+b-d^2)}}-\frac{1}{b},\frac{\sqrt{a}}{\sqrt{b(ab-c^2)}}-\frac{1}{b}\right\} \end{aligned}$$

当 $0\leqslant c<|d|$ 时，有

$$\begin{aligned} Q(\boldsymbol{\rho}_{AB}) &= Q_P(\boldsymbol{\rho}_{AB}) \\ &= \max\left\{\frac{a+1}{\sqrt{(ab+b-c^2)(ab+b-d^2)}}-\frac{1}{b},\frac{\sqrt{a}}{\sqrt{b(ab-d^2)}}-\frac{1}{b}\right\} \end{aligned}$$

**证明**：对于任意双模高斯态 $\boldsymbol{\rho}_{AB}$，由定理 2.5，有

$$Q(\boldsymbol{\rho}_{AB})=\frac{1}{\sqrt{\det\boldsymbol{B}}}+\sup_{\boldsymbol{\Sigma}_A}\left[\frac{1}{\sqrt{\det\boldsymbol{\Lambda}}}-\frac{2N}{\sqrt{\det[(\boldsymbol{B}+\boldsymbol{\Lambda})/2]}}\right]$$

与

$$Q_P(\boldsymbol{\rho}_{AB}) = \frac{1}{\sqrt{\det\boldsymbol{B}}} + \sup_{\boldsymbol{\Sigma}_{A,P}}\left[\frac{1}{\sqrt{\det\boldsymbol{\Lambda}_P}} - \frac{2N_P}{\sqrt{\det[(\boldsymbol{B}+\boldsymbol{\Lambda}_P)/2]}}\right]$$

其中

$$\boldsymbol{\Lambda} = \boldsymbol{B} - \boldsymbol{C}^{\mathrm{T}}(\boldsymbol{A}+\boldsymbol{\Sigma}_A)^{-1}\boldsymbol{C},$$

$$N = \frac{1}{\pi^m\sqrt{\det[(\boldsymbol{\Sigma}_A+\boldsymbol{A})/2]}}\int \exp(-\boldsymbol{\xi}_\alpha^{\mathrm{T}}\boldsymbol{Y}_A\boldsymbol{\xi}_\alpha)\mathrm{d}^{2m}\alpha,$$

$$\boldsymbol{Y}_A = (\boldsymbol{\Sigma}_A+\boldsymbol{A})^{-1} + (\boldsymbol{\Sigma}_A+\boldsymbol{A})^{-1}\boldsymbol{C}(\boldsymbol{B}+\boldsymbol{\Lambda})^{-1}\boldsymbol{C}^{\mathrm{T}}(\boldsymbol{A}+\boldsymbol{\Sigma}_A)^{-1}$$

并且$\boldsymbol{\Lambda}_P$、$N_P$、$\boldsymbol{Y}_{A,P}$与$\boldsymbol{\Lambda}$、$N$、$\boldsymbol{Y}_A$具有相似的形式，$\boldsymbol{\Sigma}_A$用$\boldsymbol{\Sigma}_{A,P}$代替。注意到单模生成种子的相关矩阵，$\boldsymbol{\Sigma}_A$与$\boldsymbol{\Sigma}_{A,P}$具有特殊的形式：

$$\boldsymbol{\Sigma}_A = \begin{pmatrix} x\lambda\cos^2\theta + x\dfrac{\sin^2\theta}{\lambda} & x\dfrac{(\lambda^2-1)\cos\theta\sin\theta}{\lambda} \\ x\dfrac{(\lambda^2-1)\cos\theta\sin\theta}{\lambda} & x\lambda\sin^2\theta + x\dfrac{\cos^2\theta}{\lambda}\end{pmatrix}$$

以及

$$\boldsymbol{\Sigma}_{A,P} = \begin{pmatrix} \lambda\cos^2\theta + \dfrac{\sin^2\theta}{\lambda} & \dfrac{(\lambda^2-1)\cos\theta\sin\theta}{\lambda} \\ \dfrac{(\lambda^2-1)\cos\theta\sin\theta}{\lambda} & \lambda\sin^2\theta + x\dfrac{\cos^2\theta}{\lambda}\end{pmatrix}$$

其中$\lambda\in[0,1]$，$\theta\in[0,\pi)$，$x\in[1,+\infty)$。

通过数值计算，我们有

$\det\boldsymbol{\Lambda} =$

$$\frac{bx(\lambda-1)(\lambda+1)(c-d)(c+d)\cos^2\theta + [(x\lambda+a)b-d^2][(a\lambda+x)b-c^2\lambda]}{ax\lambda^2+a^2\lambda+x^2\lambda+ax},$$

$\det(\boldsymbol{B}+\boldsymbol{\Lambda}) =$

$$\frac{2bx(\lambda-1)(\lambda+1)(c-d)(c+d)\cos^2\theta + 4[(x\lambda+a)b-\frac{1}{2}d^2)][(a\lambda+x)b-\frac{1}{2}c^2\lambda]}{ax\lambda^2+a^2\lambda+x^2\lambda+ax},$$

$N=$

$$\frac{\sqrt{2bx(\lambda-1)(\lambda+1)(c-d)(c+d)\cos^2\theta+4[(x\lambda+a)b-\frac{1}{2}d^2][(a\lambda+x)b-\frac{1}{2}c^2\lambda]}}{2b\sqrt{ax\lambda^2+a^2\lambda+x^2\lambda+ax}}$$

进而得到

$$Q(\boldsymbol{\rho}_{AB})=\sup_{x\geqslant 1,0\leqslant\lambda\leqslant 1,0\leqslant\theta<\pi}f(x,\lambda,\theta),Q_P(\boldsymbol{\rho}_{AB})=\sup_{0\leqslant\lambda\leqslant 1,0\leqslant\theta<\pi}f(1,\lambda,\theta) \tag{2.8}$$

其中

$$f(x,\lambda,\theta)=$$

$$\frac{\sqrt{ax\lambda^2+a^2\lambda+x^2\lambda+ax}}{\sqrt{bx(\lambda-1)(\lambda+1)(c-d)(c+d)\cos\theta^2+[(x\lambda+a)b-d^2][(a\lambda+x)b-c^2\lambda]}}-\frac{1}{b} \tag{2.9}$$

显然，$f(x,\lambda,\theta)\geqslant 0$。

情形一：当 $c=\pm d$，即态 $\boldsymbol{\rho}_{AB}$ 为应用广泛的双模压缩热态和混合热态时，问题简化为

$$Q(\boldsymbol{\rho}_{AB})=\sup_{x\geqslant 1,0\leqslant\lambda\leqslant 1,0\leqslant\theta<\pi}\frac{\sqrt{ax\lambda^2+a^2\lambda+x^2\lambda+ax}}{\sqrt{(bx\lambda+ab-c^2)(ab\lambda-c^2\lambda+bx)}}-\frac{1}{b} \tag{2.10}$$

式(2.8)右端正好等于 $f\left(x,\lambda,\frac{\pi}{2}\right)$，即

$$Q(\boldsymbol{\rho}_{AB})=\sup_{x\geqslant 1,0\leqslant\lambda\leqslant 1}f\left(x,\lambda,\frac{\pi}{2}\right),Q_p(\boldsymbol{\rho}_{AB})=\sup_{0\leqslant\lambda\leqslant 1}f\left(1,\lambda,\frac{\pi}{2}\right) \tag{2.11}$$

由于 $f(x,\lambda,\theta)$ 在区域 $\{(x,\lambda)\in\mathbb{R}^2:x>1,0<\lambda<1\}$ 没有驻点，所以上确界在边界处 $\{x=1,0\leqslant\lambda\leqslant 1\}\cup\{x\geqslant 1,\lambda=0\}\cup\{x\geqslant 1,\lambda=1\}$ 取得。此外，容易得出 $f\left(1,0,\frac{\pi}{2}\right)=f\left(x,0,\frac{\pi}{2}\right)$ 对所有 $x\geqslant 1$ 成立。因此有

$$Q(\boldsymbol{\rho}_{AB})=\max\left\{\sup_{x\geqslant 1}f\left(x,1,\frac{\pi}{2}\right),\sup_{0\leqslant\lambda\leqslant 1}f\left(1,\lambda,\frac{\pi}{2}\right)\right\} \tag{2.12}$$

为了证明 $Q_P(\boldsymbol{\rho}_{AB})=Q(\boldsymbol{\rho}_{AB})$，由于 $Q_P(\boldsymbol{\rho}_{AB})\leqslant Q(\boldsymbol{\rho}_{AB})$，只需证明 $Q_P(\boldsymbol{\rho}_{AB})\geqslant Q(\boldsymbol{\rho}_{AB})$。又由式(2.11)和式(2.12)得出，只要证明 $\sup_{x\geqslant 1}f\left(x,1,\frac{\pi}{2}\right)\leqslant\sup_{0\leqslant\lambda\leqslant 1}f\left(1,\lambda,\frac{\pi}{2}\right)$ 即可。

事实上

$$f\left(x,1,\frac{\pi}{2}\right)=\frac{a+x}{bx+ab-c^2}-\frac{1}{b}$$

容易计算 $\frac{\partial f}{\partial x}\left(x,1,\frac{\pi}{2}\right)\leqslant 0$，意味着

$$\sup_{x\geqslant 1}f\left(x,1,\frac{\pi}{2}\right)=f\left(1,1,\frac{\pi}{2}\right)$$

同样用求导的方法可得

$$\sup_{0\leqslant\lambda\leqslant 1}f(1,\lambda)=\max\left\{f\left(1,1,\frac{\pi}{2}\right),f\left(1,0,\frac{\pi}{2}\right)\right\}$$

从上面两个式子我们得到 $\sup_{x\geqslant 1}f\left(x,1,\frac{\pi}{2}\right)\leqslant\sup_{0\leqslant\lambda\leqslant 1}f\left(1,\lambda,\frac{\pi}{2}\right)$，即得 $Q_P(\boldsymbol{\rho}_{AB})=Q(\boldsymbol{\rho}_{AB})$。

情形二：当 $c>|d|$ 时，从式(2.8)和式(2.9)容易看出，当 $\theta=0$ 时，$f(x,\lambda,\theta)$ 取得最大值，即

$$Q(\boldsymbol{\rho}_{AB})=\sup_{x\geqslant 1,0\leqslant\lambda\leqslant 1}f(x,\lambda,0),Q_P(\boldsymbol{\rho}_{AB})=\sup_{0\leqslant\lambda\leqslant 1}f(1,\lambda,0)$$

因为 $f(x,\lambda,0)$ 在区域 $\{(x,\lambda)\in\mathbb{R}^2:x>1,0<\lambda<1\}$ 内没有驻点，所以上确界在边界处 $\{x=1,0\leqslant\lambda\leqslant 1\}\cup\{x\geqslant 1,\lambda=0\}\cup\{x\geqslant 1,\lambda=1\}$ 取得。此外，容易得出 $f(1,0,0)=f(x,0,0)$ 对所有 $x\geqslant 1$ 成立。因此有

$$Q(\boldsymbol{\rho}_{AB})=\max\{\sup_{x\geqslant 1}f(x,1,0),\sup_{0\leqslant\lambda\leqslant 1}f(1,\lambda,0)\}$$

由于

$$f(x,1,0)=\frac{a+x}{\sqrt{(ab-d^2+bx)(bx+ab-c^2)}}-\frac{1}{b}$$

所以

$$\frac{\partial f(x,1,0)}{\partial x}=-\frac{1}{2}\frac{abc^2+abd^2+bc^2x+bd^2x-2c^2d^2}{(ab+bx-d^2)(ab+bx-c^2)\sqrt{(ab+bx-d^2)(ab+bx-c^2)}}<0$$

这意味着

$$\sup_{x\geqslant 1}f(x,1,0)=f(1,1,0)$$

与情形一类似，可以得出对这类态，有 $Q_P(\boldsymbol{\rho}_{AB})=Q(\boldsymbol{\rho}_{AB})$。

情形三：当 $0 \leqslant c \leqslant |d|$ 时，易知当 $\theta = \frac{\pi}{2}$ 时，$f(x,\lambda,\theta)$ 取得最大值。采用类似方法可证 $Q_P(\boldsymbol{\rho}_{AB}) = Q(\boldsymbol{\rho}_{AB})$。最后利用函数 $f(x,\lambda,\theta)$ 的表达式，可知定理成立，因此得到了 $Q$、$Q_P$ 的精确表达式。

## 2.4 量子关联 $Q$、$Q_P$ 与高斯纠缠、高斯几何失协的比较

关于高斯态，很多学者对此进行了研究，他们用不同的方式刻画高斯纠缠、高斯量子失协、高斯几何失协、高斯相干性等。在本节，我们首先讨论压缩热态的量子关联 $Q$ 与其纠缠度之间的关系。量子纠缠是量子力学的核心内容之一，纠缠的判别十分有价值但也比较困难。首先，我们通过量子关联 $Q$、$Q_P$ 的分析，尝试给出检测高斯纠缠的新的判据。其次我们将这种关联和高斯几何失协作了比较，以便加深对这种量子关联的认识。对任意多模两体高斯态，量子关联 $Q(Q_P)$ 为零当且仅当这个多模两体态是乘积态。但高斯失协和高斯几何失协对多模两体的高斯态是否一定成立还不清楚。不过，这四种量子关联对检测双模高斯态是不是乘积态上是等价的。因为双模高斯态为乘积态当且仅当这几种量子关联都是零。但是 $Q(\boldsymbol{\rho}_{AB})(Q_P(\boldsymbol{\rho}_{AB}))$ 比高斯失协和几何量子失协容易检测。一方面，我们定义的 $Q(\boldsymbol{\rho}_{AB})(Q_P(\boldsymbol{\rho}_{AB}))$ 对任意双模高斯态都有精确的表达式，而高斯失协和几何失协只针对 STS 和 MTS 得出较易计算的表达式，并且我们的计算容易进行；另一方面，对大多数对称压缩热态，$Q$、$Q_P$ 要优于高斯几何失协。

在高斯系统中，两类态非常重要而且特别：一类叫压缩热态，另一类叫混合热态。一个双模高斯态 $\boldsymbol{\rho}_{AB}$ 是压缩热态(STS)[53,54]，指 $\boldsymbol{\rho}_{AB} = \boldsymbol{S}(\lambda)v_1(N_1) \otimes v_2(N_2)\boldsymbol{S}(\lambda)^\dagger$；一个双模高斯态是混合热态(MTS)[53,54]，指 $\boldsymbol{\rho}_{AB} = \boldsymbol{U}(\varphi)v_1(N_1) \otimes v_2(N_2)\boldsymbol{U}(\varphi)^\dagger$。其中 $v_i(N_i)$ 是光子数为 $N_i(i=1,2)$ 的单模热态，$\boldsymbol{S}(\lambda) = \exp\{\lambda(\hat{\boldsymbol{a}}_1^\dagger\hat{\boldsymbol{a}}_2^\dagger - \hat{\boldsymbol{a}}_1\hat{\boldsymbol{a}}_2)\}$ 是双模压缩算子，$\boldsymbol{U}(\varphi) = \exp\{\varphi(\hat{\boldsymbol{a}}_1^\dagger\hat{\boldsymbol{a}}_2 - \hat{\boldsymbol{a}}_1\hat{\boldsymbol{a}}_2^\dagger)\}$ 是双模混合算子。并且我们知道这两类态在相关矩阵

标准形式中 $\boldsymbol{\Gamma}_0 = \begin{pmatrix} a & 0 & c & 0 \\ 0 & a & 0 & d \\ c & 0 & b & 0 \\ 0 & d & 0 & b \end{pmatrix}$ 分别对应 $c = -d$ 或者 $c = d$ 。

特别地，双模对称压缩热态(SSTS) $\boldsymbol{\rho}_{AB}$，其相关矩阵标准形式可以用平均光子数和混合系数表示为

$$\boldsymbol{\Gamma}_0 = \begin{pmatrix} \boldsymbol{A}_0 & \boldsymbol{C}_0 \\ \boldsymbol{C}_0^{\mathrm{T}} & \boldsymbol{B}_0 \end{pmatrix}, \boldsymbol{A}_0 = \begin{pmatrix} a & 0 \\ 0 & a \end{pmatrix}, \boldsymbol{B}_0 = \begin{pmatrix} b & 0 \\ 0 & b \end{pmatrix}, \boldsymbol{C}_0 = \begin{pmatrix} c & 0 \\ 0 & c \end{pmatrix}$$

其中 $a = b = 1 + 2\bar{n}, c = -d = 2\mu\sqrt{\bar{n}(1+\bar{n})}$，$\bar{n}$ 是各体的平均光子数，$\mu$ 是满足条件 $0 \leqslant \mu \leqslant 1$ 的混合参数。

对对称压缩热态 SSTS$\boldsymbol{\rho}_{AB}$，根据定理 2.9，有

$$Q(\boldsymbol{\rho}_{AB}) = Q_P(\boldsymbol{\rho}_{AB}) = \frac{1}{1+2\bar{n}(1-\mu^2)} - \frac{1}{1+2\bar{n}} \tag{2.13}$$

另一方面，由参考文献[46]知 $\boldsymbol{\rho}_{AB}$ 的可分性蕴含 $\mu \leqslant \frac{\bar{n}}{\sqrt{\bar{n}(1+\bar{n})}}$；特别地，$\mu_0 = \frac{\bar{n}}{\sqrt{\bar{n}(1+\bar{n})}}$ 对应于可分边界态 $\boldsymbol{\rho}_0$。注意到 $Q(\boldsymbol{\rho}_0) = Q_P(\boldsymbol{\rho}_0) = \frac{2\bar{n}}{6\bar{n}^2+5\bar{n}+1}$，并且由式(2.13)可知，对任意固定的 $\bar{n}$，$Q(\boldsymbol{\rho}_{AB})$ 是关于 $\mu$ 的增函数。因而对任意具有相同光子数 $\bar{n}$ 的可分态 $\boldsymbol{\rho}_{\bar{n}}$，我们有 $Q(\boldsymbol{\rho}_{\bar{n}}) \leqslant Q(\boldsymbol{\rho}_0) = \frac{2\bar{n}}{6\bar{n}^2+5\bar{n}+1}$。易知 $0 \leqslant \frac{2\bar{n}}{6\bar{n}^2+5\bar{n}+1} \leqslant \frac{2\sqrt{6}}{12+5\sqrt{6}}$，即得下面的结论。

**命题 2.2** 对任意(1+1)-模可分对称压缩热态 $\boldsymbol{\rho}_{AB}$，有 $Q(\boldsymbol{\rho}_{AB}) \leqslant \frac{2\sqrt{6}}{12+5\sqrt{6}}$。

该结果表明，若对称压缩热态 $\boldsymbol{\rho}_{AB}$ 满足 $Q(\boldsymbol{\rho}_{AB}) > \frac{2\sqrt{6}}{12+5\sqrt{6}}$，则它一定是纠缠的。这个命题表明，我们利用 $Q(Q_P)$ 对对称压缩热态给出了一个可计算的纠缠判据。基于这种度量，下一步可以尝试给出检测任意双模高斯

态纠缠的判据。

对任意双模高斯态 $\boldsymbol{\sigma}_{AB}$，Vidal 等[47] 给出了纠缠度对数负性(logarithmic negativity)的定义，即

$$E(\boldsymbol{\sigma}_{AB}) = \max\{0, -\ln(\tilde{v}_-)\} \tag{2.14}$$

其中，$\bar{v}_-$ 是 $\boldsymbol{\sigma}_{AB}$ 的部分转置的最小辛特征值。假设 $\boldsymbol{\sigma}_{AB}$ 具有相关矩阵 $\boldsymbol{\Gamma} = \begin{pmatrix} \boldsymbol{A} & \boldsymbol{C} \\ \boldsymbol{C}^{\mathrm{T}} & \boldsymbol{B} \end{pmatrix}$，$\boldsymbol{A} \in M_2(\mathbb{R})$，$\boldsymbol{B} \in M_2(\mathbb{R})$，$\boldsymbol{C} \in M_2(\mathbb{R})$，则由参考文献[28]可求出

$$\bar{v}_- = \sqrt{\frac{\tilde{\Delta} - \sqrt{\tilde{\Delta}^2 - 4\det\boldsymbol{\Gamma}}}{2}}, \tilde{\Delta} = \det\boldsymbol{A} + \det\boldsymbol{B} - 2\det\boldsymbol{C} \tag{2.15}$$

特别地，对于对称压缩热态 SSTS$\boldsymbol{\rho}_{AB}$，相关矩阵还可以用另外一种形式表示。由 Williamson 定理，我们知道，存在辛矩阵 $\boldsymbol{S}$，使得其相关矩阵

$$\boldsymbol{\Gamma} = \boldsymbol{S}(\oplus_{i=1}^{2} \upsilon_i I_2)\boldsymbol{S}^{\mathrm{T}} = \begin{pmatrix} \upsilon\cosh(2r) & 0 & \upsilon\sinh(2r) & 0 \\ 0 & \upsilon\cosh(2r) & 0 & -\upsilon\sinh(2r) \\ \upsilon\sinh(2r) & 0 & \upsilon\cosh(2r) & 0 \\ 0 & -\upsilon\sinh(2r) & 0 & \upsilon\cosh(2r) \end{pmatrix} \tag{2.16}$$

其中块对角矩阵 $\oplus_{i=1}^{2} \upsilon_i \boldsymbol{I}_2$ 也称为 $\boldsymbol{\Gamma}$ 的 Williamson 形式，$\upsilon_i$ 是 $\boldsymbol{\rho}_{AB}$ 的辛特征值。实际上，$\{\upsilon_i\}$ 是矩阵 $|\mathrm{i}J\boldsymbol{\Gamma}|$ 的特征值。辛特征值为我们研究这个态的性质提供了强有力的工具。

所以对于对称压缩热态 SSTS$\boldsymbol{\rho}_{AB}$，有

$$E(\boldsymbol{\rho}_{AB}) = \max\left\{0, -\frac{1}{2}\ln[(\cosh(4r) - \sqrt{\cosh(4r)^2 - 1})\upsilon^2]\right\} \tag{2.17}$$

此外，由定理 2.9 可得

$$Q(\boldsymbol{\rho}_{AB}) = Q_P(\boldsymbol{\rho}_{AB}) = \frac{\upsilon\cosh(2r) + 1}{\upsilon^2 + \upsilon\cosh(2r)} - \frac{1}{\upsilon\cosh(2r)}$$

图 2.1 给出了 $Q(\boldsymbol{\rho}_{AB})$ 与 $E(\boldsymbol{\rho}_{AB})$ 之间的关系。从图中可以看出，对于固定的纠缠度 $E$，$Q(\boldsymbol{\rho}_{AB})$ 是其辛特征值 $\upsilon$ 的增函数。

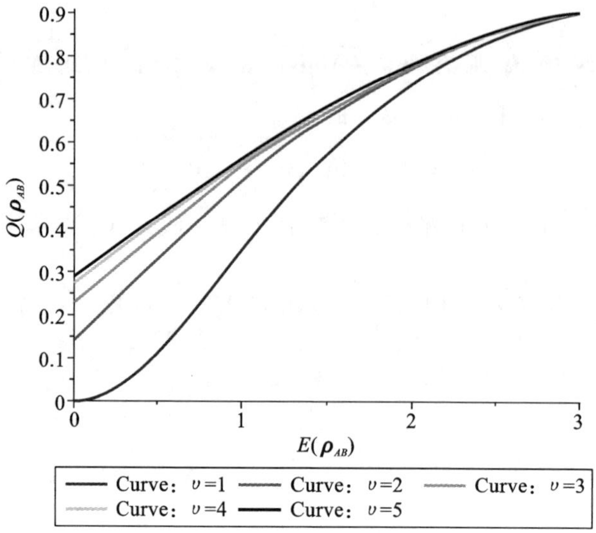


**图 2.1**

图 2.1 中横坐标表示压缩热态 $\boldsymbol{\rho}_{AB}$ 的纠缠度 $E(\boldsymbol{\rho}_{AB})$，纵坐标是 $Q(\boldsymbol{\rho}_{AB})$。图中曲线从下至上依次代表 $\boldsymbol{\rho}_{AB}$ 的辛值特征 $\upsilon$ 分别为 1、2、3、4、5 时，$Q(\boldsymbol{\rho}_{AB})$ 作为 $E(\boldsymbol{\rho}_{AB})$ 的函数图形。

下面，我们考虑量子关联 $Q$、$Q_P$ 与高斯几何失协的关系。

在 2010 年，Daki 提出了几何量子失协的定义。假设 $\dim H_A \otimes H_B < +\infty$，$\boldsymbol{\rho}_{AB} \in S(H_A \otimes H_B)$，那么定义态 $\boldsymbol{\rho}_{AB}$ 的几何量子失协为

$$D_{\mathrm{G}}(\boldsymbol{\rho}_{AB}) = \min_{\boldsymbol{\chi}_{AB}} \| \boldsymbol{\rho}_{AB} - \boldsymbol{\chi}_{AB} \|_2^2$$

其中，min 是对所有量子失协为零的态 $\boldsymbol{\chi}_{AB}$ 取最小值，$\| \cdot \|_2$ 代表 Hilbert-Schmidt 范数，即 $\| \boldsymbol{A} \|_2 = [\mathrm{Tr}(\boldsymbol{A}^{\dagger}\boldsymbol{A})]^{\frac{1}{2}}$。几何量子失协还有等价的表示

$$D_{\mathrm{G}}(\boldsymbol{\rho}_{AB}) = \inf_{\Pi^A} \| \boldsymbol{\rho}_{AB} - \Pi^A(\boldsymbol{\rho}_{AB}) \|_2^2$$

其中，$\Pi^A(\boldsymbol{\rho}_{AB}) = \sum_k (\Pi_k^A \otimes \boldsymbol{I}_B)\boldsymbol{\rho}_{AB}(\Pi_k^A \otimes \boldsymbol{I}_B)$。这样，就把几何量子失协也可以看成是局域测量对态带来的干扰。

对一般的 $2 \times n$ 的量子态，都可以给出几何失协的计算公式。但对高维的一般的态是比较难计算的。相应地，对于两模高斯态，Adesso 等[31]基于高斯正算子值测量给出了高斯态 $\boldsymbol{\sigma}_{AB}$ 的几何量子失协的概念。$\boldsymbol{\sigma}_{AB}$ 为两体

$(m+n)$- 高斯态，则高斯几何失协 $D_G(\boldsymbol{\sigma}_{AB})$ 定义为

$$D_G(\boldsymbol{\sigma}_{AB}) = \inf_{\Pi^A} \| \boldsymbol{\sigma}_{AB} - \Pi^A(\boldsymbol{\sigma}_{AB}) \|_2^2$$

其中，下确界取遍系统 $H_A$ 上的所有 GPOVMs，$\Pi^A = \{\Pi^A(\alpha)\}$，$\Pi^A(\boldsymbol{\sigma}_{AB}) = \int (\Pi^A(\alpha) \otimes \boldsymbol{I}_B)^{\frac{1}{2}} \boldsymbol{\sigma}_{AB} (\Pi^A(\alpha) \otimes \boldsymbol{I}_B)^{\frac{1}{2}} \mathrm{d}^2\alpha$。如果 $\boldsymbol{\sigma}_{AB}$ 是一个(1+1)-模高斯态，其相关矩阵形式为式(1.2)，$\Pi^A$ 是一组 1-模的生成种子为 $\boldsymbol{\omega}_A$ 实施在模 $A$ 上的高斯正算子值测量，此时 $\Pi^A(\boldsymbol{\sigma}_{AB}) = \boldsymbol{\omega}_A \otimes \boldsymbol{\omega}_B$，其中 $\boldsymbol{\omega}_B$ 是一个高斯态。由参考文献[102] 可知

$$D_G(\boldsymbol{\sigma}_{AB}) = \inf_{\omega_A} \| \boldsymbol{\sigma}_{AB} - \boldsymbol{\omega}_A \otimes \boldsymbol{\omega}_B \|_2^2$$

显然，对(1+1)- 模高斯态 $\boldsymbol{\sigma}_{AB}$，$D_G(\boldsymbol{\sigma}_{AB}) = 0$ 当且仅当 $\boldsymbol{\sigma}_{AB}$ 是一个乘积态。

Adesso 等[31]给出了双模压缩热态和混合热态的高斯几何失协的解析表达式。特别地，对对称压缩热态 $\boldsymbol{\sigma}_{AB}$，相关矩阵形式为式(1.6)，则有

$$D_G(\boldsymbol{\sigma}_{AB}) = \frac{1}{(1+2\bar{n})^2 - 4\mu^2 \bar{n}(1+\bar{n})} - \frac{9}{\left[\sqrt{4(1+2\bar{n})^2 - 12\mu^2 \bar{n}(1+\bar{n})} + (1+2\bar{n})\right]^2} \tag{2.18}$$

对对称压缩热态 SSTS，由定理 2.8 可知

$$Q(\boldsymbol{\rho}_{AB}) = Q_P(\boldsymbol{\rho}_{AB}) = \max\left\{\frac{a+1}{a^2+a-c^2} - \frac{1}{a}, \frac{\sqrt{a}}{\sqrt{a(a^2-c^2)}} - \frac{1}{a}\right\}$$

$$= \max\left\{\frac{1}{1+2\bar{n}(1-\mu^2)} - \frac{1}{1+2\bar{n}}, \frac{1}{\sqrt{(1+2\bar{n})^2 - 4\mu^2 \bar{n}(\bar{n}+1)}} - \frac{1}{1+2\bar{n}}\right\}$$

注意到

$$1 + 2\bar{n}(1-\mu^2) \leqslant \sqrt{(1+2\bar{n})^2 - 4\mu^2 \bar{n}(\bar{n}+1)}$$

所以

$$Q(\boldsymbol{\rho}_{AB}) = Q_P(\boldsymbol{\rho}_{AB}) = \frac{1}{1+2\bar{n}(1-\mu^2)} - \frac{1}{1+2\bar{n}} \tag{2.19}$$

可以发现，使得 $Q(\boldsymbol{\rho}_{AB})$ 达到最优的生成种子相关矩阵是 $\boldsymbol{\Sigma} = \boldsymbol{\Sigma}_P = \begin{pmatrix} 1 & 0 \\ 0 & 1 \end{pmatrix}$，而此时对应的是相干态 POVM，也叫正则算子的联合测量，可以

通过零差检测来实现。

量子关联 $Q$ 和高斯几何失协对检测高斯态是不是乘积态上是等价的，但是 $Q(Q_P)$ 比高斯几何失协容易检测。一方面，我们定义的 $Q(\boldsymbol{\rho}_{AB})(Q_P(\boldsymbol{\rho}_{AB}))$ 对任意双模高斯态都有精确的表达式，而高斯几何失协只针对压缩热态和混合热态得出较易计算的表达式，并且我们的计算容易进行；另一方面，对大多数对称压缩热态，$Q$、$Q_P$ 要优于高斯几何失协。我们针对压缩热态，通过考虑 $Q(\boldsymbol{\rho}_{AB})-D_G(\boldsymbol{\rho}_{AB})$ 来比较这两种量子关联 $Q(\boldsymbol{\rho}_{AB})$ 与 $D_G(\boldsymbol{\rho}_{AB})$ 的关系。

结合式(2.18)和式(2.19)，我们通过 $Q(\boldsymbol{\rho}_{AB})-D_G(\boldsymbol{\rho}_{AB})$ 来比较这两种量子关联 $Q(\boldsymbol{\rho}_{AB})$ 与 $D_G(\boldsymbol{\rho}_{AB})$ 的关系。通过图 2.2，我们可以看出，对大部分 SSTSs，有 $Q(\boldsymbol{\rho}_{AB})>D_G(\boldsymbol{\rho}_{AB})$。事实上，对任意固定的 $\bar{n}$，通过数值计算，存在 $\mu_{\bar{n}}$ 接近于 1，当 $0<\mu<\mu_{\bar{n}}$ 时，$Q(\boldsymbol{\rho}_{AB})>D_G(\boldsymbol{\rho}_{AB})$；当 $\mu_{\bar{n}}<\mu\leqslant 1$ 时，$Q(\boldsymbol{\rho}_{AB})<D_G(\boldsymbol{\rho}_{AB})$。这意味着对于 SSTS，在检测是否含有量子关联方面，$Q$ 和 $Q_P$ 优于 $D_G$。例如，考虑高斯态 $\boldsymbol{\rho}_{AB}$，其中 $\bar{n}=50$，$\mu=0.96$ 时，$D_G(\boldsymbol{\rho}_{AB})\approx 0.001$ 非常接近于零，此时很难判断态是否包含量子关联，因为也可能是测量扰动了的结果。尽管如此，$Q(\boldsymbol{\rho}_{AB})\approx 0.1>0$，这明显保证了 $\boldsymbol{\rho}_{AB}$ 包含量子关联。因此，$Q$ 和 $Q_P$ 在一定程度上优于 $D_G$。

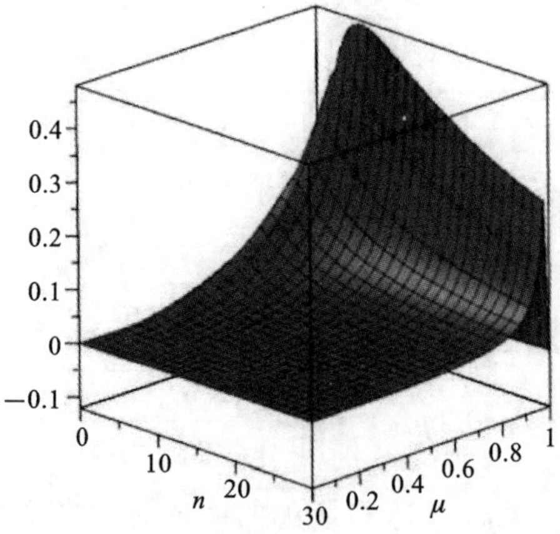


**图 2.2**

注：图中阴影区域代表 $Q(\boldsymbol{\rho}_{AB})-D_G(\boldsymbol{\rho}_{AB})$。

由以上分析以及定理 2.8，对双模高斯态、高斯量子失协、高斯几何失协，$Q$ 描述了相同的量子关联，即都是用来刻画两体高斯乘积态的。不过，从计算与性能上来说，$Q$ 和 $Q_P$ 具有一定的优势。

## 2.5 量子关联 $Q$ 在噪声信道中的演化

连续变量的量子信息是一个蓬勃发展的领域。在量子光学系统的实验方案中，连续变量的包括纠缠在内的量子关联是优于经典的信息操纵和处理的关键资源，但是它们常常会和环境不可避免地相互作用。一般来说，在环境噪声的影响下，量子纠缠以及其他量子关联会随着传输距离的增加而减弱。所以，研究连续变量量子态与环境的耦合作用，分析态的演化过程是非常重要的一项任务。对于离散系统的情形，已有不少文章研究量子失协的演化过程[48-50]。在本节，我们主要考虑了高斯态的演化过程。由于环境和连续变量量子系统的复杂性，考虑一般态经过任意高斯信道后 $Q$ 的变化情况是相对困难的。所以，我们先针对重要的高斯态——双模压缩热态(STS)，考虑量子关联 $Q$ 在马尔科夫过程中的演化情况。

首先给出高斯态的 Lindblad 主方程[28]，即

$$\dot{\boldsymbol{\rho}} = \frac{1}{2}\sum_{j}\gamma_j M_j L(\hat{a})\boldsymbol{\rho} + \gamma_j(1+M_j)L(\hat{a}^{+})\boldsymbol{\rho}$$

其中，Lindblad 超算符定义为 $L[\hat{o}]\boldsymbol{\rho} \equiv 2\hat{o}\boldsymbol{\rho}\hat{o}^{\dagger} - \hat{o}^{\dagger}\boldsymbol{\rho}\hat{o} - \boldsymbol{\rho}\hat{o}^{\dagger}\hat{o}$。这个主方程描述了连续变量系统两个模与各自的热装置的马尔科夫作用的过程，其中 $\gamma_j(j=1,2)$ 代表各模的衰减因子，$M_j(j=1,2)$ 分别代表各模的平均热态光子数。由这个主方程诱导的映射是高斯映射，所以当初始态为高斯态 $\boldsymbol{\rho}$，相关矩阵为 $\boldsymbol{\Gamma}$ 时，演化态 $\boldsymbol{\rho}_t$ 仍为高斯态，它的相关矩阵 $\boldsymbol{\Gamma}_t$ 为

$$\boldsymbol{\Gamma}_t = \boldsymbol{\Upsilon}_t^{1/2}\boldsymbol{\Upsilon}_t^{1/2} + (1-\boldsymbol{\Upsilon}_t)\boldsymbol{\Gamma}_{\infty} \tag{2.20}$$

其中 $\boldsymbol{\Upsilon}_t = \bigoplus_{j=1}^{2}\exp(-\gamma_j t)\boldsymbol{I}_2$，并且

$$
\boldsymbol{\Gamma}_{\infty} = \begin{pmatrix} 2M_1+1 & 0 & 0 & 0 \\ 0 & 2M_1+1 & 0 & 0 \\ 0 & 0 & 2M_2+1 & 0 \\ 0 & 0 & 0 & 2M_2+1 \end{pmatrix}
$$

表示热装置的相关矩阵,可以认为它描述的是系统的稳定态。这样可将密度算符主方程的解转化到特性函数层面即相关矩阵来刻画,这也是研究高斯态的优势所在。

当初始态 $\boldsymbol{\rho}_0$ 的相关矩阵取标准形式 $\boldsymbol{\Gamma}_0 = \begin{pmatrix} a & 0 & c & 0 \\ 0 & a & 0 & -c \\ c & 0 & b & 0 \\ 0 & -c & 0 & b \end{pmatrix}$ 时,由参考文献[25]可知,相关矩阵参数演化为

$$
a_t = a\mathrm{e}^{-\gamma_1 t} + (1-\mathrm{e}^{-\gamma_1 t})(2M_1+1)\ ,
$$

$$
b_t = b\mathrm{e}^{-\gamma_2 t} + (1-\mathrm{e}^{-\gamma_2 t})(2M_2+1)\ ,
$$

$$
c_t = c\mathrm{e}^{-\frac{1}{2}(\gamma_1+\gamma_2)t}
$$

因此有 $a_t > a$,$b_t > b$ 和 $c_t > c$。

由于量子关联 $Q$ 具有局域高斯酉不变性,因此只需考虑均值为零且相关矩阵具有标准形式的高斯态即可。由定理 2.9,我们知道,对双模压缩热态 $\boldsymbol{\rho}_{AB}$,我们有

$$
Q(\boldsymbol{\rho}_{AB}) = Q_p(\boldsymbol{\rho}_{AB}) = \max\left\{\frac{a+1}{a^2+a-c^2} - \frac{1}{a}, \frac{\sqrt{a}}{\sqrt{a(a^2-c^2)}} - \frac{1}{a}\right\}
$$

我们对 $Q(\boldsymbol{\rho}_{AB})$ 关于各个变量 $a$、$b$、$c$ 求偏导数,可以得到,对双模压缩热态 $\boldsymbol{\rho}_{AB}$,$Q(\boldsymbol{\rho}_{AB})$($Q_P(\boldsymbol{\rho}_{AB})$)是相关矩阵参数 $a$ 和 $b$ 的减函数、$c$ 的增函数。再根据上述 $a_t$、$b_t$ 和 $c_t$ 的变化,我们可以得到,在噪声信道中,基于高斯正算子值测量用平均距离定义的量子关联 $Q(\boldsymbol{\rho}_{AB})$ 是单调递减的。对于非马尔科夫过程演化的影响,我们不清楚量子关联的变化,这也是我们以后将要考虑的问题。

## 2.6 注　　记

2.2 节、2.3 节取自参考文献[51]，2.4 节取自参考文献[52]。多体复合量子系统存在着量子关联，是量子世界的奇妙特性之一。量子纠缠、量子非定域性、量子导引、量子失协等就是重要的量子关联，是实现量子计算和量子通信的重要物理资源。近年来，无限维量子系统特别是连续变量系统也受到了人们的广泛关注。不同模(自由度)的电磁场，玻色-爱因斯坦凝聚态的玻色量子化系统都属于连续变量系统。为了执行量子信息新任务，有时候连续变量系统比量子比特更容易在实验中实现。在连续变量系统中，常见的量子态是高斯态，物理实验可以通过分束器、移相器、零差测量制备和操控高斯态，所以高斯系统具有非常好的应用前景和理论研究价值。研究表明，高期系统在量子光学、量子隐形传态、量子克隆、连续变量量子密码、连续变量量子算法等中有着很好的应用。

高斯态纠缠已被证明是一个难度较大但有价值的工具，可以提高光学分辨率、光谱学、层析成像识别等。之后，高斯量子失协、高斯几何失协也作为重要的物理资源被广泛应用于量子密钥分布，但是即使这样，我们从中获得的信息仍旧很少，只能针对特殊的双模高斯态给出精确的表达式。为了让量子通信积累更多的量子资源，对于连续变量系统，需要进一步挖掘容易计算，包含更多信息、更多性能的量子关联。因此，从不同的角度引入不同的量子关联或者同一量子关联的不同度量，刻画它们的性质以及在量子信息处理中的演化及作用就显得尤为重要。在本章，我们针对连续变量系统定义了两种量子关联度量 $Q$ 和 $Q_P$，前者是基于局域一般高斯正算子值测量，后者是基于纯高斯态作为生成种子的高斯正算子测量。

# 第 3 章 连续变量系统测量诱导的量子非定域性

量子失协的发现打破了人们过去对量子关联仅仅是纠缠的认识局限，之后，人们开始借助于各种测量探索复合量子系统子系统之间的量子关联性。2011 年，骆[32]给出了有限维系统的一种量子非定域性(MIN)，这是由保持约化态不变的局域测量诱导的一种量子关联。郭、侯[33]将这种概念推广到无限维系统。并且他们都得到：两体态 $\boldsymbol{\rho}$ 不包含这种非定域性当且仅当 $\boldsymbol{\rho}$ 是一类特殊的 CQ 态。在本章中，我们讨论 MIN 在高斯态上的表现行为。因为连续变量系统属于无限维系统，在 3.2 节，我们针对双模高斯态，刻画了基于冯·诺依曼测量诱导的非定域性的性质；在 3.3 节，我们进而讨论了基于高斯正算子值测量把 MIN 推广到连续变量系统即高斯 MIN 的可能性。

## 3.1 测量诱导的量子非定域性

**定义 3.1**[32,33] 令 $H_A$ 和 $H_B$ 为可分复 Hilbert 空间，$\dim H_A \leqslant +\infty$ 且 $\dim H_B \leqslant +\infty$，$\boldsymbol{\rho}_{AB} \in S(H_A \otimes H_B)$ 为复合系统 $H_A \otimes H_B$ 上的态，$\boldsymbol{\rho}_A = \mathrm{Tr}_B(\boldsymbol{\rho}_{AB}) \in S(H_A)$ 为 $\boldsymbol{\rho}_{AB}$ 的约化态。由测量诱导的 $\boldsymbol{\rho}_{AB}$ 的非定域性(MIN)，记为 $N_A(\boldsymbol{\rho}_{AB})$，定义为

$$N_A(\boldsymbol{\rho}_{AB}) := \sup_{\Pi^A} \| \boldsymbol{\rho}_{AB} - \Pi^A(\boldsymbol{\rho}_{AB}) \|_2^2 \tag{3.1}$$

其中，$\| \cdot \|_2$ 代表 Hilbert-Schmidt 范数，即 $\|A\|_2 = [\mathrm{Tr}(A^\dagger A)]^{\frac{1}{2}}$，并且上确界取遍 $H_A$ 系统上的所有不变冯·诺依曼测量 $\Pi^A = \{\Pi_k^A = | k\rangle\langle k |\}$，

且 $\Pi^A$ 必须满足 $\sum_k \Pi_k^A \boldsymbol{\rho}_A \Pi_k^A = \boldsymbol{\rho}_A$，$\Pi^A(\boldsymbol{\rho}_{AB}) = \sum_k (\Pi_k^A \otimes \boldsymbol{I}_B)\boldsymbol{\rho}_{AB}(\Pi_k^A \otimes \boldsymbol{I}_B)$。注意到式(3.1)中的上确界 sup 在有限维系统可以用 max 来代替。

由定义可以看出，条件 $\sum_k \Pi_k^A \boldsymbol{\rho}_A \Pi_k^A = \boldsymbol{\rho}_A$ 表示选择的局域测量 $\Pi^A$ 对 $H_A$ 的状态 $\boldsymbol{\rho}_A$ 不产生任何影响。尽管这种测量对 $\boldsymbol{\rho}_A$ 没有任何干扰，但对整体态 $\boldsymbol{\rho}_{AB}$ 却有可能产生影响。因此，$N_A(\boldsymbol{\rho}_{AB})$ 可以体现某种量子关联性。这种关联的意义在于它可以避免窃听，实现保密通信。注意到，量子失协和 MIN 是不同的量子关联，前者的局域测量是任意的测量，而 MIN 中，局域测量是不干扰局域态 $\boldsymbol{\rho}_A$ 的测量。

类似地，可以定义关于 $H_B$ 系统的 MIN $N_B(\boldsymbol{\rho}_{AB})$。本文主要考虑关于 $H_A$ 系统的 MIN $N_A(\boldsymbol{\rho}_{AB})$。这些结果对 $H_B$ 系统的 MIN $N_B(\boldsymbol{\rho}_{AB})$ 同样有效。骆[32,33]和郭、侯[33]给出了一些有限维和无限维量子系统关于 MIN 都成立的性质。

**命题 3.1** 令 $H_A$ 和 $H_B$ 为可分复 Hilbert 空间，$\dim H_A \leqslant +\infty$ 且 $\dim H_B \leqslant +\infty$，$\boldsymbol{\rho}_{AB} \in S(H_A \otimes H_B)$ 为复合系统 $H_A \otimes H_B$ 上的态。则下列命题成立：

(1) $N_A(\boldsymbol{\rho}_{AB}) = 0$ 且仅当 $\boldsymbol{\rho}_{AB} = \sum_k p_k \mid k\rangle\langle k \mid \otimes \boldsymbol{\rho}_k^B$，其中 $\boldsymbol{\rho}_k^B = \boldsymbol{\rho}_l^B$ 当 $p_k = p_l$ 时；

(2) $N_A(\boldsymbol{\rho}_{AB})$ 是局域酉不变的，即 $N_A(\boldsymbol{\rho}_{AB}) = N_A(\boldsymbol{U}_A \otimes \boldsymbol{U}_B)\boldsymbol{\rho}_{AB}(\boldsymbol{U}_A^\dagger \otimes \boldsymbol{U}_B^\dagger)$，其中 $\boldsymbol{U}_A$、$\boldsymbol{U}_B$ 分别为 $H_A$、$H_B$ 上的酉算子；

(3) $0 \leqslant N_A(\boldsymbol{\rho}_{AB}) < 4$；

(4)若纯态 $\boldsymbol{\rho}_{AB} = \mid \psi\rangle\langle\psi \mid$ 具有 Schmidt 分解 $\mid \psi\rangle = \sum_k \lambda_k \mid k\rangle \mid k'\rangle$，则 $N_A(\mid \psi\rangle) = 1 - \sum_k \lambda_k^4$；

(5)若 $\boldsymbol{\rho}_{AB} \in S(H_A \otimes H_B)$ 纠缠，则 $N_A(\boldsymbol{\rho}_{AB}) > 0$。

## 3.2 高斯系统冯·诺依曼测量诱导的非定域性

连续变量系统与离散系统具有同等重要的地位。我们把这种非定域性

MIN 推广到连续变量系统。高斯系统属于无限维系统，因此，在本节，对双模高斯态，我们先考虑由冯·诺依曼测量诱导的非定域性 MIN 问题。

**定义 3.2** 对任意连续变量系统态 $\boldsymbol{\rho}_{AB} \in S(H_A \otimes H_B)$，我们定义关于 $H_A$ 的 MIN 如下：

$$N_A(\boldsymbol{\rho}_{AB}) = \sup_{\Pi^A} \| \boldsymbol{\rho}_{AB} - \Pi^A(\boldsymbol{\rho}_{AB}) \|_2^2 \tag{3.2}$$

其中上确界取遍 $H_A$ 系统上的所有不变冯·诺依曼测量，即 $\Pi^A = \{\Pi_k^A = |k\rangle\langle k|\}$，且 $\Pi^A$ 满足 $\sum_k \Pi_k^A \boldsymbol{\rho}_A \Pi_k^A = \boldsymbol{\rho}_A$，$\Pi^A(\boldsymbol{\rho}_{AB}) = \sum_k (\Pi_k^A \otimes \boldsymbol{I}_B)\boldsymbol{\rho}_{AB}(\Pi_k^A \otimes \boldsymbol{I}_B)$。注意到态 $\boldsymbol{\rho}_{AB}$ 为连续变量系统中的量子态。

设 $\dim H_A \otimes H_B \leqslant +\infty$，$\{|i\rangle\}$和$\{|j'\rangle\}$分别是 $H_A$、$H_B$ 的规范正交基，记 $\boldsymbol{F}_{ij} = |i'\rangle\langle j'|$，则任何两体态 $\boldsymbol{\rho}_{AB}$ 都可以表示为

$$\boldsymbol{\rho}_{AB} = \sum_{i,j=1}^{+\infty} \boldsymbol{A}_{ij} \otimes \boldsymbol{F}_{ij}$$

其中，$\boldsymbol{A}_{ij}$ 是 $H_A$ 上的有界线性算子。郭、侯[19]给出了一般无限维态 $\boldsymbol{\rho}_{AB}$ 是 CQ 态的一种刻画。

**命题 3.2**[19] 设 $\dim H_A \otimes H_B \leqslant +\infty$，$\boldsymbol{\rho}_{AB} \in S(H_A \otimes H_B)$，记 $\boldsymbol{\rho}_{AB} = \sum_{i,j=1}^{+\infty} \boldsymbol{A}_{ij} \otimes \boldsymbol{F}_{ij}$，则 $\boldsymbol{\rho}_{AB}$ 是 CQ 态当且仅当 $\boldsymbol{A}_{ij}$ 是 $H_A$ 上两两交换的正规算子。

由命题 3.1、3.2 以及定理 2.8，我们可以得出以下结论。

**定理 3.1** 对任意双模高斯态 $\boldsymbol{\rho}_{AB} \in S(H_A \otimes H_B)$，下列命题等价：

(1) $\boldsymbol{\rho}_{AB}$ 是乘积态；

(2) $N_A(\boldsymbol{\rho}_{AB}) = 0$；

(3) $\boldsymbol{\rho}_{AB}$ 是CQ 态，即 $\boldsymbol{\rho}_{AB} = \sum_{i=1}^{N\rho} p_i |i_A\rangle\langle i_A| \otimes \boldsymbol{\rho}_i^B$，$\{|i_A\rangle\}$ 为 $H_A$ 的某个正交集，$\boldsymbol{\rho}_i^B \in S(H_B)$ 是子系统 $H_B$ 的态，$p_i \geqslant 0$，$\sum_i p_i = 1$，$N\boldsymbol{\rho} \leqslant \dim H_A$；

(4)若记 $\boldsymbol{\rho}_{AB} = \sum_{i,j=1}^{+\infty} \boldsymbol{A}_{ij} \otimes \boldsymbol{F}_{ij}$，则 $\boldsymbol{A}_{ij}$ 是 $H_A$ 上两两交换的正规算子。

我们知道，双模压缩真空态[53,54]是由双模压缩算子作用到双模真空态上得到的，其密度算子形式为 $\boldsymbol{\rho}_{AB}(r) = |\psi(r)\rangle\langle\psi(r)| = \boldsymbol{S}_2(r)|00\rangle\langle 00|$

$\boldsymbol{S}_2^{\dagger}(r)$，其中 $\boldsymbol{S}_2(r) = \exp\{\lambda(\hat{\boldsymbol{a}}_1^{\dagger}\hat{\boldsymbol{a}}_2^{\dagger} - \hat{\boldsymbol{a}}_1\hat{\boldsymbol{a}}_2)\}$ 为双模压缩算子。双模压缩真空态也被称为 Einstein-Podolski-Rosen（EPR）态，其相关矩阵为 $\begin{bmatrix} vI_2 & \sqrt{v^2-1}I_2 \\ \sqrt{v^2-1}I_2 & vI_2 \end{bmatrix}$，其中 $v = \cosh(2r)$，并且双模压缩真空态在 Fock 基下的表示为

$$\boldsymbol{S}_2(r)\mid 00\rangle = \mid \psi(r)\rangle = \sqrt{1-(\tanh r)^2}\sum_{n=0}^{+\infty}(\tanh r)^n \mid n\rangle_A \mid n\rangle_B$$

**定理 3.2** 假设 $\boldsymbol{\rho}_{AB}(r)$ 是压缩系数为 $r$ 的双模压缩真空态，则 $N_A(\boldsymbol{\rho}_{AB}(r)) = \dfrac{2(\tanh r)^2}{1+(\tanh r)^2}$。

**证明**：假设 $\boldsymbol{\rho}_{AB}(r)$ 是压缩系数为 $r$ 的双模压缩真空态，那么它可以表示成 $\boldsymbol{\rho}_{AB}(r) = \mid \psi(r)\rangle\langle\psi(r)\mid$，其中 $\mid \psi(r)\rangle = \sqrt{1-(\tanh r)^2}\sum_{n=0}^{+\infty}(\tanh r)^n \mid n\rangle_A \mid n\rangle_B$，所以 $\boldsymbol{\rho}_{AB}(r)$ 是一个纯态。根据命题 3.1，容易得出 $N_A(\boldsymbol{\rho}_{AB}(r)) = N_A(\mid\psi(r)\rangle) = \dfrac{2(\tanh r)^2}{1+(\tanh r)^2}$。

令 $\boldsymbol{\rho} \in S(H)$，其谱分解为 $\boldsymbol{\rho} = \sum_n \lambda_n \mid n\rangle\langle n\mid$。回顾下，$\boldsymbol{\rho}$ 是非退化的(non-degenerate)[29]是指 $\lambda_n \neq \lambda_m$，当 $n \neq m$ 时。

**定理 3.3** 假设 $\boldsymbol{\rho}_{AB}$ 为任意(1+1)-模高斯态，则 $\boldsymbol{\rho}_{AB}$ 的约化态 $\boldsymbol{\rho}_A$、$\boldsymbol{\rho}_B$ 要么是纯态，要么是非退化的。

**证明**：假设 $\boldsymbol{\rho}_{AB}$ 的相关矩阵为 $\boldsymbol{\Gamma}$，则通过局域酉变换，可以把 $\boldsymbol{\Gamma}$ 变为标准形式

$$\boldsymbol{\Gamma}_0 = \begin{pmatrix} \boldsymbol{A}_0 & \boldsymbol{C}_0 \\ \boldsymbol{C}_0^{\mathrm{T}} & \boldsymbol{B}_0 \end{pmatrix}$$

其中 $\boldsymbol{A}_0 = \begin{pmatrix} a & 0 \\ 0 & a \end{pmatrix}$，$\boldsymbol{B}_0 = \begin{pmatrix} b & 0 \\ 0 & b \end{pmatrix}$，$\boldsymbol{C}_0 = \begin{pmatrix} c & 0 \\ 0 & c \end{pmatrix}$。$a, b \geqslant 1$，$ab - 1 \geqslant c^2(d^2)$。所以约化态 $\boldsymbol{\rho}_A$ 和 $\boldsymbol{\rho}_B$ 的相关矩阵分别为 $\boldsymbol{A}_0$ 和 $\boldsymbol{B}_0$。

若 $\det\boldsymbol{A}_0 = 1$，则 $\boldsymbol{\rho}_0$ 是纯态。若 $\det\boldsymbol{A}_0 \neq 1$，则 $\boldsymbol{\rho}_A$ 酉等价于热态

$$\mathbf{V}_{\text{th}} = \sum_{m}(1-\mu_A)\mu_A^m \mid m\rangle\langle m \mid$$

其中，$\mu_A = \frac{a-1}{a+1}$。显然，$\mathbf{V}_{\text{th}}$ 具有互不相同的特征值，所以是非退化的。注意到任何高斯酉算子不改变 $\boldsymbol{\rho}_A$ 的特征值，所以对任意 $\boldsymbol{\rho}_{AB}$，$\boldsymbol{\rho}_A$ 要么是纯态，要么是非退化的。关于 $\boldsymbol{\rho}_B$ 的证明也是类似的。

一般地，我们不容易给出对任何高斯态的非定域性 MIN $N_A(\boldsymbol{\rho}_{AB})$ 的解析表达式。尽管如此，对双模压缩热态和混合热态这两类高斯态，我们得到了如下结论。

**定理 3.4** 假设 $\boldsymbol{\rho}_{AB}$ 为任意双模压缩热态(混合热态)，相关矩阵的标准形式为 $\boldsymbol{\Gamma}_0 = \begin{pmatrix} a & 0 & c & 0 \\ 0 & a & 0 & d \\ c & 0 & b & 0 \\ 0 & d & 0 & b \end{pmatrix}$，其中 $a,b \geqslant 1, c \geqslant 0, d = -c(c)$ 且 $ab-1 \geqslant c^2$，则有

$$N_A(\boldsymbol{\rho}_{AB}) = \frac{1}{ab-c^2} - \sum_{m,l} p(m,l)^2$$

其中

$$p(m,l) = \frac{1}{m!l!}\sum_{s_1=0}^{m}\sum_{s_2=0}^{l}\begin{pmatrix} m \\ s_1 \end{pmatrix}\begin{pmatrix} l \\ s_2 \end{pmatrix} Q(s_1,s_2)Q(m-s_1,l-s_2),$$

$$Q(\alpha,\beta) = \frac{(B_1+K)^{\alpha}(B_2+K)^{\beta}}{4^{\alpha+\beta}(1+B_1+B_2+K)^{\alpha+\beta+\frac{1}{2}}} \cdot$$
$$\sum_{l=0}^{\min(\alpha,\beta)} l! \begin{pmatrix} \alpha \\ l \end{pmatrix}\begin{pmatrix} \beta \\ l \end{pmatrix}\frac{[2(\alpha+\beta-l)]!}{(\alpha+\beta-l)!}\left[-4K\frac{1+B_1+B_2+K}{(B_1+K)(B_2+K)}\right]^l$$

并且 $B_1 = \frac{a-1}{2}, B_2 = \frac{b-1}{2}, K = \frac{(a-1)(b-1)-c^2}{4}$。

在证明定理 3.4 之前，需要以下命题。

**命题 3.3** 令 $H_A$ 和 $H_B$ 为可分复 Hilbert 空间，$\dim H_A \leqslant +\infty$ 且 $\dim H_B \leqslant +\infty$，$\boldsymbol{\rho}_{AB} \in S(H_A \otimes H_B)$ 是两体态。若其约化态 $\boldsymbol{\rho}_A = \mathrm{Tr}_B(\boldsymbol{\rho}_{AB})$ 是纯态，则 $\boldsymbol{\rho}_{AB}$ 是乘积态。

**证明**:令 $\{|i\rangle\}$ 和$\{|j'\rangle\}$ 分别是 $H_A$、$H_B$ 的规范正交基,记 $\boldsymbol{F}_{ij}=|i'\rangle\langle j'|$,则 $\boldsymbol{\rho}_{AB}$ 可以表示为

$$\boldsymbol{\rho}_{AB}=\sum_{i,j=1}^{+\infty}\boldsymbol{A}_{ij}\otimes\boldsymbol{F}_{ij}$$

其中,$\boldsymbol{A}_{ij}$ 是 $H_A$ 上的有界线性算子,则有 $\boldsymbol{\rho}_A=\mathrm{Tr}_B(\boldsymbol{\rho}_{AB})=\sum_i\boldsymbol{A}_{ii}$ 。由条件可知 $\boldsymbol{\rho}_A$ 是纯态,所以 $\boldsymbol{\rho}_A$ 是秩一的。因此设 $\boldsymbol{\rho}_A=\boldsymbol{A}_{11}+\boldsymbol{A}_{22}+\boldsymbol{A}_{33}+\cdots=\boldsymbol{x}\otimes\boldsymbol{x}\geqslant 0$,为了方便起见,不妨简记 $\boldsymbol{A}=\boldsymbol{A}_1+\boldsymbol{A}_2+\boldsymbol{A}_3=\boldsymbol{x}\otimes\boldsymbol{x}\geqslant 0$ 。因为 $\boldsymbol{A}_i\geqslant 0$,所以 $\mathrm{ran}\boldsymbol{A}_i=\mathrm{ran}\boldsymbol{A}_i^{\frac{1}{2}}$ ,有 $\boldsymbol{A}_i\leqslant\boldsymbol{A}_1+\boldsymbol{A}_2+\boldsymbol{A}_3$。

由命题 1.1,有

$$\boldsymbol{A}_i^{\frac{1}{2}}\cdot\boldsymbol{A}_i^{\frac{1}{2}}\leqslant(\boldsymbol{A}_1+\boldsymbol{A}_2+\boldsymbol{A}_3)^{\frac{1}{2}}(\boldsymbol{A}_1+\boldsymbol{A}_2+\boldsymbol{A}_3)^{\frac{1}{2}}$$

从而有

$$\mathrm{ran}\boldsymbol{A}_i^{\frac{1}{2}}\leqslant\mathrm{ran}(\boldsymbol{A}_1+\boldsymbol{A}_2+\boldsymbol{A}_3)^{\frac{1}{2}}=\mathrm{ran}(\boldsymbol{x}\otimes\boldsymbol{x})^{\frac{1}{2}}=[\boldsymbol{x}]$$

故 $\boldsymbol{A}_i$ 是秩一的,不妨记 $\boldsymbol{A}_i=d_i\boldsymbol{x}\otimes\boldsymbol{x}$。则有

$$\boldsymbol{\rho}_{AB}=(\boldsymbol{A}_{ij})=\begin{pmatrix}\boldsymbol{A}_{11}&\boldsymbol{A}_{12}&\cdots&\boldsymbol{A}_{1n}&\cdots\\\boldsymbol{A}_{12}^*&\boldsymbol{A}_{22}&\cdots&\cdots&\cdots\\\vdots&\vdots&\vdots&\vdots&\vdots\\\boldsymbol{A}_{1n}^*&\cdots&\cdots&\boldsymbol{A}_{nn}&\vdots\\\cdots&\cdots&\cdots&\cdots&\cdots\end{pmatrix}$$

$$=\begin{pmatrix}d_{11}\boldsymbol{x}\otimes\boldsymbol{x}&\boldsymbol{A}_{12}&\cdots&\boldsymbol{A}_{1n}&\cdots\\\boldsymbol{A}_{12}^*&d_{22}\boldsymbol{x}\otimes\boldsymbol{x}&\cdots&\cdots&\cdots\\\vdots&\vdots&\vdots&\vdots&\vdots\\\boldsymbol{A}_{1n}^*&\cdots&\cdots&d_{nn}\boldsymbol{x}\otimes\boldsymbol{x}&\vdots\\\cdots&\cdots&\cdots&\cdots&\cdots\end{pmatrix}$$

因为 $\boldsymbol{\rho}_{AB}\geqslant 0$,所以 $\begin{bmatrix}d_{11}\boldsymbol{x}\otimes\boldsymbol{x}&\boldsymbol{A}_{12}\\\boldsymbol{A}_{12}^*&d_{22}\boldsymbol{x}\otimes\boldsymbol{x}\end{bmatrix}\geqslant 0$,因此

$$\boldsymbol{A}_{12}\boldsymbol{A}_{12}^*\leqslant d_{11}d_{12}\ (\boldsymbol{x}\otimes\boldsymbol{x})^2$$

所以 $\mathrm{ran}\boldsymbol{A}_{12}\leqslant[\boldsymbol{x}]$,$\boldsymbol{A}_{12}=d_{12}\boldsymbol{x}\otimes\boldsymbol{x}$。类似地,可得

$$
\boldsymbol{\rho}_{AB}=\begin{bmatrix} d_{11}\boldsymbol{x}\otimes\boldsymbol{x} & d_{12}\boldsymbol{x}\otimes\boldsymbol{x} & \cdots & d_{1n}\boldsymbol{x}\otimes\boldsymbol{x} & \cdots \\ d_{12}\boldsymbol{x}\otimes\boldsymbol{x} & d_{22}\boldsymbol{x}\otimes\boldsymbol{x} & \cdots & \cdots & \cdots \\ \vdots & \vdots & \vdots & \vdots & \vdots \\ d_{1n}\boldsymbol{x}\otimes\boldsymbol{x} & \cdots & \cdots & d_{nn}\boldsymbol{x}\otimes\boldsymbol{x} & \vdots \\ \cdots & \cdots & \cdots & \cdots & \cdots \end{bmatrix}
$$

$$
=\begin{bmatrix} d_{11} & d_{12} & \cdots & d_{1n} & \cdots \\ d_{12} & d_{22} & \cdots & \cdots & \cdots \\ \vdots & \vdots & \vdots & \vdots & \vdots \\ d_{1n} & \cdots & \cdots & d_{nn} & \vdots \\ \cdots & \cdots & \cdots & \cdots & \cdots \end{bmatrix}\otimes(\boldsymbol{x}\otimes\boldsymbol{x})
$$

$$
=\boldsymbol{\rho}_B\otimes\boldsymbol{\rho}_A
$$

下面我们给出定理 3.4 的证明。

**证明:**我们只给出关于压缩热态的证明,关于混合热态的证明类似。

假设 $\boldsymbol{\rho}_{AB}=\boldsymbol{S}(\lambda)v_1(N_1)\otimes v_2(N_2)\boldsymbol{S}(\lambda)^\dagger$,其中 $\boldsymbol{S}(\lambda)=\exp\{\lambda(\hat{\boldsymbol{a}}_1^\dagger\hat{\boldsymbol{a}}_2^\dagger-\hat{\boldsymbol{a}}_1\hat{\boldsymbol{a}}_2)\}$ 是双模压缩算子,$v_i(N_i)$ 是热光子数为 $N_i(i=1,2)$ 的热态。令 $\{|n\rangle\}$ 是光子数态基,则

$$
v_1(N_1)=\sum_n p_n|n\rangle\langle n|,
$$

$$
v_2(N_2)=\sum_n p_n'|n\rangle\langle n|
$$

此处 $p_n=\dfrac{N_1^n}{(N_1+1)^{n+1}}$,$p_n'=\dfrac{N_2^n}{(N_2+1)^{n+1}}$,所以

$$
\begin{aligned}
\boldsymbol{\rho}_{AB}&=\boldsymbol{S}(\lambda)v_1(N_1)\otimes v_2(N_2)\boldsymbol{S}(\lambda)^\dagger\\
&=\boldsymbol{S}(\lambda)\Big[\sum_s p_s|s\rangle\langle s|\otimes\sum_t p_t'|t\rangle\langle t|\Big]\boldsymbol{S}(\lambda)^\dagger\\
&=\sum_{s,t}p_sp_t'\boldsymbol{S}(\lambda)|st\rangle\langle st|\boldsymbol{S}(\lambda)^\dagger\\
&=\sum_{h,m,p,l}\Big(\sum_{s,t}p_sp_t'\langle hp|\boldsymbol{S}(\lambda)|st\rangle\langle st|\boldsymbol{S}(\lambda)^\dagger|ml\rangle|hp\rangle\langle ml|\\
&=\sum_{h,m,p,l}|hp\rangle\langle ml|\Big(\sum_{s,t}p_sp_t'\boldsymbol{S}(\lambda)_{hp}(st)\boldsymbol{S}(\lambda)^\dagger_{ml}(st)\Big)\\
&=\sum_{h,m,p,l}\rho_{h,p,m,l}|hp\rangle\langle ml|
\end{aligned}\tag{3.3}
$$

其中，$\rho_{h,p,m,l}=\sum_{s,t}p_s p_t'\boldsymbol{S}(\lambda)_{hp}(st)\boldsymbol{S}(\lambda)^*_{ml}(st)$。注意到，由参考文献[27]可知 $\rho_{h,l,m,l}=\delta_{h,m}\rho_{h,l,m,l}$，所以由式(3.3)得到

$$\boldsymbol{\rho}_A=\mathrm{Tr}_B(\boldsymbol{\rho}_{AB})=\sum_{h,m}\left(\sum_l \rho_{h,l,m,l}\right)|h\rangle\langle m|=\sum_m\left(\sum_l \rho_{m,l,m,l}\right)|m\rangle\langle m|$$

取冯·诺依曼测量 $\Pi^A=\{\Pi_n^A=|n\rangle\langle n|\}$，容易检验 $\sum_n \Pi_n^A\boldsymbol{\rho}_A\Pi_n^A=\boldsymbol{\rho}_A$。

我们断言

$$N_A(\boldsymbol{\rho}_{AB})=\|\boldsymbol{\rho}_{AB}-\Pi^A(\boldsymbol{\rho}_{AB})\|_2^2,\ \Pi^A=\{\Pi_n^A=|n\rangle\langle n|\}\tag{3.4}$$

事实上，由定理 3.3 可以得出 $\boldsymbol{\rho}_A$ 或者是纯态，或者是非退化的。若 $\boldsymbol{\rho}_A$ 是非退化的，则有唯一的局域不变冯·诺依曼测量，即 $\Pi^A=\{\Pi_k^A\}$ 且使得 $\sum_k \Pi_k^A\boldsymbol{\rho}_A\Pi_k^A=\boldsymbol{\rho}_A$ 的测量是 $\Pi^A=\{|n\rangle\langle n|\}$。由 MIN 定义，得 $N_A(\boldsymbol{\rho}_{AB})=\|\boldsymbol{\rho}_{AB}-\Pi^A(\boldsymbol{\rho}_{AB})\|_2^2$。若 $\boldsymbol{\rho}_A$ 是纯态，由命题 3.3 得出，$\boldsymbol{\rho}_{AB}$ 是乘积态。又由定理 3.1 得出 $N_A(\boldsymbol{\rho}_{AB})=0$，意味着 $\|\boldsymbol{\rho}_{AB}-\Pi^A(\boldsymbol{\rho}_{AB})\|_2^2=0$，并且 $N_A(\boldsymbol{\rho}_{AB})=\|\boldsymbol{\rho}_{AB}-\Pi^A(\boldsymbol{\rho}_{AB})\|_2^2=0$，所以断言成立。

由式(3.3)、式(3.4)和参考文献[24]可以得到

$$\begin{aligned}\Pi^A(\boldsymbol{\rho}_{AB})&=\sum_m(|m\rangle\langle m|\otimes I)\boldsymbol{\rho}_{AB}(|m\rangle\langle m|\otimes I)\\&=\sum_m|m\rangle\langle m|\otimes\left(\sum_{p,l}\rho_{m,p,m,l}|p\rangle\langle l|\right)\\&=\sum_{m,l}\rho_{m,l,m,l}|m\rangle\langle m|\otimes|l\rangle\langle l|\end{aligned}$$

另外，容易得到 $\mathrm{Tr}[\boldsymbol{\rho}_{AB}\Pi^A(\boldsymbol{\rho}_{AB})]=\mathrm{Tr}[\Pi^A(\boldsymbol{\rho}_{AB})^2]=\sum_{m,l}(\rho_{m,l,m,l})^2$。

所以我们得到

$$\begin{aligned}N_A(\boldsymbol{\rho}_{AB})&=\|\boldsymbol{\rho}_{AB}-\Pi^A(\boldsymbol{\rho}_{AB})\|_2^2\\&=\mathrm{Tr}[(\boldsymbol{\rho}_{AB})^2]+\mathrm{Tr}[(\Pi^A(\boldsymbol{\rho}_{AB}))^2]-2\mathrm{Tr}[\boldsymbol{\rho}_{AB}\Pi^A(\boldsymbol{\rho}_{AB})]\\&=\frac{1}{\sqrt{\det\boldsymbol{\Gamma}_0}}-\mathrm{Tr}[\boldsymbol{\rho}_{AB}\Pi^A(\boldsymbol{\rho}_{AB})]\\&=\frac{1}{ab-c^2}-\sum_{m,l}(\rho_{m,l,m,l})^2\end{aligned}$$

最后，根据参考文献[34]，我们得出 $\rho_{m,l,m,l}=\langle l|\langle m|\boldsymbol{\rho}_{AB}|m\rangle|l\rangle=$

$p(m,l)$，并且

$$p(m,l)=\frac{1}{m!l!}\sum_{s_1=0}^{m}\sum_{s_2=0}^{l}\begin{pmatrix}m\\s_1\end{pmatrix}\begin{pmatrix}l\\s_2\end{pmatrix}Q^{(1)}(s_1,s_2)Q^{(2)}(m-s_1,l-s_2)$$

其中

$$Q^{(j)}(\alpha,\beta)=\frac{(B_1+K_j)^{\alpha}\ (B_2+K_j)^{\beta}}{4^{\alpha+\beta}\ (1+B_1+B_2+K_j)^{\alpha+\beta+\frac{1}{2}}}\cdot$$

$$\sum_{l=0}^{\min(\alpha,\beta)}l!\begin{pmatrix}\alpha\\l\end{pmatrix}\begin{pmatrix}\beta\\l\end{pmatrix}\frac{[2(\alpha+\beta-l)]!}{(\alpha+\beta-l)!}\left[-4K_j\ \frac{1+B_1+B_2+K_j}{(B_1+K_j)(B_2+K_j)}\right]^{l}$$

并且 $B_1=\frac{a-1}{2}$，$B_2=\frac{b-1}{2}$，$K_1=\frac{(a-1)(b-1)-c^2}{4}$，$K_2=\frac{(a-1)(b-1)-d^2}{4}$。

由于对压缩热态和混合热态，其相关矩阵参数满足 $c=-d$ 或者 $c=d$，所以 $Q^{(1)}(\alpha,\beta)=Q^{(2)}(\alpha,\beta)$。进而，不妨记

$$Q(\alpha,\beta)=\frac{(B_1+K)^{\alpha}\ (B_2+K)^{\beta}}{4^{\alpha+\beta}\ (1+B_1+B_2+K)^{\alpha+\beta+\frac{1}{2}}}\cdot$$

$$\sum_{l=0}^{\min(\alpha,\beta)}l!\begin{pmatrix}\alpha\\l\end{pmatrix}\begin{pmatrix}\beta\\l\end{pmatrix}\frac{[2(\alpha+\beta-l)]!}{(\alpha+\beta-l)!}\left[-4K\ \frac{1+B_1+B_2+K}{(B_1+K)(B_2+K)}\right]^{l}$$

其中 $K=\frac{(a-1)(b-1)-c^2}{4}$。

于是对双模压缩热态和混合热态，我们得到

$$N_A(\boldsymbol{\rho}_{AB})=\frac{1}{ab-c^2}-\sum_{m,l}p\ (m,l)^2$$

其中 $p(m,l)=\frac{1}{m!l!}\sum_{s_1=0}^{m}\sum_{s_2=0}^{l}\begin{pmatrix}m\\s_1\end{pmatrix}\begin{pmatrix}l\\s_2\end{pmatrix}Q(s_1,s_2)Q(m-s_1,l-s_2)$，并且 $Q(\alpha,\beta)$ 如上述表示。证毕。

由于 $N_A(\boldsymbol{\rho}_{AB})$ 具有局域高斯西不变性，所以，任何双模压缩热态和混合热态的这种非定域性都可以通过定理 3.4 获得。

## 3.3 高斯正算子值测量诱导的非定域性的不存在性

离散系统的很多量子关联都是通过冯·诺依曼测量或正算子值测量测量诱导得出的，例如前面提到的量子失协、几何失协和测量诱导的非定域性MIN。对于连续变量系统，相应的高斯量子关联则还可以由高斯正算子值测量诱导，比如高斯量子失协、高斯几何失协。很自然地，我们应该考虑局域不变测量诱导的非定域性 MIN 的概念是否可以推广到高斯 MIN，即由局域不变高斯 POVM 诱导的量子非定域性 GMIN。

单模高斯态正算子值测量（GPOVM）$\Pi=\{\Pi(z)\}$ 定义为

$$\Pi(z)=W(z)\tilde{\boldsymbol{\omega}}W^{\dagger}(z)$$

其中 $W(z)=\exp(\mathrm{i}\boldsymbol{z}^{\mathrm{T}}J\hat{R})$ 是 Weyl 算符，$\hat{R}=(\hat{\boldsymbol{q}}_1,\hat{\boldsymbol{p}}_1)$，$\boldsymbol{z}\in\mathbb{R}^2$，且 $\tilde{\boldsymbol{\omega}}$ 是均值为零的单模高斯态，被称为 GPOVM $\Pi$ 的生成种子，它满足 $\frac{1}{2\pi}\int\Pi(z)\mathrm{d}^2z=I$。在此，为了便于研究问题，我们将高斯 POVM 变换一种形式：

$$\Pi(z)=W(z)\tilde{\boldsymbol{\omega}}W^{\dagger}(z)=c\tilde{\Pi}^{\dagger}(z)\tilde{\Pi}(z)\tag{3.5}$$

其中 $\tilde{\Pi}^{\dagger}(z)=W(z)\tilde{\tilde{\boldsymbol{\omega}}}W^{\dagger}(z)$，$\tilde{\tilde{\boldsymbol{\omega}}}=\dfrac{\sqrt{\tilde{\boldsymbol{\omega}}}}{\mathrm{Tr}(\sqrt{\tilde{\boldsymbol{\omega}}})}$ 并且 $c=[\mathrm{Tr}(\sqrt{\tilde{\boldsymbol{\omega}}})]^2$。

实际上，我们有

$$\begin{aligned}\Pi(z)&=W(z)\sigma W^{+}(z)\\&=W(z)\sqrt{\sigma}W^{+}(z)W(z)\sqrt{\sigma}W^{+}(z)\end{aligned}$$

注意到若 $\sigma$ 是高斯态，则 $\dfrac{\sqrt{\sigma}}{\mathrm{Tr}(\sqrt{\sigma})}$ 也是高斯态[36]。所以上面式子为

$$\begin{aligned}\Pi(z)&=[\mathrm{Tr}(\sqrt{\sigma})]^2W(z)\tilde{\sigma}W^{+}(z)W(z)\tilde{\sigma}W^{+}(z)\\&\doteq([\mathrm{Tr}(\sqrt{\sigma})]^2\tilde{\Pi}^{+}(z)\tilde{\Pi}(z)\\&\doteq c\tilde{\Pi}^{+}(z)\tilde{\Pi}(z)\end{aligned}$$

其中，$\tilde{\sigma} = \dfrac{\sqrt{\sigma}}{\mathrm{Tr}(\sqrt{\sigma})}$，$c = [\mathrm{Tr}(\sqrt{\sigma})]^2$。

特别地，当 $\sigma$ 纯态种子时，$\tilde{\sigma} = \sigma, c = 1$，此时有

$$\Pi(z) = W(z)\sigma W^+(z) = \Pi^+(z)\Pi(z)$$

那么借助于高斯 POVM 来对高斯态 $\boldsymbol{\rho}_{AB}$ 定义 GMIN，记为 $N_A^{\mathrm{G}}(\boldsymbol{\rho}_{AB})$，其定义自然有如下形式：

$$N_A^{\mathrm{G}}(\boldsymbol{\rho}_{AB}) := \sup_{\Pi} \|\boldsymbol{\rho}_{AB} - \Pi(\boldsymbol{\rho}_{AB})\|_2^2$$

其中，上确界取遍 $H_A$ 的保持 $\boldsymbol{\rho}_A$ 不变的所有高斯 POVM$\Pi = \{\Pi(z)\}$，即满足 $\dfrac{c}{2\pi}\int \tilde{\Pi}(z)\boldsymbol{\rho}_A\tilde{\Pi}(z)\mathrm{d}^2 z = \boldsymbol{\rho}_A$ 的所有高斯 POVM$\Pi = \{\Pi(z)\}$，且

$$\Pi(\boldsymbol{\rho}_{AB}) = \frac{c}{2\pi}\int (\tilde{\Pi}(z) \otimes \boldsymbol{I}_B)\boldsymbol{\rho}_{AB}(\tilde{\Pi}(z) \otimes \boldsymbol{I}_B)\mathrm{d}^2 z$$

为判断上述高斯非定域性 GMIN 的定义是否有意义，首先要解决的问题是需要检测每个态都存在保持其约化态不变的局域高斯正算子值测量吗？我们利用特性函数以及 Weyl 算符的性质证明了如下结论，见定理 3.5。

**定理 3.5** 对任意单模高斯态 $\boldsymbol{\rho} \in S(H)$，不存在高斯正算子值测量 POVM$\Pi = \{\Pi(z)\}$ 使得

$$\int \frac{c}{2\pi}\tilde{\Pi}(z)\boldsymbol{\rho}\tilde{\Pi}(z)\mathrm{d}^2 z = \boldsymbol{\rho}$$

其中，$\Pi = \{\Pi(z)\}$ 满足式(3.5)。

**证明**：令 $\boldsymbol{\rho}$ 任意单模高斯态，位移为 $\boldsymbol{m}$，相关矩阵为 $\boldsymbol{A}$。进一步，不失一般性，我们假设 $\boldsymbol{m} = \boldsymbol{0}$。我们采用反证法，假设存在某个高斯 POVM$\Pi = \{\Pi(z)\}$ 使得

$$\frac{c}{2\pi}\int \tilde{\Pi}(z)\boldsymbol{\rho}\tilde{\Pi}(z)\mathrm{d}^2 z = \boldsymbol{\rho} \tag{3.6}$$

这意味着式(3.6)两边态的特性函数是相等的。显然，$\boldsymbol{\rho}$ 的特性函数为

$$x_{\boldsymbol{\rho}}(\boldsymbol{\mu}) = \mathrm{Tr}[\boldsymbol{\rho}W(\boldsymbol{\mu})] = \exp\left[-\frac{1}{4}(\boldsymbol{J\mu})^{\mathrm{T}}\boldsymbol{A}(\boldsymbol{J\mu})\right], \boldsymbol{\mu} \in \mathbb{R}^2 \tag{3.7}$$

并且 $\sigma=\frac{c}{2\pi}\int\widetilde{\Pi}(z)\boldsymbol{\rho}\widetilde{\Pi}(z)\mathrm{d}^2z$ 的特性函数为

$$\chi_{\boldsymbol{\sigma}}(\boldsymbol{\mu})=\frac{c}{\sqrt{\det\widetilde{\boldsymbol{\Sigma}}}}\exp\left[-\frac{1}{4}(\boldsymbol{J\mu})^{\mathrm{T}}\boldsymbol{A}(\boldsymbol{J\mu})\right]\exp\left(-\frac{1}{2}\boldsymbol{\mu}^{\mathrm{T}}\widetilde{\boldsymbol{\Sigma}}^{-1}\boldsymbol{\mu}\right)\tag{3.8}$$

其中，$\widetilde{\boldsymbol{\Sigma}}$ 代表 $\widetilde{\boldsymbol{\omega}}$ 的相关矩阵。

而事实上

$$\begin{aligned}
x_{\boldsymbol{\sigma}}(\boldsymbol{\mu})&=\frac{c}{2\pi}\mathrm{Tr}\left[\int\widetilde{\Pi}(\boldsymbol{z})\boldsymbol{\rho}\widetilde{\Pi}(\boldsymbol{z})W(\boldsymbol{\mu})\mathrm{d}^2\boldsymbol{z}\right]\\
&=\frac{c}{2\pi}\mathrm{Tr}\left[\int W(\boldsymbol{z})\widetilde{\boldsymbol{\omega}}W^{\dagger}(\boldsymbol{z})\boldsymbol{\rho}W(\boldsymbol{z})\widetilde{\boldsymbol{\omega}}W^{\dagger}(\boldsymbol{z})W(\boldsymbol{\mu})\mathrm{d}^2\boldsymbol{z}\right]\\
&=\frac{c}{16\pi^4}\mathrm{Tr}\Big[\int\Big[\int\chi_{\widetilde{\boldsymbol{\omega}},z}(-\boldsymbol{\xi})W(\boldsymbol{\xi})\mathrm{d}^2\boldsymbol{\xi}\Big]\Big[\int\chi_{\boldsymbol{\rho}}(-\boldsymbol{\eta})W(\boldsymbol{\eta})\mathrm{d}^2\boldsymbol{\eta}\Big]\Big[\int\chi_{\widetilde{\boldsymbol{\omega}},z}\\
&\quad(-\boldsymbol{\lambda})W(\boldsymbol{\lambda})\mathrm{d}^2\boldsymbol{\lambda}\Big]W(\boldsymbol{\mu})\mathrm{d}^2\boldsymbol{z}\Big]\\
&=\frac{c}{16\pi^4}\int\chi_{\widetilde{\boldsymbol{\omega}},z}(-\boldsymbol{\xi})\chi_{\boldsymbol{\rho}}(-\boldsymbol{\eta})\chi_{\widetilde{\boldsymbol{\omega}},z}(-\boldsymbol{\lambda})\mathrm{Tr}[\mathrm{W}(\boldsymbol{\xi})\mathrm{W}(\boldsymbol{\eta})\mathrm{W}(\boldsymbol{\lambda})\mathrm{W}(\boldsymbol{\mu})]\\
&\quad\mathrm{d}^2\boldsymbol{z}\mathrm{d}^2\boldsymbol{\xi}\mathrm{d}^2\boldsymbol{\eta}\mathrm{d}^2\boldsymbol{\lambda}\\
&=\frac{c}{16\pi^4}\int\exp[-\frac{1}{4}(\boldsymbol{J\xi})^{\mathrm{T}}\widetilde{\boldsymbol{\Sigma}}\boldsymbol{J\xi}]\exp(-\mathrm{i}z^{\mathrm{T}}\boldsymbol{J\xi})\exp[-\frac{1}{4}(\boldsymbol{J\eta})^{\mathrm{T}}\boldsymbol{AJ\eta}]\\
&\quad\times\exp[-\frac{1}{4}(\boldsymbol{J\lambda})^{\mathrm{T}}\widetilde{\boldsymbol{\Sigma}}\boldsymbol{J\lambda}]\times\exp[-\mathrm{i}z^{\mathrm{T}}\boldsymbol{J\lambda}]\mathrm{Tr}[W(\boldsymbol{\xi})W(\boldsymbol{\eta})W(\boldsymbol{\lambda})W(\boldsymbol{\mu})]\\
&\quad\mathrm{d}^2\boldsymbol{z}\mathrm{d}^2\boldsymbol{\xi}\mathrm{d}^2\boldsymbol{\eta}\mathrm{d}^2\boldsymbol{\lambda}\\
&=\frac{c}{4\pi^4}\int\exp[-\frac{1}{4}(\boldsymbol{J\xi})^{\mathrm{T}}\widetilde{\boldsymbol{\Sigma}}\boldsymbol{J\xi}]\exp[-\frac{1}{4}(\boldsymbol{J\eta})^{\mathrm{T}}\boldsymbol{AJ\eta}]\exp[-\frac{1}{4}(\boldsymbol{J\lambda})^{\mathrm{T}}\widetilde{\boldsymbol{\Sigma}}\boldsymbol{J\lambda}]\\
&\quad\times\mathrm{Tr}[W(\boldsymbol{\xi})W(\boldsymbol{\eta})W(\boldsymbol{\lambda})W(\boldsymbol{\mu})][\frac{1}{(2\pi)^2}\int\exp(-\mathrm{i}z^{\mathrm{T}}\boldsymbol{J}(\boldsymbol{\xi}+\boldsymbol{\lambda}))\mathrm{d}^2z]\mathrm{d}^2\boldsymbol{\xi}\mathrm{d}^2\boldsymbol{\eta}\mathrm{d}^2\boldsymbol{\lambda}\\
&=\frac{c}{4\pi^2}\int\exp[-\frac{1}{4}(\boldsymbol{J\xi})^{\mathrm{T}}\widetilde{\boldsymbol{\Sigma}}\boldsymbol{J\xi}]\exp[-\frac{1}{4}(\boldsymbol{J\eta})^{\mathrm{T}}\boldsymbol{AJ\eta}]\exp[-\frac{1}{4}(\boldsymbol{J\lambda})^{\mathrm{T}}\widetilde{\boldsymbol{\Sigma}}\boldsymbol{J\lambda}]\\
&\quad\times\mathrm{Tr}[W(\boldsymbol{\xi})W(\boldsymbol{\eta})W(\boldsymbol{\lambda})W(\boldsymbol{\mu})]\delta^{(2)}(\boldsymbol{\xi}+\boldsymbol{\lambda})\mathrm{d}^2\boldsymbol{\xi}\mathrm{d}^2\boldsymbol{\eta}\mathrm{d}^2\boldsymbol{\lambda}\\
&=\frac{c}{4\pi^2}\int\exp[-\frac{1}{4}\boldsymbol{J}(-\boldsymbol{\lambda})]^{\mathrm{T}}\widetilde{\boldsymbol{\Sigma}}\boldsymbol{J}(-\boldsymbol{\lambda})]\exp[-\frac{1}{4}(\boldsymbol{J\eta})^{\mathrm{T}}\boldsymbol{AJ\eta}]
\end{aligned}$$

$$\times \exp\left[-\frac{1}{4}(\boldsymbol{J\lambda})^{\mathrm{T}}\widetilde{\boldsymbol{\Sigma}}\boldsymbol{J}\lambda\right]\times\exp(\mathrm{i}\boldsymbol{\lambda}^{\mathrm{T}}\boldsymbol{J\eta})\mathrm{Tr}[\mathrm{W}(\boldsymbol{\eta})\mathrm{W}(\boldsymbol{\mu})]\mathrm{d}^2\boldsymbol{\eta}\mathrm{d}^2\boldsymbol{\lambda}$$

$$=\frac{c}{(2\pi)^2}\int\exp\left[-\frac{1}{4}(\boldsymbol{J\eta})^{\mathrm{T}}\boldsymbol{AJ\eta}\right]\exp\left[-\frac{1}{2}(\boldsymbol{J\lambda})^{\mathrm{T}}\widetilde{\boldsymbol{\Sigma}}\boldsymbol{J\lambda}\right]\exp(\mathrm{i}\boldsymbol{\lambda}^{\mathrm{T}}\boldsymbol{J\eta})2\pi\delta^{(2)}(\boldsymbol{\eta}$$

$$+\boldsymbol{\mu})\mathrm{d}^2\eta\mathrm{d}^2\lambda$$

$$=\frac{c}{2\pi}\exp\left[-\frac{1}{4}(\boldsymbol{J\mu})^{\mathrm{T}}\boldsymbol{AJ\mu}\right]\int\exp\left(-\frac{1}{2}\boldsymbol{\lambda}^{\mathrm{T}}\boldsymbol{J}^{\mathrm{T}}\widetilde{\boldsymbol{\Sigma}}\boldsymbol{J\lambda}\right)\exp(-\mathrm{i}\boldsymbol{\lambda}^{\mathrm{T}}\boldsymbol{J\mu})\mathrm{d}^2\lambda$$

$$=\frac{c}{2\pi}\exp\left[-\frac{1}{4}(\boldsymbol{J\mu})^{\mathrm{T}}\boldsymbol{AJ\mu}\right]\frac{2\pi}{\sqrt{\det\widetilde{\boldsymbol{\Sigma}}}}\exp\left(-\frac{1}{2}\boldsymbol{\mu}^{\mathrm{T}}\widetilde{\boldsymbol{\Sigma}}^{-1}\boldsymbol{\mu}\right)$$

$$=\frac{c}{\sqrt{\det\widetilde{\boldsymbol{\Sigma}}}}\exp\left[-\frac{1}{4}(\boldsymbol{J\mu})^{\mathrm{T}}\boldsymbol{A}(\boldsymbol{J\mu})\right]\exp\left(-\frac{1}{2}\boldsymbol{\mu}^{\mathrm{T}}\widetilde{\boldsymbol{\Sigma}}^{-1}\boldsymbol{\mu}\right)$$

此处我们多次引用积分公式[55]

$$\int\exp(-\pi\boldsymbol{x}^{\mathrm{T}}\boldsymbol{Ax}-2\pi\mathrm{i}\boldsymbol{x}^{\mathrm{T}}\boldsymbol{z})\mathrm{d}x=\frac{1}{\sqrt{\det\boldsymbol{A}}}\exp(-\pi\boldsymbol{z}^{\mathrm{T}}\boldsymbol{A}^{-1}\boldsymbol{z}),\ \forall\boldsymbol{z}\in\mathbb{C}^n$$

其中，$\boldsymbol{A}$ 是 $n\times n$ 复自伴矩阵 $\boldsymbol{A}=\boldsymbol{A}^{\dagger}$，并且 $\Re\mathrm{e}\boldsymbol{A}$ 是正定的。

所以，式(3.7)和式(3.8)是不相等的，矛盾。

定理 3.6 表明，每个双模高斯态都不存在保持其约化态不变的局域高斯正算子值测量(GPOVM)，因此不能借助高斯正算子值测量(GPOVM)去定义类似于 MIN 的高斯 MIN 概念。所以，并不是有限维的任何一种量子关联在无限维甚至是连续变量系统中都存在。

## 3.4 注　　记

3.2 节、3.3 节取自参考文献[56]，随着研究的深入，人们发现除了纠缠，其他量子关联如量子失协也能完成超越经典的任务。所以，这就启发了学者们从不同的角度探索研究不同的量子关联，如基于测量诱导的扰动、测量诱导的非定域性 MIN、量子操控、Bell 非定域性、量子相干性等，寻找其检测判据和相关度量，以获取更多的量子资源。关于 MIN 的研究也是较为丰富的。Sen 研究了 MIN 的 monogamy 不等式，发现 MIN 不完全满足 monogamy 不等式[57]；Xi 等人利用相对熵定义了 MIN[58]；Hu 等人研究了基于熵定义的 MIN 的动力演化过程[59]；郭研究了 MIN 在局域量子信道下的演化[33]。

在本章中，我们讨论 MIN 在高斯态上的表现行为。因为连续变量系统属于无限维系统，所以，我们首先针对双模高斯态，刻画了基于局域不变冯·诺依曼测量诱导的非定域性 MIN 的性质。对于高斯态，我们讨论了把 MIN 推广到连续变量系统即高斯 MIN 的可能性问题，利用特性函数这个工具，发现了不存在保持约化态不变的高斯正算子值测量，为高斯量子关联后续的研究提供了理论依据，因此有学者通过保持约化态不变的高斯酉算子给出了高斯量子非定域性定义[60]。

# 第 4 章　高斯系统局域酉算子诱导的量子关联

随着量子信息技术的发展,量子关联扮演着越来越重要的角色,人们从不同的角度定义了不同的量子关联。其中一种方法就是用酉算子作用即酉操作取代冯·诺依曼测量或正算子值测量而诱导一些新的量子关联。例如,双边测量的量子失协[61]、几何量子失协甚至是纠缠都通过局域幺正算符的扰动重新定义。张[62]考虑了在局域幺正算符扰动下的非经典性;Giampaolo 等[63]和 Monras 等[64]考虑了基于局域酉算子诱导的纠缠测量;Gharibian[65]给出了酉操作诱导的量子关联。那么,一个自然的问题,其他量子关联是否可以通过局域幺正算符扰动的方法来重新刻画呢?Rigovacca 等[66]针对多模两体高斯态,给出了基于高斯酉算子引出的高斯鉴别强度 $D$ ,对双模压缩热态和混合热态给出 $D$ 的解析表达式,并刻画了此关联与纠缠度和总光子数的关系。在本章,我们分别用 Hilbert-Schmidt 范数和一种 Yu-保真度刻画了高斯酉算子诱导的高斯鉴别强度;并讨论了经过局部信道后,这两种关联度量的演化。

## 4.1　酉算子诱导的高斯鉴别强度

我们针对高斯系统,考虑由高斯局域酉算子诱导的一种量子非经典性。不妨记 $\mathcal{G}_n$ 为所有 $n$- 模的高斯酉算子 $\boldsymbol{U}$ 的集合,即把高斯态映射为高斯态的酉算子全体。

高斯酉算子可以用场算子的指数形式来表示[67],即

$$\boldsymbol{U}=\exp\left(\frac{\mathrm{i}}{2}\hat{\boldsymbol{A}}^{\dagger}\boldsymbol{W}\hat{\boldsymbol{A}}+\hat{\boldsymbol{A}}\boldsymbol{K}\boldsymbol{\gamma}\right)$$

其中 $\boldsymbol{A}=(\hat{\boldsymbol{a}}_1,\hat{\boldsymbol{a}}_2,\cdots,\hat{\boldsymbol{a}}_n,\hat{\boldsymbol{a}}_1^{\dagger},\hat{\boldsymbol{a}}_2^{\dagger},\cdots,\hat{\boldsymbol{a}}_n^{\dagger})$，$\hat{a}_i^{\dagger}$、$\hat{a}_i$ 为第 $i$ 模的生成算子、湮灭算子；$\boldsymbol{W}=\begin{pmatrix}\boldsymbol{X} & \boldsymbol{Y}\\ \overline{\boldsymbol{Y}} & \overline{\boldsymbol{X}}\end{pmatrix}$ 是 $2n\times 2n$ Hermitian 矩阵，$\boldsymbol{\gamma}$ 是复向量 $\boldsymbol{\gamma}=(\tilde{\gamma},\bar{\tilde{\gamma}})$，$\boldsymbol{K}=\begin{pmatrix}\boldsymbol{I}_n & 0\\ 0 & -\boldsymbol{I}_n\end{pmatrix}$。

通过参考文献[6]可知，对任意 $\boldsymbol{U}\in\mathcal{G}_n$，存在辛矩阵 $\boldsymbol{S}_U\in S_P(2n,\mathbb{R})$ 使得

$$\boldsymbol{U}^{\dagger}\hat{\boldsymbol{R}}\boldsymbol{U}=\boldsymbol{S}_U\hat{\boldsymbol{R}}+\boldsymbol{m}_U$$

其中，$\boldsymbol{m}_U$ 是 $\mathbb{R}^{2n}$ 中的向量。酉算子的作用使得 $\boldsymbol{\rho}_{AB}$ 的位移和相关矩阵有如下的变换：

$$\boldsymbol{d}\rightarrow\boldsymbol{S}_U\boldsymbol{d}+\boldsymbol{m}_U,\boldsymbol{\Gamma}\rightarrow\boldsymbol{S}_U\boldsymbol{\Gamma}\boldsymbol{S}_U^{\mathrm{T}}$$

实际上，由参考文献[67]，我们知道高斯酉算子 $\boldsymbol{U}$ 与相位空间对应的辛矩阵 $\boldsymbol{S}$ 之间有如下的对应关系：

$$\boldsymbol{S}=\exp(\mathrm{i}\boldsymbol{KW}),\boldsymbol{m}_U=\left(\int_0^1\exp(\mathrm{i}\boldsymbol{KW}t)\,\mathrm{d}t\right)\gamma$$

特别地，有一类酉算子 $U$ 发挥着重要的作用，称为相位变换算子，具有如下形式：

$$\boldsymbol{U}=\exp\left(-\mathrm{i}\sum_{j=1}^{n}\lambda_j\hat{\boldsymbol{a}}_j^{\dagger}\hat{\boldsymbol{a}}_j\right)$$

它对应实的辛矩阵为 $\boldsymbol{S}_U=\bigoplus_{j=1}^{n}R(\lambda_j)$，其中 $R(\lambda)=\begin{pmatrix}\cos\lambda & \sin\lambda\\ -\sin\lambda & \cos\lambda\end{pmatrix}$。

假设 $\boldsymbol{\rho}_{AB}\in S(H_A\otimes H_B)$ 是任意 $(m+n)$- 模两体连续变量态，相关矩阵为 $\boldsymbol{\Gamma}$，位移为 $\boldsymbol{d}$，$\boldsymbol{U}_A\in\mathcal{B}(H_A)$ 是任意高斯酉算子。Rigovacca 等[66]的研究说明酉算子诱导的量子关联是一个依赖于 $\boldsymbol{\rho}_{AB}$ 和 $\boldsymbol{U}_A$ 的非负函数 $D(\boldsymbol{\rho}_{AB},\boldsymbol{U}_A)$，需满足以下条件：

(1) $D(\boldsymbol{\rho}_{AB},\boldsymbol{U}_A)=0$ 当且仅当 $\boldsymbol{\rho}_{AB}=(\boldsymbol{U}_A\otimes\boldsymbol{I})\boldsymbol{\rho}_{AB}(\boldsymbol{U}_A^{\dagger}\otimes\boldsymbol{I})$；

(2) $D[(\boldsymbol{I}_A \otimes \boldsymbol{V}_B)\boldsymbol{\rho}_{AB}(\boldsymbol{I}_A \otimes \boldsymbol{V}_B^\dagger), \boldsymbol{U}_A] = D(\boldsymbol{\rho}_{AB}, \boldsymbol{U}_A)$ 成立，对所有 $B$ 系统的局部高斯酉算子 $\boldsymbol{V}_B \in \mathcal{G}_n$；

(3) $D[(\boldsymbol{V}_A \otimes \boldsymbol{I}_B)\boldsymbol{\rho}_{AB}(\boldsymbol{V}_A^\dagger \otimes \boldsymbol{I}_B), \boldsymbol{U}_A] = D(\boldsymbol{\rho}_{AB}, \boldsymbol{V}_A^\dagger \boldsymbol{U}_A \boldsymbol{V}_A)$ 成立，对 $A$ 系统所有局部高斯酉算子 $\boldsymbol{V}_A \in \mathcal{G}_n$。

基于上述要求，Rigovacca 等[66]给出了一种由局域酉算子诱导的量子关联，定义如下：

$$D_S(\boldsymbol{\rho}_{AB}) := \min_{\boldsymbol{U}_A \in \mathcal{S}} \mathrm{D}(\boldsymbol{\rho}_{AB}, \boldsymbol{U}_A)$$

其中 $\mathcal{S}$ 是 $H_A$ 系统上酉算子集合的一个合适的子集。进而，选择了

$$\mathcal{S} = \{\boldsymbol{U}_A : \boldsymbol{U}_A = \boldsymbol{V}_A \boldsymbol{E} \boldsymbol{V}_A^\dagger, \boldsymbol{V}_A \in \mathcal{G}_n\} \tag{4.1}$$

其中，$\boldsymbol{E} \in \mathcal{B}(H_A)$ 是任意固定的局域酉算子，且 $\boldsymbol{E} \neq \boldsymbol{I}_A, \boldsymbol{m}_{\boldsymbol{E}} = \boldsymbol{0}$，并且得到了 $D_S(\boldsymbol{\rho}_{AB})$ 的一些性质。

**命题 4.1**[66] $D_S$ 是局域高斯酉不变的(在辛矩阵层面是局域辛不变的)。

**命题 4.2**[66] 对任意 $(m+n)$-模高斯态 $\boldsymbol{\rho}_{AB}$，下列陈述是等价的：

(1) $\boldsymbol{\rho}_{AB}$ 是乘积态当且仅当 $D_S(\boldsymbol{\rho}_{AB}) = 0$；

(2)若式(4.1)中的 $\boldsymbol{E}$ 是非平凡的相位变换 $\exp(-\mathrm{i}\sum_{j=1}^{m}\lambda_j \hat{\boldsymbol{a}}_j^\dagger \hat{\boldsymbol{a}}_j)$，$\mathcal{S}$ 可以表示成

$$\mathcal{S} = F_{\{\lambda_j\}} = \{\boldsymbol{U}_A : \boldsymbol{U}_A = \boldsymbol{V}_A \exp(-\mathrm{i}\sum_{j=1}^{m}\lambda_j \hat{\boldsymbol{a}}_j^\dagger \hat{\boldsymbol{a}}_j)\boldsymbol{V}_A^\dagger, \boldsymbol{V}_A \in \mathcal{G}_n\} \tag{4.2}$$

其中，$\lambda_j$ 不是 $2\pi$ 的整数倍，$j = 1, 2, \cdots, n$。

特别地，Rigovacca 等[66]针对双模高斯态，着重考虑了由量子 $D_S(\boldsymbol{\rho}_{AB})$ 定义的某种量子关联度量。

**定义 4.1** $\boldsymbol{\rho}_{AB} \in S(H_A \otimes H_B)$ 为双模高斯态，定义高斯鉴别强度为

$$D_S(\boldsymbol{\rho}_{AB}) = 1 - \min_{\boldsymbol{U}_A \in \mathcal{S}} Q(\boldsymbol{\rho}_{AB}, \boldsymbol{U}_A \boldsymbol{\rho}_{AB} \boldsymbol{U}_A^\dagger)$$

其中，$Q(\rho, \sigma) = \min_{s \in [0,1]} \mathrm{Tr}(\rho^s \sigma^{1-s})$。

由于对任意高斯态，计算 $D_S(\boldsymbol{\rho}_{AB})$ 比较困难，所以，作者针对双模压缩热态和混合热态提出了解析表达式，并且讨论了这种关联与纠缠度和总光

子数之间的关系。

## 4.2 基于 Hilbert-Schmidt 范数诱导的高斯鉴别强度 $D_S$

我们注意到 Hilbert-Schmidt 范数满足 4.1 节 $D(\boldsymbol{\rho}_{AB},\boldsymbol{U}_A)$ 定义中的条件。在本节中，我们将用 Hilbert-Schmidt 范数来引入酉算子诱导的高斯鉴别强度 $D_S$ 。

**定义 4.2** 对任意 $(m+n)$- 模高斯态 $\boldsymbol{\rho}_{AB}$，基于酉算子诱导的用 Hilbert-Schmidt 范数定义的量子非经典性为

$$D_S(\boldsymbol{\rho}_{AB}) = \inf_{\boldsymbol{U}_A\in\mathcal{S}} D(\boldsymbol{\rho}_{AB},\boldsymbol{U}_A) = \inf_{\boldsymbol{U}_A\in\mathcal{S}} \|\boldsymbol{\rho}_{AB} - (\boldsymbol{U}_A\otimes\boldsymbol{I}_B)\boldsymbol{\rho}_{AB}(\boldsymbol{U}_A^\dagger\otimes\boldsymbol{I}_B)\|_2^2$$

其中上确界取遍式子(4.2) $\mathcal{S}$中的所有高斯酉算子 $\boldsymbol{U}_A$。

首先，对 $(m+n)$ -模高斯态 $\boldsymbol{\rho}_{AB}$，我们给出 $D_S(\boldsymbol{\rho}_{AB})$ 的解析表达式。

**定理 4.1** 对任意 $(m+n)$- 模高斯态 $\boldsymbol{\rho}_{AB}$，其相关矩阵为 $\boldsymbol{\Gamma} = \begin{pmatrix}\boldsymbol{A} & \boldsymbol{C}\\ \boldsymbol{C}^{\mathrm{T}} & \boldsymbol{B}\end{pmatrix}$，我们有

$$D_S(\boldsymbol{\rho}_{AB}) = 2\left[\frac{1}{\sqrt{\det\boldsymbol{\Gamma}}} - \sup_s \frac{1}{\sqrt{\det[(\boldsymbol{\Gamma}+\widetilde{\boldsymbol{\Gamma}})/2]}}\right] \tag{4.3}$$

其中，上确界取遍所有辛矩阵 $\boldsymbol{S}\in S_P(2m,\mathbb{R})$，$\widetilde{\boldsymbol{\Gamma}}$ 具有形式

$$\widetilde{\boldsymbol{\Gamma}} = [\boldsymbol{S}(\oplus_{j=1}^m R(\lambda_j))\boldsymbol{S}^{-1}\oplus\boldsymbol{I}_B]\boldsymbol{\Gamma}[\boldsymbol{S}(\oplus_{j=1}^m R(\lambda_j))\boldsymbol{S}^{-1}\oplus\boldsymbol{I}_B]$$

并且 $R(\lambda_j) = \begin{pmatrix}\cos\lambda_j & \sin\lambda_j\\ -\sin\lambda_j & \cos\lambda_j\end{pmatrix}$，$\lambda_j\in(0,2\pi)$。

**证明：** 假设 $\boldsymbol{\rho}_{AB}$ 是任意 $(m+n)$- 模高斯态，相关矩阵为 $\boldsymbol{\Gamma}$。令 $\widetilde{\boldsymbol{\rho}}_{AB} = (\boldsymbol{U}_A\otimes\boldsymbol{I}_B)\boldsymbol{\rho}_{AB}(\boldsymbol{U}_A^\dagger\otimes\boldsymbol{I}_B)$，其中 $\boldsymbol{U}_A\in\mathcal{S}$, $\mathcal{S}$是式子(4.2)中的形式。容易验证 $\widetilde{\boldsymbol{\rho}}_{AB}$ 的位移是 $\boldsymbol{m}_{U_A}$，相关矩阵 $\widetilde{\boldsymbol{\Gamma}}$ 为

$$\widetilde{\boldsymbol{\Gamma}} = [\boldsymbol{S}_{V_A}(\oplus_{j=1}^m R(\lambda_j))\boldsymbol{S}_{V_A}^{-1}\oplus\boldsymbol{I}_B]\boldsymbol{\Gamma}[\boldsymbol{S}_{V_A}(\oplus_{j=1}^m R(\lambda_j))\boldsymbol{S}_{V_A}^{-1}\oplus\boldsymbol{I}_B]$$

由参考文献[43]可知，对任意两个高斯态 $\boldsymbol{\rho}_1$、$\boldsymbol{\rho}_2$，相关矩阵分别是 $\boldsymbol{\Gamma}_1$、

$\boldsymbol{\Gamma}_2$，位移分别是 $\boldsymbol{\mu}_1$、$\boldsymbol{\mu}_2$，我们有

$$\mathrm{Tr}(\boldsymbol{\rho}_1\boldsymbol{\rho}_2)=\frac{1}{\sqrt{\det(\frac{\boldsymbol{\Gamma}_1+\boldsymbol{\Gamma}_2}{2})}}\exp[-\boldsymbol{\delta}_\mu^{\mathrm{T}}(\boldsymbol{\Gamma}_1+\boldsymbol{\Gamma}_2)^{-1}\boldsymbol{\delta}_\mu],$$

其中，$\boldsymbol{\delta}_\mu=\boldsymbol{\mu}_2-\boldsymbol{\mu}_1$。又因为辛矩阵的特征值绝对值为 1，所以 $\det\boldsymbol{\Gamma}=\det\widetilde{\boldsymbol{\Gamma}}$，因此

$$\begin{aligned}\|\boldsymbol{\rho}_{AB}-\widetilde{\boldsymbol{\rho}}_{AB}\|_2^2&=\mathrm{Tr}(\boldsymbol{\rho}_{AB}^2)+\mathrm{Tr}(\widetilde{\boldsymbol{\rho}}_{AB}^2)-2\mathrm{Tr}(\boldsymbol{\rho}_{AB}\widetilde{\boldsymbol{\rho}}_{AB})\\&=\frac{2}{\sqrt{\det\boldsymbol{\Gamma}}}-\frac{2\exp[-\boldsymbol{m}_{U_A}^{\mathrm{T}}(\boldsymbol{\Gamma}+\widetilde{\boldsymbol{\Gamma}})^{-1}\boldsymbol{m}_{U_A}]}{\sqrt{\det(\frac{\boldsymbol{\Gamma}+\widetilde{\boldsymbol{\Gamma}}}{2})}}\end{aligned}$$

其中，$\boldsymbol{m}_U=(\boldsymbol{I}-\boldsymbol{S}_U)\boldsymbol{m}_{V_A}$，这意味着

$$\begin{aligned}D_S(\boldsymbol{\rho}_{AB})&=\frac{2}{\sqrt{\det\boldsymbol{\Gamma}}}-\sup_{V_A\in\mathcal{G}_n}\frac{2\exp[-\boldsymbol{m}_{U_A}^{\mathrm{T}}(\boldsymbol{\Gamma}+\widetilde{\boldsymbol{\Gamma}})^{-1}\boldsymbol{m}_{U_A}]}{\sqrt{\det(\frac{\boldsymbol{\Gamma}+\widetilde{\boldsymbol{\Gamma}}}{2})}}\\&=\frac{2}{\sqrt{\det\boldsymbol{\Gamma}}}-\sup_{\{\boldsymbol{S}_{V_A},\boldsymbol{m}_{V_A}\}}\frac{2\exp[-\boldsymbol{m}_{U_A}^{\mathrm{T}}(\boldsymbol{\Gamma}+\widetilde{\boldsymbol{\Gamma}})^{-1}\boldsymbol{m}_{U_A}]}{\sqrt{\det(\frac{\boldsymbol{\Gamma}+\widetilde{\boldsymbol{\Gamma}}}{2})}}\end{aligned}$$

因为 $\boldsymbol{\Gamma}$、$\widetilde{\boldsymbol{\Gamma}}\geqslant 0$，我们有 $\exp[-\boldsymbol{m}_{U_A}^{\mathrm{T}}(\boldsymbol{\Gamma}+\widetilde{\boldsymbol{\Gamma}})^{-1}\boldsymbol{m}_{U_A}]\leqslant 1$，进而

$$\sup_{\{\boldsymbol{S}_{V_A},\boldsymbol{m}_{V_A}\}}\frac{\exp[-\boldsymbol{m}_U^{\mathrm{T}}(\boldsymbol{\Gamma}+\widetilde{\boldsymbol{\Gamma}})^{-1}\boldsymbol{m}_U]}{\sqrt{\det(\frac{\boldsymbol{\Gamma}+\widetilde{\boldsymbol{\Gamma}}}{2})}}\leqslant\sup_{\{\boldsymbol{S}_{V_A},\boldsymbol{m}_{V_A}\}}\frac{1}{\sqrt{\det(\frac{\boldsymbol{\Gamma}+\widetilde{\boldsymbol{\Gamma}}}{2})}}$$

我们知道，若 $\boldsymbol{m}_{V_A}=0$，有 $\exp[-\boldsymbol{m}_U^{\mathrm{T}}(\boldsymbol{\Gamma}+\widetilde{\boldsymbol{\Gamma}})^{-1}\boldsymbol{m}_{U_A}]=1$。因此，可得

$$D_S(\boldsymbol{\rho}_{AB})=\frac{2}{\sqrt{\det\boldsymbol{\Gamma}}}-\sup_{\boldsymbol{S}_{V_A}}\frac{2}{\sqrt{\det[(\boldsymbol{\Gamma}+\widetilde{\boldsymbol{\Gamma}})/2]}}$$

其中，$\{\boldsymbol{S}_{V_A}\}$ 取遍所有辛矩阵 $\boldsymbol{S}\in S_P(2m,\mathbb{R})$。

因为实验上容易操作的两大类双模高斯态就是压缩热态和混合热态，由定理 4.1，我们对这两类态 $\boldsymbol{\rho}_{AB}$，给出了 $D_S(\boldsymbol{\rho}_{AB})$ 的精确表达式。

**定理 4.2** 对任意 $(1+1)$-模高斯态 $\boldsymbol{\rho}_{AB}$，其相关矩阵的标准形式为

$$\boldsymbol{\Gamma}=\begin{pmatrix} a & 0 & c & 0 \\ 0 & a & 0 & d \\ c & 0 & b & 0 \\ 0 & d & 0 & b \end{pmatrix}$$

其中 $a,b\geqslant 1,c\geqslant 0,d=\pm c$ 和 $ab-1\geqslant c^2$，我们有

$$D_S(\boldsymbol{\rho}_{AB})=\frac{2}{ab-c^2}-\frac{4}{2ab-c^2-c^2\cos\lambda}$$

这里 $\lambda\in(0,2\pi)$。

**证明：**由参考文献[68]可知，任何 2 阶辛矩阵 $\boldsymbol{S}\in S_P(2,\mathbb{R})$ 具有形式 $\boldsymbol{S}=R(\theta)S(x)$，其中 $R(\theta)=\begin{pmatrix}\cos\theta & \sin\theta \\ -\sin\theta & \cos\theta\end{pmatrix}$，$S(x)=\begin{pmatrix}e^x & 0 \\ 0 & e^{-x}\end{pmatrix}$，$\theta\in(0,2\pi)$，$x\in(-\infty,+\infty)$。

所以

$$\widetilde{\boldsymbol{\Gamma}}=[\boldsymbol{S}R(\lambda)\boldsymbol{S}^{-1}\oplus\boldsymbol{I}_B)]\boldsymbol{\Gamma}[\boldsymbol{S}R(\lambda)\boldsymbol{S}^{-1}\oplus\boldsymbol{I}_B)]=\begin{pmatrix}\Upsilon_{11} & \Upsilon_{12} & \Upsilon_{13} & \Upsilon_{14} \\ \Upsilon_{12} & \Upsilon_{22} & \Upsilon_{23} & \Upsilon_{24} \\ \Upsilon_{13} & \Upsilon_{23} & b & 0 \\ \Upsilon_{14} & \Upsilon_{24} & 0 & b\end{pmatrix} \tag{4.4}$$

其中

$$\Upsilon_{11}=a(-\cos^2\theta e^{8x}\cos^2\lambda+\cos\theta e^{6x}\sin\theta\sin 2\lambda+\cos^2\theta e^{8x}-e^{2x}\sin 2\theta\sin\lambda\cos\lambda+\cos^2\theta\cos^2\lambda+e^{4x}\cos^2\lambda-\cos^2\theta-\cos^2\lambda+1)e^{-4x},$$

$$\Upsilon_{12}=a\sin\lambda(\cos\theta e^{8x}\sin\theta\sin\lambda-2\cos^2\theta e^{6x}\cos\lambda+2\cos^2\theta e^{2x}\cos\lambda+e^{6x}\cos\lambda-\cos\theta\sin\theta\sin\lambda-e^{2x}\cos\lambda)e^{-4x},$$

$$\Upsilon_{13}=(\cos\theta e^{2x}\sin\theta\sin\lambda-\cos\theta\sin\theta e^{-2x}\sin\lambda+\cos\lambda)c,$$

$$\Upsilon_{14}=\sin\lambda(\cos^2\theta e^{2x}-\cos^2\theta e^{-2x}+e^{-2x})c,$$

$$\Upsilon_{22}=a(\cos^2\theta e^{8x}\cos^2\lambda-2\cos\theta e^{6x}\sin\theta\sin\lambda\cos\lambda-\cos^2\theta e^{8x}-e^{8x}\cos^2\lambda+2\cos\theta e^{2x}\sin\theta\sin\lambda\cos\lambda-\cos^2\theta\cos^2\lambda+e^{8x}+e^{4x}\cos^2\lambda+\cos^2\theta)e^{-4x},$$

$$\Upsilon_{23}=-\sin\lambda(\cos^2\theta e^{2x}-\cos^2\theta e^{-2x}-e^{2x})c,$$

$\Upsilon_{24} = c(\cos\theta e^{2x}\sin\theta\sin\lambda - \cos\theta\sin\theta e^{-2x}\sin\lambda - \cos\lambda)$。

由定理 4.1，得出

$$D_S(\boldsymbol{\rho}_{AB}) = \frac{2}{\sqrt{\det\boldsymbol{\Gamma}}} - \sup_{s}\frac{2}{\sqrt{\det[(\boldsymbol{\Gamma}+\widetilde{\boldsymbol{\Gamma}})/2]}}$$

$$= \frac{2}{\sqrt{\det\boldsymbol{\Gamma}}} - \frac{8}{\inf\{\theta,x\}\sqrt{\det(\boldsymbol{\Gamma}+\widetilde{\boldsymbol{\Gamma}})}}$$

其中上确界取自 $\boldsymbol{S}\in S_P(2,\mathbb{R})$，且 $\widetilde{\boldsymbol{\Gamma}}=[\boldsymbol{S}R(\lambda)\boldsymbol{S}^{-1}\oplus\boldsymbol{I}_B]\boldsymbol{\Gamma}[\boldsymbol{S}R(\lambda)\boldsymbol{S}^{-1}\oplus\boldsymbol{I}_B]$。计算

$$\begin{aligned}\det(\boldsymbol{\Gamma}+\widetilde{\boldsymbol{\Gamma}}) = &(-4a^2b^2\cos^2\lambda+4a^2b^2+4abc^2\cos^2\lambda-4abc^2)(e^{4x}+e^{-4x})\\ &-8abc^2\cos^2\lambda-16abc^2\cos\lambda+4c^4+4c^4\cos^2\lambda+8c^4\cos\lambda\\ &+8a^2b^2+8a^2b^2\cos^2\lambda-8abc^2\end{aligned}$$

进一步，

$$\inf\{\theta,x\}\det(\boldsymbol{\Gamma}+\widetilde{\boldsymbol{\Gamma}}) = 4\,(2ab-c^2-c^2\cos\lambda)^2$$

所以

$$D_S(\boldsymbol{\rho}_{AB}) = \frac{2}{ab-c^2} - \frac{4}{2ab-c^2-c^2\cos\lambda}$$

并且可以看出给定一个相位变换算子 $\boldsymbol{E} = \exp(-\mathrm{i}\lambda\hat{\boldsymbol{a}}^{\dagger}\hat{\boldsymbol{a}})$，对应一个 $\lambda$，得到一个量 $D_S(\boldsymbol{\rho}_{AB})$。那么取遍所有的 $\lambda\in(0,2\pi)$，再取最大值，我们得到

$$\sup_{\lambda\in(0,2\pi)} D_S(\boldsymbol{\rho}_{AB}) = \frac{2}{ab-c^2} - \frac{2}{ab}$$

证毕。

接下来，我们对对称压缩热态，讨论 $D_S$ 与纠缠度 $E$ 的关系。

由 Williamson 定理，对任意 $m$- 模态 $\boldsymbol{\rho}$，其相关矩阵为 $\boldsymbol{\Gamma}\in M_{2m}(\mathbb{R})$，存在辛矩阵 $\boldsymbol{S}\in S_P(2m,\mathbb{R})$，使得 $\boldsymbol{\Gamma}=\boldsymbol{S}(\oplus_{j=1}^{m}\upsilon_j\boldsymbol{I}_2)\boldsymbol{S}^{\mathrm{T}}$。其中 $\{\upsilon_j(j=1,2,\cdots,m)\}$ 称为相关矩阵 $\boldsymbol{\Gamma}$ 的辛特征值。我们知道，对两模高斯态 $\boldsymbol{\rho}_{AB}$，相关矩阵为 $\boldsymbol{\Gamma}_{\mathrm{sq}}$，由对数定义的纠缠度[44]为

$$E = \max\{0,-\ln(\widetilde{\upsilon}_-)\}$$

其中 $\tilde{\upsilon}_-$ 是 $\boldsymbol{\rho}_{AB}$ 的偏转置的相关矩阵最小辛特征值。用 $\boldsymbol{\rho}_{AB}$ 的辛特征值 $\upsilon_1$、$\upsilon_2$ 表示，特别地，当 $\upsilon_1 = \upsilon_2 = \upsilon$，有

$$E = \max\left\{0, -\frac{1}{2}\ln[(\cosh(4r) - \sqrt{\cosh(4r)^2 - 1})\upsilon^2]\right\}$$

通过定理 4.2，当 $\lambda = \pi$ 时，$D_S(\boldsymbol{\rho}_{AB})$ 值最大。此时

$$D_S(\boldsymbol{\rho}_{AB}) = \frac{2}{\upsilon^2} - \frac{2}{\upsilon^2[\cosh(2r)]^2}$$

我们考虑 $D_S(\boldsymbol{\rho}_{AB})$ 和纠缠度 $E$ 的关系。通过图 4.1，我们发现当 $\upsilon = 1$ 时，$E$ 越小，$D_S(\boldsymbol{\rho}_{AB})$ 越小。当纠缠度 $E$ 越大，对固定的纠缠度 $E$，当 $\upsilon$ 越小时，量子关联 $D_S(\boldsymbol{\rho}_{AB})$ 越大。

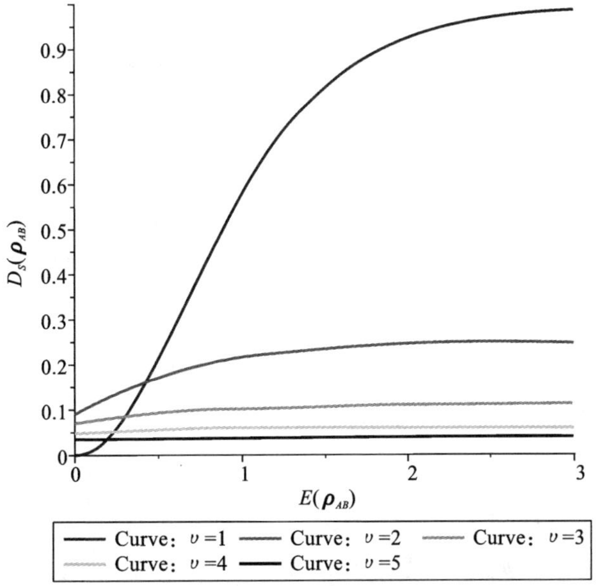


**图 4.1**

图中横坐标表示压缩热态 $\boldsymbol{\rho}_{AB}$ 的纠缠度 $E(\boldsymbol{\rho}_{AB})$，纵坐标是 $D_S(\boldsymbol{\rho}_{AB})$。其中辛特征值分别为 $\upsilon_1 = \upsilon_2 = \upsilon = 1,2,3,4,5$。

## 4.3 $D_S$ 在局部高斯信道下的演化

假设 $\Phi$ 是一个 $n$ 模高斯系统上的高斯信道，对任意 $n$ 模高斯态 $\boldsymbol{\rho}$，相关矩阵为 $\boldsymbol{\Gamma}$，位移为 $\boldsymbol{d}$，则 $\Phi(\boldsymbol{\rho})$ 具有相关矩阵 $\boldsymbol{X\Gamma X}^{\mathrm{T}}+\boldsymbol{Y}$ 和位移 $\boldsymbol{Xd}+\boldsymbol{m}$，其中 $\boldsymbol{X}$ 和 $\boldsymbol{Y}$ 是两个 $2n\times 2n$ 实矩阵，并且 $\boldsymbol{Y}$ 是半正定矩阵，$\det\boldsymbol{Y}\geqslant(1-\det\boldsymbol{X})^2$，$\boldsymbol{m}\in\mathbb{R}^{2n}$，所以 $\Phi$ 可以表示为 $\Phi(\boldsymbol{X},\boldsymbol{Y},\boldsymbol{m})$。

首先我们对单边信道，得到以下结果。

**命题 4.3** 假设 $\Phi(\boldsymbol{X},\boldsymbol{Y},\boldsymbol{m})$ 是 $H_B$ 系统上的任意高斯信道，则 $I\otimes\Phi$ 是复合系统 $H_A\otimes H_B$ 上的高斯信道。

**证明：**事实上，由 $H_B$ 系统上的高斯信道 $\Phi(\boldsymbol{X},\boldsymbol{Y},\boldsymbol{m})$ 可知，$\Phi$ 的对偶信道 $\Phi^*$ 使得 Weyl 算符 $V(\boldsymbol{\xi})=\exp(\mathrm{i}\boldsymbol{\xi}^{\mathrm{T}}\hat{R})$，$\boldsymbol{\xi}\in\mathbb{R}^{2n}$ 有如下改变：

$$V(\boldsymbol{\xi})\mapsto V(\boldsymbol{X}^{\mathrm{T}}\boldsymbol{\xi})\exp(-\frac{1}{4}\boldsymbol{\xi}^{\mathrm{T}}\boldsymbol{Y}\boldsymbol{\xi}+\mathrm{i}\boldsymbol{\xi}^{\mathrm{T}}\boldsymbol{m})$$

由 $\Phi$ 的完全正性，得出 $I\otimes\Phi$ 是完全正的。且 $\Phi(\boldsymbol{X},\boldsymbol{Y},\boldsymbol{m})$ 的完全正性可以表示为

$$\boldsymbol{Y}+\mathrm{i}\boldsymbol{J}_B-\mathrm{i}\boldsymbol{XJ}_B\boldsymbol{X}^{\mathrm{T}}\geqslant\boldsymbol{0}\tag{4.5}$$

假设 $\boldsymbol{\rho}_{AB}\in S(H_A\otimes H_B)$ 是 $(m+n)$-模高斯态，位移为零，相关矩阵为 $\boldsymbol{\Gamma}=\begin{pmatrix}\boldsymbol{A}&\boldsymbol{C}\\\boldsymbol{C}^{\mathrm{T}}&\boldsymbol{B}\end{pmatrix}$。

那么 $(I\otimes\Phi)(\boldsymbol{\rho}_{AB})$ 的特性函数为

$$\begin{aligned}&\mathrm{Tr}[(I\otimes\Phi)\boldsymbol{\rho}_{AB}D(\alpha,\beta)]\\=&\mathrm{Tr}[\boldsymbol{\rho}_{AB}(I\otimes\Phi^*)(D_A(\alpha)\otimes D_B(\beta))]\\=&\mathrm{Tr}[\boldsymbol{\rho}_{AB}D_A(\alpha)\otimes\Phi^*(D_B(\beta))]\\=&\mathrm{Tr}[\boldsymbol{\rho}_{AB}V_A(\boldsymbol{\xi}_\alpha)\otimes V_B(\boldsymbol{X}^{\mathrm{T}}\boldsymbol{\xi}_\beta)\exp\left(-\frac{1}{4}\boldsymbol{\xi}_\beta^{\mathrm{T}}\boldsymbol{Y}\boldsymbol{\xi}_\beta+\mathrm{i}\boldsymbol{\xi}_\beta^{\mathrm{T}}\boldsymbol{m}\right)\\=&\exp\left[-\frac{1}{4}(\boldsymbol{\xi}_\alpha,\boldsymbol{X}^{\mathrm{T}}\boldsymbol{\xi}_\beta)^{\mathrm{T}}\boldsymbol{\Gamma}(\boldsymbol{\xi}_\alpha,\boldsymbol{X}^{\mathrm{T}}\boldsymbol{\xi}_\beta)\right]\exp\left(-\frac{1}{4}\boldsymbol{\xi}_\beta^{\mathrm{T}}\boldsymbol{Y}\boldsymbol{\xi}_\beta+\mathrm{i}\boldsymbol{\xi}_\beta^{\mathrm{T}}\boldsymbol{m}\right)\end{aligned}$$

$$= \exp\left[-\frac{1}{4}(\boldsymbol{\xi}_\alpha^{\mathrm{T}},\boldsymbol{\xi}_\beta^{\mathrm{T}})\begin{pmatrix}\boldsymbol{A} & \boldsymbol{C}\boldsymbol{X}^{\mathrm{T}}\\ \boldsymbol{X}\boldsymbol{C}^{\mathrm{T}} & \boldsymbol{X}\boldsymbol{B}\boldsymbol{X}^{\mathrm{T}}+\boldsymbol{Y}\end{pmatrix}(\boldsymbol{\xi}_\alpha,\boldsymbol{\xi}_\beta)\right]\exp(\mathrm{i}\boldsymbol{\xi}_\beta^{\mathrm{T}}\boldsymbol{m})$$

从而 $(I\otimes\Phi)(\boldsymbol{\rho}_{AB})$ 的相关矩阵为

$$\boldsymbol{\Gamma}_\Phi=(I\oplus\boldsymbol{X})\boldsymbol{\Gamma}(I\oplus\boldsymbol{X}^{\mathrm{T}})+(\boldsymbol{0}\oplus\boldsymbol{Y})=\begin{pmatrix}\boldsymbol{A} & \boldsymbol{C}\boldsymbol{X}^{\mathrm{T}}\\ \boldsymbol{X}\boldsymbol{C}^{\mathrm{T}} & \boldsymbol{X}\boldsymbol{B}\boldsymbol{X}^{\mathrm{T}}+\boldsymbol{Y}\end{pmatrix}$$

接下来证明 $\boldsymbol{\Gamma}_\Phi+\mathrm{i}(\boldsymbol{J}_A\oplus\boldsymbol{J}_B)$ 的正定性。对任意向量 $(\boldsymbol{x},\boldsymbol{y})\in\mathbb{R}^{2(m+n)}$，由 $\boldsymbol{\Gamma}+\mathrm{i}(\boldsymbol{J}_A\oplus\boldsymbol{J}_B)$ 的正定性，有

$$\begin{aligned}&(\boldsymbol{x},\boldsymbol{y})^{\mathrm{T}}(\boldsymbol{\Gamma}+\mathrm{i}(\boldsymbol{J}_A\oplus\boldsymbol{J}_B))(\boldsymbol{x},\boldsymbol{y})\\ &=\boldsymbol{x}^{\mathrm{T}}(\boldsymbol{A}+\mathrm{i}\boldsymbol{J}_A)\boldsymbol{x}+\boldsymbol{y}^{\mathrm{T}}(\boldsymbol{B}+\mathrm{i}\boldsymbol{J}_B)\boldsymbol{y}+2\boldsymbol{y}^{\mathrm{T}}\boldsymbol{C}^{\mathrm{T}}\boldsymbol{x}\geqslant 0\end{aligned}\tag{4.6}$$

从而结合式(4.5)与式(4.6)，计算可得

$$\begin{aligned}&(\boldsymbol{x},\boldsymbol{y})^{\mathrm{T}}(\boldsymbol{\Gamma}_\Phi+\mathrm{i}(\boldsymbol{J}_A\oplus\boldsymbol{J}_B))(\boldsymbol{x},\boldsymbol{y})\\ &=\boldsymbol{x}^{\mathrm{T}}(\boldsymbol{A}+\mathrm{i}\boldsymbol{J}_A)\boldsymbol{x}+\boldsymbol{y}^{\mathrm{T}}(\boldsymbol{X}\boldsymbol{B}\boldsymbol{X}^{\mathrm{T}}+\boldsymbol{Y})\boldsymbol{y}+\mathrm{i}\boldsymbol{y}^{\mathrm{T}}\boldsymbol{J}_B\boldsymbol{y}+2(\boldsymbol{X}^{\mathrm{T}}\boldsymbol{y})^{\mathrm{T}}\boldsymbol{C}^{\mathrm{T}}\boldsymbol{x}\\ &=\boldsymbol{x}^{\mathrm{T}}(\boldsymbol{A}+\mathrm{i}\boldsymbol{J}_A)\boldsymbol{x}+2(\boldsymbol{X}^{\mathrm{T}}\boldsymbol{y})^{\mathrm{T}}\boldsymbol{C}^{\mathrm{T}}\boldsymbol{x}+(\boldsymbol{X}^{\mathrm{T}}\boldsymbol{y})^{\mathrm{T}}(\boldsymbol{B}+\mathrm{i}\boldsymbol{J}_B)(\boldsymbol{X}^{\mathrm{T}}\boldsymbol{y})+\\ &\quad\boldsymbol{y}^{\mathrm{T}}\boldsymbol{Y}\boldsymbol{y}+\mathrm{i}\boldsymbol{y}^{\mathrm{T}}\boldsymbol{J}_B\boldsymbol{y}-\mathrm{i}\boldsymbol{y}^{\mathrm{T}}\boldsymbol{X}\boldsymbol{J}_B\boldsymbol{X}^{\mathrm{T}}\boldsymbol{y}\\ &=[\boldsymbol{x}^{\mathrm{T}}(\boldsymbol{A}+\mathrm{i}\boldsymbol{J}_A)\boldsymbol{x}+2(\boldsymbol{X}^{\mathrm{T}}\boldsymbol{y})^{\mathrm{T}}\boldsymbol{C}^{\mathrm{T}}\boldsymbol{x}+(\boldsymbol{X}^{\mathrm{T}}\boldsymbol{y})^{\mathrm{T}}(\boldsymbol{B}+\mathrm{i}\boldsymbol{J}_B)(\boldsymbol{X}^{\mathrm{T}}\boldsymbol{y})]+\\ &\quad\boldsymbol{y}^{\mathrm{T}}(\boldsymbol{Y}+\mathrm{i}\boldsymbol{J}_B-\mathrm{i}\boldsymbol{X}\boldsymbol{J}_B\boldsymbol{X}^{\mathrm{T}})\boldsymbol{y}\\ &\geqslant 0\end{aligned}$$

所以 $I\otimes\Phi$ 把任意高斯态 $\boldsymbol{\rho}_{AB}$ 映射为高斯态 $(I\otimes\Phi)(\boldsymbol{\rho}_{AB})$，因此 $I\otimes\Phi$ 是一个高斯信道。

由命题 4.3 的证明可知，$(I\otimes\Phi)(\boldsymbol{\rho}_{AB})$ 的相关矩阵为

$$\boldsymbol{\Gamma}_\Phi=(I\oplus\boldsymbol{X})\boldsymbol{\Gamma}(I\oplus\boldsymbol{X}^{\mathrm{T}})+(\boldsymbol{0}\oplus\boldsymbol{Y})=\begin{pmatrix}\boldsymbol{A} & \boldsymbol{C}\boldsymbol{X}^{\mathrm{T}}\\ \boldsymbol{X}\boldsymbol{C}^{\mathrm{T}} & \boldsymbol{X}\boldsymbol{B}\boldsymbol{X}^{\mathrm{T}}+\boldsymbol{Y}\end{pmatrix}$$

由定理 4.1，我们得出

$$D_S(\boldsymbol{\rho}_{AB})=2\left[\frac{1}{\sqrt{\det\boldsymbol{\Gamma}}}-\sup_S\frac{1}{\sqrt{\det[(\boldsymbol{\Gamma}+\widetilde{\boldsymbol{\Gamma}})/2]}}\right]$$

并且

$$D_S((I\otimes\Phi)(\boldsymbol{\rho}_{AB}))=2\left[\frac{1}{\sqrt{\det\boldsymbol{\Gamma}_\Phi}}-\sup_S\frac{1}{\sqrt{\det[(\boldsymbol{\Gamma}_\Phi+\widetilde{\boldsymbol{\Gamma}}_\Phi)/2]}}\right]\tag{4.7}$$

其中，$\boldsymbol{S}\in S_P(2m,\mathbb{R})$，$\widetilde{\boldsymbol{\Gamma}}_\Phi=[\boldsymbol{S}(\bigoplus_{j=1}^m R(\lambda_j))\boldsymbol{S}^{-1}\oplus\boldsymbol{I}_B]\boldsymbol{\Gamma}_\Phi[\boldsymbol{S}(\bigoplus_{j=1}^n R(\lambda_j))\boldsymbol{S}^{-1}\oplus\boldsymbol{I}_B]$。

对任意一般的高斯态 $\boldsymbol{\rho}_{AB}$ 和任意高斯信道 $\Phi$，考虑 $\boldsymbol{\rho}_{AB}$ 在 $(I\otimes\Phi)$ 下的变化情况有很大的难度，计算 $D_S(\boldsymbol{\rho}_{AB})$ 和 $D_S((I\otimes\Phi)(\boldsymbol{\rho}_{AB}))$ 是有些困难的。所以，通过式(4.3)和式(4.7)，我们仍然先考虑两类重要而且特殊的高斯态——压缩热态和混合热态，以及特殊的几类信道。

**扩张信道**[11]：扩张信道中，在相位空间层面，对应的 $\boldsymbol{X}=\sqrt{\eta}\boldsymbol{I}_2$，$\boldsymbol{Y}=(\eta-1)\boldsymbol{I}_2$，$\eta\in(1,+\infty)$。假设 $\boldsymbol{\rho}_{AB}$ 是任意双模压缩热态和混合热态，由定理4.1和4.2，可以得到

$$D_S(\boldsymbol{\rho}_{AB})=\frac{2}{ab-c^2}-\frac{4}{2ab-c^2-c^2\cos\lambda}$$

与

$$\begin{aligned}&D_S((I\otimes\Phi)(\boldsymbol{\rho}_{AB}))\\=&\frac{2}{(ab-c^2)\eta+a\eta-a}-\frac{2}{\left(ab-\frac{1}{2}c^2\right)\eta-\frac{1}{2}c^2\eta\cos\lambda+a\eta-a}\end{aligned}$$

现在，对每个 $\lambda\in(0,2\pi)$，定义函数 $f(\eta)$ 为

$$\begin{aligned}f(\eta)&=D_S((I\otimes\Phi)(\boldsymbol{\rho}_{AB}))-D_S(\boldsymbol{\rho}_{AB})\\&=\frac{2}{(ab-c^2)\eta+a\eta-a}-\frac{2}{\left(ab-\frac{1}{2}c^2\right)\eta-\frac{1}{2}c^2\eta\cos\lambda+a\eta-a}\\&\quad-\frac{2}{ab-c^2}+\frac{4}{2ab-c^2-c^2\cos\lambda}\end{aligned}$$

其中，$\eta\in(1,+\infty)$，借助于求导数，即

$$f'(\eta)=$$

$$\frac{(\cos\lambda-1)\left\{-\frac{1}{2}\eta^2[(b+1)a-c^2]c^2\cos\lambda+[(b+1)a-c^2][(b+1)a-\frac{1}{2}c^2]\eta^2-a^2\right\}z^2}{\{[(b+1)a-c^2]\eta-a\}^2\left\{-\frac{1}{2}c^2\eta\cos\lambda+[(b+1)a-\frac{1}{2}c^2]\eta-a\right\}^2}$$

因为 $ab-c^2\geqslant 1$，容易验证 $f'(\eta)<0$ 对所有 $\eta\geqslant 1$ 成立，这意味着 $f(\eta)<f(1+0)=0$。

因此，$D_S((I\otimes\Phi)(\boldsymbol{\rho}_{AB}))<D_S(\boldsymbol{\rho}_{AB})$。详细说明见图 4.2。

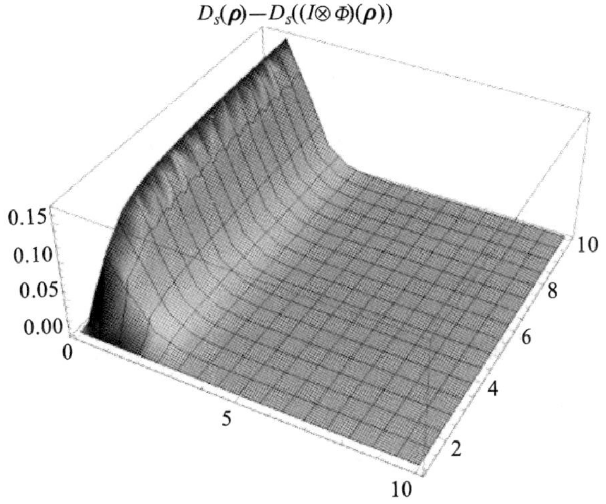


**图 4.2**

图 4.2 中，$\boldsymbol{\rho}$ 为双模压缩热态，$\Phi$ 是任何单模扩张信道，我们选择 $a=b=2^k, c=k, k\in(0,10)$ 和 $\lambda=\pi$。

特别地，当 $\lambda=\pi$ 时，$D_S(\boldsymbol{\rho}_{AB})$ 和 $D_S((I\otimes\Phi)(\boldsymbol{\rho}_{AB}))$ 值最大，即

$$\sup_\lambda D_S(\boldsymbol{\rho}_{AB})=\frac{2}{ab-c^2}-\frac{2}{ab},$$

$$\sup_\lambda D_S((I\otimes\Phi)(\boldsymbol{\rho}_{AB}))=\frac{2}{(ab-c^2)\eta+a\eta-a}-\frac{2}{ab\eta+a\eta-a}$$

**衰减信道：**衰减信道中，$\boldsymbol{X}=\sqrt{\eta}\boldsymbol{I}_2, \boldsymbol{Y}=(\eta-1)\boldsymbol{I}_2, \eta\in(0,1)$。对任意双模压缩热态和混合热态 $\boldsymbol{\rho}_{AB}$，由式(4.3)、式(4.5)和定理 4.2，我们得到

$$D_S(\boldsymbol{\rho}_{AB})=\frac{2}{ab-c^2}-\frac{4}{2ab-c^2-c^2\cos\lambda}$$

以及

$$D_S((I\otimes\Phi)(\boldsymbol{\rho}_{AB}))$$
$$=\frac{2}{(ab-c^2)\eta+a-a\eta}-\frac{2}{\left(ab-\frac{1}{2}c^2\right)\eta-\frac{1}{2}c^2\cos\lambda+a-a\eta}$$

进而，

$$\sup_{\lambda} D_S(\boldsymbol{\rho}_{AB}) = \frac{2}{ab - c^2} - \frac{2}{ab}$$

$$\sup_{\lambda} D_S((I \otimes \Phi)(\boldsymbol{\rho}_{AB})) = \frac{2}{(ab - c^2)\eta + a - a\eta} - \frac{2}{ab\eta + a - a\eta}$$

对于衰减信道，我们采用与扩张信道类似的方法发现，当 $ab - c^2 \leqslant a \leqslant ab - \frac{1}{2}c^2 - \frac{1}{2}c^2\cos\lambda$ 时，有 $D_S((I \otimes \Phi)(\boldsymbol{\rho}_{AB})) \leqslant D_S(\boldsymbol{\rho}_{AB})$ 成立。

**热噪声信道：**在热噪声信道中，信号高斯态与热平衡环境相互作用。该信道由分束器对高斯输入态和热环境进行耦合来建模。设 $\hat{\boldsymbol{a}}_j$ 和 $\hat{\boldsymbol{b}}_j$ 分别是信号态 $\boldsymbol{\rho}$ 的第 $j$ 模和起热库作用的热态 $\boldsymbol{\rho}_{\text{th}}$ 的湮没算子，分束器的作用可以通过变换 $\hat{\boldsymbol{a}}_j \mapsto \cos\theta_j \hat{\boldsymbol{a}}_j + \sin\theta_j \hat{\boldsymbol{b}}_j$ 和 $\hat{\boldsymbol{b}}_j \mapsto -\sin\theta_j \hat{\boldsymbol{a}}_j + \cos\theta_j \hat{\boldsymbol{b}}_j$ 来表示，所以热噪声信道 $\Phi^{\text{th}}$ 对应的 $\boldsymbol{X}$、$\boldsymbol{Y}$ 分别为 $\boldsymbol{X} = \bigoplus_{j=1}^{M} \sqrt{\eta_j}\boldsymbol{I}_2$ 和 $\boldsymbol{Y} = \bigoplus_{j=1}^{M} (2\langle n \rangle_j + 1)(1 - \eta_j)\boldsymbol{I}_2$，其中 $\eta_j = \cos\theta_j{}^2$ 是分束器的透射系数，$\langle n \rangle_j$ 是第 $j$ 模的平均光子数。现在我们假设 $\Phi^{\text{th}}$ 是单模高斯系统 $H_B$ 上的热噪声信道，则通过数值计算，我们得到

$$D_S((I \otimes \Phi^{\text{th}})(\boldsymbol{\rho}_{AB})) = \frac{2}{[(b - 2\langle n \rangle - 1)\eta + 2\langle n \rangle + 1]a - c^2\eta}$$

$$- \frac{2}{-(1/2)\cos\lambda c^2\eta + [(b - 2\langle n \rangle - 1)a - (1/2)c^2]\eta + a(2\langle n \rangle + 1)}$$

$$D_S(\boldsymbol{\rho}_{AB}) = \frac{2}{ab - c^2} - \frac{4}{2ab - c^2 - c^2\cos\lambda}$$

我们通过对 $D_S((I \otimes \Phi^{\text{th}})(\boldsymbol{\rho}_{AB}))$ 求偏导，得知当与 $B$ 系统发生作用的热态平均光子数 $\langle n \rangle$ 为零时，$D_S((I \otimes \Phi^{\text{th}})(\boldsymbol{\rho}_{AB}))$ 最大，此时信道也就退化成第二种衰减信道或者有损信道。当 $ab - c^2 \leqslant a \leqslant ab - \frac{1}{2}c^2 - \frac{1}{2}c^2\cos\lambda$ 时，$D_S((I \otimes \Phi^{\text{th}})(\boldsymbol{\rho}_{AB})) \leqslant D_S(\boldsymbol{\rho}_{AB})$ 对所有的平均光子数都成立。

由此可见，对于上述信道和高斯态，非经典关联 $D_S$ 是局域高斯操作下不增的。

## 4.4 基于保真度刻画的高斯鉴别强度 $D_S^F$

在 4.2 节,我们基于酉算子用 Hilbert-Schmidt 范数定义了一个量子关联 $D_S(\boldsymbol{\rho}_{AB})$。在本节中,我们将用保真度表示的一种度量来刻画这种酉算子诱导的量子关联。Nietsen 等[3]将保真度定义为

$$F(\boldsymbol{\rho},\boldsymbol{\sigma}) = \mathrm{Tr}(\boldsymbol{\rho}^{1/2}\boldsymbol{\sigma}\boldsymbol{\rho}^{1/2}) = \| \boldsymbol{\rho}^{1/2}\boldsymbol{\sigma}^{1/2} \|$$

其中 $\|\cdot\|_1$ 表示迹范数,即 $\|\boldsymbol{A}\|_1 = \mathrm{Tr}\,|\boldsymbol{A}| := \mathrm{Tr}\sqrt{\boldsymbol{A}^\dagger\boldsymbol{A}}$。保真度 $F(\boldsymbol{\rho},\boldsymbol{\sigma})$ 不是度量,但可以通过保真度定义度量 $D(\boldsymbol{\rho},\boldsymbol{\sigma})$。比如 Bures 角度 $A(\boldsymbol{\rho},\boldsymbol{\sigma}) = \arccos\sqrt{F(\boldsymbol{\rho},\boldsymbol{\sigma})}$, Bures 距离 $B(\boldsymbol{\rho},\boldsymbol{\sigma})^2 = 2-2\sqrt{F(\boldsymbol{\rho},\boldsymbol{\sigma})}$, sine 距离 $B(\boldsymbol{\rho},\boldsymbol{\sigma}) = \sqrt{1-F(\boldsymbol{\rho},\boldsymbol{\sigma})}$。

2008 年,王等[69]给出了另一种保真度形式:

$$\mathcal{F}(\boldsymbol{\rho},\boldsymbol{\sigma}) = \frac{[\mathrm{Tr}(\boldsymbol{\rho}\boldsymbol{\sigma})]^2}{\mathrm{Tr}(\boldsymbol{\rho}^2)\mathrm{Tr}(\boldsymbol{\sigma}^2)} \tag{4.8}$$

我们称之为 Yu-保真度,该保真度具有以下性质。

(1)有界性:$0 \leqslant \mathcal{F}(\boldsymbol{\rho},\boldsymbol{\sigma}) \leqslant 1$,且 $\mathcal{F}(\boldsymbol{\rho},\boldsymbol{\sigma}) = 1 \Leftrightarrow \boldsymbol{\rho} = \boldsymbol{\sigma}$。

(2)对称性:$\mathcal{F}(\boldsymbol{\rho},\boldsymbol{\sigma}) = \mathcal{F}(\boldsymbol{\sigma},\boldsymbol{\rho})$。

(3)酉不变性:$\mathcal{F}(\boldsymbol{\rho},\boldsymbol{\sigma}) = \mathcal{F}(\boldsymbol{U}\boldsymbol{\rho}\boldsymbol{U}^\dagger,\boldsymbol{U}\boldsymbol{\sigma}\boldsymbol{U}^\dagger)$ 对任意酉算子 $\boldsymbol{U} \in S(H)$ 成立。

(4)可乘性:$\mathcal{F}(\boldsymbol{\rho}_1 \otimes \boldsymbol{\rho}_2,\boldsymbol{\sigma}_1 \otimes \boldsymbol{\sigma}_2) = \mathcal{F}(\boldsymbol{\rho}_1,\boldsymbol{\sigma}_1)\cdot\mathcal{F}(\boldsymbol{\rho}_2,\boldsymbol{\sigma}_2)$。

Muthuganesan 等[70] 利用该保真度定义了距离 $D_F(\boldsymbol{\rho},\boldsymbol{\sigma}) = \sqrt{1-\mathcal{F}(\boldsymbol{\rho},\boldsymbol{\sigma})}$;刘等[71]引入了连续变量系统基于 Yu-保真度的保持约化态不变的酉算子诱导的高斯量子关联度量。Yu-保真度的计算难度远远低于 Uhlmann 保真度,因此有可能诱导出比较容易计算的高斯量子关联度。下面,我们基于这种 Yu-保真度表示的度量 $D_F(\boldsymbol{\rho},\boldsymbol{\sigma})$ 来定义局域酉算子诱导的高斯鉴别强度。

**定义 4.3** 对任意 $(m+n)$- 模高斯态 $\boldsymbol{\rho}_{AB}$，基于酉算子诱导的用保真度刻画的量子非经典性 $D_S^F(\boldsymbol{\rho}_{AB})$ 为

$$D_S^F(\boldsymbol{\rho}_{AB}) = \inf_{\boldsymbol{U}_A \in \mathcal{S}} D_F(\boldsymbol{\rho}_{AB}, (\boldsymbol{U}_A \otimes \boldsymbol{I}_B)\boldsymbol{\rho}_{AB}(\boldsymbol{U}_A^\dagger \otimes \boldsymbol{I}_B))^2$$

其中下确界取遍式(4.2) $\mathcal{S}$ 中的所有高斯酉算子 $U_A$。

容易验证上述定义的度量是满足 4.1 节中的三个条件：

(1) $D(\boldsymbol{\rho}_{AB}, \boldsymbol{U}_A) = 0$ 当且仅当 $\boldsymbol{\rho}_{AB} = (\boldsymbol{U}_A \otimes \boldsymbol{I})\boldsymbol{\rho}_{AB}(\boldsymbol{U}_A^\dagger \otimes \boldsymbol{I})$；

(2) $D((\boldsymbol{I}_A \otimes \boldsymbol{V}_B)\boldsymbol{\rho}_{AB}(\boldsymbol{I} \otimes \boldsymbol{V}_B^\dagger), \boldsymbol{U}_A) = D(\boldsymbol{\rho}_{AB}, \boldsymbol{U}_A)$ 成立，对所有 $B$ 系统的高斯酉算子 $\boldsymbol{V}_B \in \mathcal{G}_n$；

(3) $D((\boldsymbol{V}_A \otimes \boldsymbol{I}_B)\boldsymbol{\rho}_{AB}(\boldsymbol{V}_A^\dagger \otimes \boldsymbol{I}_B), \boldsymbol{U}_A) = D(\boldsymbol{\rho}_{AB}, \boldsymbol{V}_A^\dagger \boldsymbol{U}_A \boldsymbol{V}_A)$ 成立，对所有局部高斯酉算子 $\boldsymbol{V}_A \in \mathcal{G}_n$。

所以可以由命题 4.1 和 4.2，得出 $D_S(\boldsymbol{\rho}_{AB}) = 0$ 当且仅当 $\boldsymbol{\rho}_{AB}$ 是乘积态。接下来我们讨论这种度量刻画的量子关联。

首先，对 $(m+n)$- 模高斯态 $\boldsymbol{\rho}_{AB}$，我们给出 $D_S^F(\boldsymbol{\rho}_{AB})$ 的计算公式。

**定理 4.3** 对任意 $(m+n)$- 模高斯态 $\boldsymbol{\rho}_{AB}$，其相关矩阵为 $\boldsymbol{\Gamma}$，有

$$D_S^F(\boldsymbol{\rho}_{AB}) = 1 - \sup_{s} \frac{\det \boldsymbol{\Gamma}}{\det[(\boldsymbol{\Gamma} + \widetilde{\boldsymbol{\Gamma}})/2]}$$

其中上确界取遍所有辛矩阵 $\boldsymbol{S} \in S_P(2m, \mathbb{R})$，$\widetilde{\boldsymbol{\Gamma}}$ 具有形式

$$\widetilde{\boldsymbol{\Gamma}} = [\boldsymbol{S}(\oplus_{j=1}^m R(\lambda_j))\boldsymbol{S}^{-1} \oplus \boldsymbol{I}_B]\boldsymbol{\Gamma}[\boldsymbol{S}(\oplus_{j=1}^m R(\lambda_j))\boldsymbol{S}^{-1} \oplus \boldsymbol{I}_B]$$

并且 $R(\lambda_j) = \begin{pmatrix} \cos\lambda_j & \sin\lambda_j \\ -\sin\lambda_j & \cos\lambda_j \end{pmatrix}$，$\lambda_j \in (0, 2\pi)$。

**证明：**假设 $\boldsymbol{\rho}_{AB}$ 是任意 $(m+n)$- 模高斯态，相关矩阵为 $\boldsymbol{\Gamma}$。令 $\tilde{\boldsymbol{\rho}}_{AB} = (\boldsymbol{U}_A \otimes \boldsymbol{I}_B)\boldsymbol{\rho}_{AB}(\boldsymbol{U}_A^\dagger \otimes \boldsymbol{I}_B)$，其中 $\boldsymbol{U}_A \in \mathcal{S}$，$\mathcal{S}$ 是式(4.2)中的形式。与定理 4.1 证明类似，$\tilde{\boldsymbol{\rho}}_{AB}$ 的位移是 $\boldsymbol{m}_{U_A}$，相关矩阵 $\widetilde{\boldsymbol{\Gamma}}$ 为

$$\widetilde{\boldsymbol{\Gamma}} = [\boldsymbol{S}_{V_A}(\oplus_{j=1}^m R(\lambda_j))\boldsymbol{S}_{V_A}^{-1} \oplus \boldsymbol{I}_B]\boldsymbol{\Gamma}[\boldsymbol{S}_{V_A}(\oplus_{j=1}^m R(\lambda_j))\boldsymbol{S}_{V_A}^{-1} \oplus \boldsymbol{I}_B]$$

对任意两个高斯态 $\boldsymbol{\rho}_1$、$\boldsymbol{\rho}_2$，相关矩阵分别是 $\boldsymbol{\Gamma}_1$、$\boldsymbol{\Gamma}_2$，位移分别是 $\boldsymbol{\mu}_1$、$\boldsymbol{\mu}_2$，我们有

$$\mathrm{Tr}(\boldsymbol{\rho}_1\boldsymbol{\rho}_2) = \frac{1}{\sqrt{\det[\boldsymbol{\Gamma}_1 + \boldsymbol{\Gamma}_2]/2}} \exp[-\boldsymbol{\delta}_\mu^{\mathrm{T}} (\boldsymbol{\Gamma}_1 + \boldsymbol{\Gamma}_2)^{-1} \boldsymbol{\delta}_\mu]$$

其中，$\boldsymbol{\delta}_\mu = \boldsymbol{\mu}_2 - \boldsymbol{\mu}_1$，所以

$$
\begin{aligned}
&F(\boldsymbol{\rho}_{AB}, (\boldsymbol{U}_A \otimes \boldsymbol{I}_B)\boldsymbol{\rho}_{AB}(\boldsymbol{U}_A^\dagger \otimes \boldsymbol{I}_B)) \\
&= \frac{[\mathrm{Tr}(\boldsymbol{\rho}_{AB}\tilde{\boldsymbol{\rho}}_{AB})]^2}{\mathrm{Tr}(\boldsymbol{\rho}_{AB}^2)\mathrm{Tr}(\tilde{\boldsymbol{\rho}}_{AB}^2)} \\
&= \frac{\sqrt{\det\boldsymbol{\Gamma}}\sqrt{\det\tilde{\boldsymbol{\Gamma}}}}{\det[(\tilde{\boldsymbol{\Gamma}}+\boldsymbol{\Gamma})/2]}\exp[-2\boldsymbol{m}_{U_A}^{\mathrm{T}}(\boldsymbol{\Gamma}+\tilde{\boldsymbol{\Gamma}})^{-1}\boldsymbol{m}_{U_A}]
\end{aligned}
$$

其中，$\boldsymbol{m}_{U_A} = (I - S_U)\boldsymbol{m}_{V_A}$。而且辛矩阵的特征值为 1，所以 $\det\boldsymbol{\Gamma} = \det\tilde{\boldsymbol{\Gamma}}$。这意味着

$$
\begin{aligned}
D_S^F(\boldsymbol{\rho}_{AB}) &= 1 - \sup_{V_A \in \mathcal{G}_n} \frac{[\mathrm{Tr}(\boldsymbol{\rho}_{AB}\tilde{\boldsymbol{\rho}}_{AB})]^2}{\mathrm{Tr}(\boldsymbol{\rho}_{AB}^2)\mathrm{Tr}(\tilde{\boldsymbol{\rho}}_{AB}^2)} \\
&= 1 - \sup_{V_A \in \mathcal{G}_n} \frac{\det\boldsymbol{\Gamma}}{\det[(\tilde{\boldsymbol{\Gamma}}+\boldsymbol{\Gamma})/2]}\exp[-2\boldsymbol{m}_U^{\mathrm{T}}(\tilde{\boldsymbol{\Gamma}}+\boldsymbol{\Gamma})^{-1}\boldsymbol{m}_U]
\end{aligned}
$$

因为 $\boldsymbol{\Gamma}$、$\tilde{\boldsymbol{\Gamma}} \geqslant 0$，与定理 4.1 的分析类似，我们得到

$$
D_S^F(\boldsymbol{\rho}_{AB}) = 1 - \sup_{S_{V_A}} \frac{\det\boldsymbol{\Gamma}}{\det[(\boldsymbol{\Gamma}+\tilde{\boldsymbol{\Gamma}})/2]}
$$

对一般的高斯态，$D_S^F(\boldsymbol{\rho}_{AB})$ 的计算也是比较困难的。接下来针对双模压缩热态和混合热态，由定理 4.3，给出了 $D_S^F(\boldsymbol{\rho}_{AB})$ 的精确表达式。

**定理 4.4** 对任意(1+1)-模高斯态 $\boldsymbol{\rho}_{AB}$，相关矩阵的标准形式为 $\boldsymbol{\Gamma} = \begin{pmatrix} a & 0 & c & 0 \\ 0 & a & 0 & d \\ c & 0 & b & 0 \\ 0 & d & 0 & b \end{pmatrix}$，其中 $a, b \geqslant 1$，$c \geqslant 0$，$d = \pm c$ 和 $ab - 1 \geqslant c^2$，我们有

$$
D_S^F(\boldsymbol{\rho}_{AB}) = 1 - \frac{4(ab-c^2)^2}{(2ab - c^2 - c^2\cos\lambda)^2}
$$

其中，$\lambda \in (0, 2\pi)$。

**证明：**由参考文献[65]可知，任何 2 阶辛矩阵 $\boldsymbol{S} \in S_P(2m, \mathbb{R})$ 具有形式 $\boldsymbol{S} = R(\theta)S(x)$，其中 $R(\theta) = \begin{pmatrix} \cos\theta & \sin\theta \\ -\sin\theta & \cos\theta \end{pmatrix}$，$S(x) = \begin{pmatrix} \mathrm{e}^x & 0 \\ 0 & \mathrm{e}^{-x} \end{pmatrix}$，$\theta \in [0, 2\pi)$，$x \in (-\infty, +\infty)$。

所以 $\widetilde{\boldsymbol{\Gamma}}$ 具有形如式(4.4)的式子。由定理 4.3 ,得出

$$D_S^F(\boldsymbol{\rho}_{AB}) = 1 - \sup_s \frac{\det\boldsymbol{\Gamma}}{\det[(\boldsymbol{\Gamma}+\widetilde{\boldsymbol{\Gamma}})/2]}$$

$$= 1 - \frac{16\det\boldsymbol{\Gamma}}{\inf_{\{\theta,x\}}\det(\boldsymbol{\Gamma}+\widetilde{\boldsymbol{\Gamma}})}$$

计算得到

$$\det(\boldsymbol{\Gamma}+\widetilde{\boldsymbol{\Gamma}}) = (-4a^2b^2\cos^2\lambda + 4a^2b^2 - 4abc^2\cos^2\lambda - 4abc^2) \cdot (e^{4x}+e^{-4x}) - 8abc^2\cos^2\lambda - 16abc^2\cos^2\lambda + 4c^4 + 4c^4\cos^2\lambda + 8c^4\cos^2\lambda + 8a^2b^2 + 8a^2b^2\cos^2\lambda - 8abc^2$$

容易计算出 $\inf_{\{\theta,x\}}\det(\boldsymbol{\Gamma}+\widetilde{\boldsymbol{\Gamma}}) = 4\,(2ab - c^2 - c^2\cos\lambda)^2$，所以

$$D_S^F(\boldsymbol{\rho}_{AB}) = 1 - \frac{4\,(ab-c^2)^2}{(2ab-c^2-c^2\cos\lambda)^2}$$

特别地，当 $\lambda = \pi$ 时，对应的 $D_{S_\lambda}^F(\boldsymbol{\rho}_{AB})$ 达到最大。此时

$$D_S^F(\boldsymbol{\rho}_{AB}) = 1 - \frac{(ab-c^2)^2}{(ab)^2}$$

证毕。

接下来，我们针对双模压缩热态，将基于这种保真度定义的 $D_S^F(\boldsymbol{\rho}_{AB})$ 和高斯几何失协作比较。在 2.4 节，我们知道双模对称压缩热态 $\boldsymbol{\rho}_{AB}$，它的高斯几何失协为

$$D_G(\boldsymbol{\rho}_{AB}) = \frac{1}{(1+2\bar{n})^2 - 4\mu^2\bar{n}(1+\bar{n})} - \frac{9}{[\sqrt{4\,(1+2\bar{n})^2 - 12\mu^2\bar{n}(1+\bar{n})} + (1+2\bar{n})]^2}$$

而基于保真度刻画的酉算子诱导的量子关联为

$$D_S^F(\boldsymbol{\rho}_{AB}) = 1 - \frac{(ab-c^2)}{(ab)^2} = 1 - \frac{[(1+2\bar{n})^2 - 4\mu^2\bar{n}(\bar{n}+1)]^2}{(1+2\bar{n})^4}$$

通过图 4.3，可以看出 $D_S^F(\boldsymbol{\rho}_{AB}) \geqslant D_G(\boldsymbol{\rho}_{AB})$。这说明基于保真度定义的酉算子诱导的量子关联比高斯几何失协包含更多的量子关联。

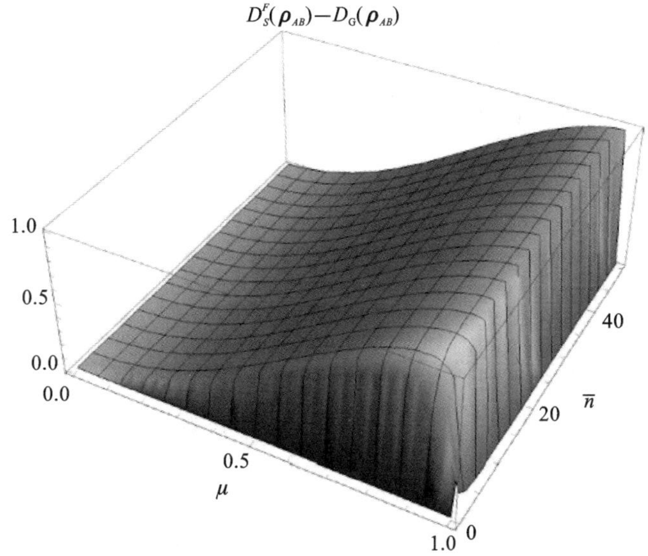


**图 4.3**

注：图中阴影部分代表双模压缩热态的两种关联之差 $D_S^F(\boldsymbol{\rho}_{AB})-D_G(\boldsymbol{\rho}_{AB})$。

# 4.5 注　　记

4.2 节、4.3 节取自参考文献[72]，4.4 节取自参考文献[73]。随着量子信息技术的发展，量子关联扮演着越来越重要的角色，人们从不同的角度定义了不同的量子关联。其中一种方法就是用酉算子作用取代冯·诺依曼测量而诱导一些新的量子关联。利用高斯酉算子代替高斯正算子值测量来导出量子关联度量一定程度上节省了物理资源，因此是一种有效的举措。

# 第 5 章　$k$ 体高斯乘积态的关联度量

众所周知,现在流行的量子网络问题,涉及到多方通信。而由于多体量子系统结构和性质更为复杂,量化多体纠缠和其他量子关联的工作进展缓慢。因此,为了探究更为神秘复杂的量子关联、解决量子网络中的现实问题,对于多体连续变量系统来说,探寻新的量子关联、建构某种量子关联更实用的检测判据以及构造更好的关联度量就显得尤为重要。

本章给出了一种易于计算的 $k$ 体高斯乘积态的关联度量及相关性质。在 5.1 节,我们将第 2 章基于局域高斯正算子值测量由约化态之间的平均距离诱导的两体量子关联 $Q$ 进行改良,引入新的度量 $Q_r$,证明该量子关联是用来刻画两体高斯乘积态的,并讨论了一系列性质。在 5.2 节,我们将关联度量 $Q_r$ 从两体推广到多体,引入 $k$ 体高斯关联度量 $Q_r^{(k)}$,证明该度量是刻画 $k$ 体多模高斯非乘积态的,该度量与测量无关,从而在一定程度上节省物理资源;并且满足非负性、与子系统顺序无关、局域高斯酉不变性以及在多体局域高斯信道作用下不增等性质;进而得出该度量是与多体量子互信息、多体高斯量子失协等价的量子关联度量。

## 5.1　两体高斯量子关联 $Q_r$

在第 2 章中,我们引入了量子关联度量 $Q(\boldsymbol{\rho}_{AB})$[51]。

假设 $\boldsymbol{\rho}_{AB}$ 是 $(m+n)$- 模连续变量系统 $S(H_A \otimes H_B)$ 的任意态,定义 $Q(\boldsymbol{\rho}_{AB})$ 为

$$Q(\boldsymbol{\rho}_{AB}):=\sup_{\Pi^A}\int p(\alpha)\|\boldsymbol{\rho}_B-\boldsymbol{\rho}_B^{(\alpha)}\|_2^2\mathrm{d}^{2m}\alpha$$

其中,上确界取自子系统 $A$ 上的所有 GPOVMs,并且

$$\Pi^A=\{\Pi^A(\alpha)\},\boldsymbol{\rho}_B=\mathrm{Tr}_A(\boldsymbol{\rho}_{AB}),p(\alpha)=\mathrm{Tr}[(\Pi^A(\alpha)\otimes\boldsymbol{I}_B)\boldsymbol{\rho}_{AB}]$$

$$\boldsymbol{\rho}_B^{(\alpha)}=\frac{1}{p(\alpha)}\mathrm{Tr}_A[(\Pi^A(\alpha)\otimes\boldsymbol{I}_B)^{\frac{1}{2}}\boldsymbol{\rho}_{AB}(\Pi^A(\alpha)\otimes\boldsymbol{I}_B)^{\frac{1}{2}}]$$

我们发现,尽管量子关联度量 $Q$ 描述的是与高斯量子失协、高斯几何失协等价的量子关联,并且在检测量子关联时具有一定的优势,但将其推广到多体系统时,随着模数的增加,高斯 POVM 中的测量生成种子就变得复杂,对于度量的计算难度就会增加。因此我们在第 2 章基础上进行适当的改良,引入一种更容易计算的度量。

由定理 2.5,假设 $\boldsymbol{\rho}_{AB}$ 是两体 $(m+n)$- 模高斯态,其相关矩阵为 $\boldsymbol{\Gamma}=\begin{pmatrix}\boldsymbol{A}&\boldsymbol{C}\\\boldsymbol{C}^{\mathrm{T}}&\boldsymbol{B}\end{pmatrix}$, $\boldsymbol{A}\in M_{2m}(\mathbb{R}),\boldsymbol{B}\in M_{2n}(\mathbb{R}),\boldsymbol{C}\in M_{2m\times 2n}(\mathbb{R})$, 则基于高斯正算子值测量平均距离诱导的量子关联度量为

$$Q(\boldsymbol{\rho}_{AB})=\frac{1}{\sqrt{\det\boldsymbol{B}}}+\sup_{\boldsymbol{\Sigma}_A}\left[\frac{1}{\sqrt{\det\boldsymbol{\Lambda}}}-\frac{2N}{\sqrt{\det[(\boldsymbol{B}+\boldsymbol{\Lambda})/2]}}\right]\tag{5.1}$$

其中

$$\boldsymbol{\Lambda}=\boldsymbol{B}-\boldsymbol{C}^{\mathrm{T}}(\boldsymbol{A}+\boldsymbol{\Sigma}_A)^{-1}\boldsymbol{C},$$

$$N=\frac{1}{\pi^m\sqrt{\det[(\boldsymbol{\Sigma}_A+\boldsymbol{A})/2]}}\int\exp[-\boldsymbol{\xi}_\alpha^{\mathrm{T}}Y_A\boldsymbol{\xi}_\alpha]\mathrm{d}^{2m}\alpha,$$

$$\boldsymbol{Y}_A=(\boldsymbol{\Sigma}_A+\boldsymbol{A})^{-1}+(\boldsymbol{\Sigma}_A+\boldsymbol{A})^{-1}\boldsymbol{C}(\boldsymbol{B}+\boldsymbol{\Lambda})^{-1}\boldsymbol{C}^{\mathrm{T}}(\boldsymbol{\Sigma}_A+\boldsymbol{A})^{-1}$$

又因为 $N\leqslant 1$, 所以 $Q$ 存在一个下界 $Q_l$

$$Q_l(\boldsymbol{\rho}_{AB})=\frac{1}{\sqrt{\det\boldsymbol{B}}}+\sup_{\boldsymbol{\Sigma}_A}\left[\frac{1}{\sqrt{\det\boldsymbol{\Lambda}}}-\frac{2}{\sqrt{\det[(\boldsymbol{B}+\boldsymbol{\Lambda})/2]}}\right]$$

注意到,在两体高斯系统中, $\boldsymbol{\Lambda}=\boldsymbol{B}-\boldsymbol{C}^{\mathrm{T}}(\boldsymbol{A}+\boldsymbol{\Sigma}_A)^{-1}\boldsymbol{C}\geqslant\boldsymbol{B}-\boldsymbol{C}^{\mathrm{T}}\boldsymbol{A}^{-1}\boldsymbol{C}$。若 $\boldsymbol{A}$ 是非奇异的,我们记 $\boldsymbol{V}_A=\boldsymbol{B}-\boldsymbol{C}^{\mathrm{T}}\boldsymbol{A}^{-1}\boldsymbol{C}$, 则 $\boldsymbol{V}_A=\boldsymbol{B}-\boldsymbol{C}^{\mathrm{T}}\boldsymbol{A}^{-1}\boldsymbol{C}$ 称为 $\boldsymbol{A}$ 在 $\boldsymbol{\Gamma}$ 中的 Schur 补。因此

$$Q_l(\boldsymbol{\rho}_{AB})\leqslant\frac{1}{\sqrt{\det\boldsymbol{B}}}+\frac{1}{\sqrt{\det\boldsymbol{V}_A}}-\frac{2}{\sqrt{\det\boldsymbol{B}}}=\frac{1}{\sqrt{\det\boldsymbol{V}_A}}-\frac{1}{\sqrt{\det\boldsymbol{B}}}$$

众所周知，如果 $A$ 是可逆的，则行列式 $\det\begin{pmatrix}\boldsymbol{A} & \boldsymbol{C}\\ \boldsymbol{D} & \boldsymbol{B}\end{pmatrix} = \det\boldsymbol{A}[\det(\boldsymbol{B}-\boldsymbol{D}\boldsymbol{A}^{-1}\boldsymbol{C})]$。因为参考文献[51]中的 $Q(\boldsymbol{\rho}_{AB})$ 与子系统测量有关，且是不对称的，因此，我们在此基础上构造出一个对称的量子关联度量，定义如下。

**定义 5.1** 假设 $\boldsymbol{\rho}_{AB}$ 是 $(m+n)$- 模连续变量系统 $S(H_A \otimes H_B)$ 的任意高斯态，相关矩阵为 $\boldsymbol{\Gamma}_{AB} = \begin{pmatrix}\boldsymbol{A} & \boldsymbol{C}\\ \boldsymbol{C}^{\mathrm{T}} & \boldsymbol{B}\end{pmatrix}$，定义 $Q_r(\boldsymbol{\rho}_{AB})$ 为

$$Q_r(\boldsymbol{\rho}_{AB}) = \frac{1}{\sqrt{\det\boldsymbol{\Gamma}_{AB}}} - \frac{1}{\sqrt{\det\boldsymbol{A}\det\boldsymbol{B}}} \tag{5.2}$$

容易验证该定义是合理的。下面我们讨论 $Q_r(\boldsymbol{\rho}_{AB})$ 的性质。事实证明，$Q_r(\boldsymbol{\rho}_{AB})$ 也是刻画两体高斯乘积态的度量，并且满足非负性、与子系统顺序无关、局域高斯酉不变性以及在多体局域高斯信道作用下不增等性质。

**定理 5.1** 假设 $\boldsymbol{\rho}_{AB}$ 是 $(m+n)$- 模连续变量系统 $S(H_A \otimes H_B)$ 的高斯态，则 $Q_r(\boldsymbol{\rho}_{AB})$ 关于子系统是对称的，即 $Q_r(F(\boldsymbol{\rho}_{AB})) = Q_r(\boldsymbol{\rho}_{AB})$，其中 $F$：$S(H_A \otimes H_B) \rightarrow S(H_B \otimes H_A)$ 是由 $F(\boldsymbol{\rho}_A \otimes \boldsymbol{\rho}_B) = \boldsymbol{\rho}_B \otimes \boldsymbol{\rho}_A$ 定义的交换算子。

**证明：**从定义 5.1 中可以看出，$Q_r(\boldsymbol{\rho}_{AB})$ 与 $\boldsymbol{\rho}_{AB}$ 的均值无关。假设 $\boldsymbol{\rho}_{AB} \in S(H_A \otimes H_B)$ 是任意的 $(m+n)$- 模高斯态，相关矩阵为 $\boldsymbol{\Gamma} = \begin{pmatrix}\boldsymbol{A} & \boldsymbol{C}\\ \boldsymbol{C}^{\mathrm{T}} & \boldsymbol{B}\end{pmatrix}$，则相应的态 $F(\boldsymbol{\rho}_{AB}) \in S(H_B \otimes H_A)$ 的相关矩阵为 $\widetilde{\boldsymbol{\Gamma}} = \begin{pmatrix}\boldsymbol{B} & \boldsymbol{C}^{\mathrm{T}}\\ \boldsymbol{C} & \boldsymbol{A}\end{pmatrix}$，由定义5.1，我们可知 $Q_r[F(\boldsymbol{\rho}_{AB})] = Q_r(\boldsymbol{\rho}_{AB})$。

**定理 5.2（非负性）** 假设 $\boldsymbol{\rho}_{AB}$ 是 $(m+n)$- 模连续变量系统 $S(H_A \otimes H_B)$ 的高斯态，相关矩阵为 $\boldsymbol{\Gamma} = \begin{pmatrix}\boldsymbol{A} & \boldsymbol{C}\\ \boldsymbol{C}^{\mathrm{T}} & \boldsymbol{B}\end{pmatrix}$，则 $Q_r(\boldsymbol{\rho}_{AB}) \geqslant 0$，特别地，当 $Q_r(\boldsymbol{\rho}_{AB}) = 0$ 时，当且仅当 $\boldsymbol{\rho}_{AB}$ 为乘积态，即 $\boldsymbol{\rho}_{AB} = \boldsymbol{\rho}_A \otimes \boldsymbol{\rho}_B$。

**证明：**因为 $\boldsymbol{\rho}_{AB} \in S(H_A \otimes H_B)$ 是任意 $(m+n)$- 模高斯态，相关矩阵为

$\boldsymbol{\Gamma}=\begin{pmatrix}\boldsymbol{A} & \boldsymbol{C}\\ \boldsymbol{C}^{\mathrm{T}} & \boldsymbol{B}\end{pmatrix}$，$Q_r(\boldsymbol{\rho}_{AB})$ 的非负性显然成立。若 $\boldsymbol{\rho}_{AB}$ 为乘积态，则 $\boldsymbol{C}=\boldsymbol{0}$，所以

$$Q_r(\boldsymbol{\rho}_{AB})=\frac{1}{\sqrt{\det\boldsymbol{A}\det(\boldsymbol{B}-\boldsymbol{C}^{\mathrm{T}}\boldsymbol{A}^{-1}\boldsymbol{C})}}-\frac{1}{\sqrt{\det\boldsymbol{A}\det\boldsymbol{B}}}$$

$$=\frac{1}{\sqrt{\det\boldsymbol{A}\det\boldsymbol{B}}}-\frac{1}{\sqrt{\det\boldsymbol{A}\det\boldsymbol{B}}}=0$$

反之，若 $Q_r(\boldsymbol{\rho}_{AB})=0$，则 $\sqrt{\det\boldsymbol{\Gamma}}=\sqrt{\det\boldsymbol{A}\det\boldsymbol{B}}$，即 $\sqrt{\det(\boldsymbol{B}-\boldsymbol{C}^{\mathrm{T}}\boldsymbol{A}^{-1}\boldsymbol{C})}=\sqrt{\det\boldsymbol{B}}$，由参考文献[77]可知 $\boldsymbol{B}-\boldsymbol{C}^{\mathrm{T}}\boldsymbol{A}^{-1}\boldsymbol{C}=\boldsymbol{B}$，从而 $\boldsymbol{C}^{\mathrm{T}}\boldsymbol{A}^{-1}\boldsymbol{C}=\boldsymbol{0}$，因为 $\boldsymbol{A}$ 可逆，所以 $\boldsymbol{C}=\boldsymbol{0}$。因此 $\boldsymbol{\rho}_{AB}=\boldsymbol{\rho}_A\otimes\boldsymbol{\rho}_B$，$\boldsymbol{\rho}_{AB}$ 为乘积态。

**定理 5.3（局域高斯酉不变性）** $Q_r(\boldsymbol{\rho}_{AB})$ 是局域高斯酉不变的，即对 $(m+n)$-模的任意高斯态 $\boldsymbol{\rho}_{AB}\in S(H_A\otimes H_B)$ 和任意高斯酉算子 $\boldsymbol{U}_A\in B(H_A)$、$\boldsymbol{U}_B\in B(H_B)$，有

$$Q_r((\boldsymbol{U}_A\otimes\boldsymbol{U}_B)\boldsymbol{\rho}_{AB}(\boldsymbol{U}_A^{\dagger}\otimes\boldsymbol{U}_B^{\dagger}))=Q_r(\boldsymbol{\rho}_{AB})$$

**证明：**令 $\boldsymbol{\sigma}_{AB}=(\boldsymbol{U}_A\otimes\boldsymbol{U}_B)\boldsymbol{\rho}_{AB}(\boldsymbol{U}_A^{\dagger}\otimes\boldsymbol{U}_B^{\dagger})$。对于 $\boldsymbol{U}_A\in B(H_A)$，$\boldsymbol{U}_B\in B(H_B)$，存在辛矩阵 $\boldsymbol{S}_A\in S_P(2m,\mathbb{R})$，$\boldsymbol{S}_B\in S_P(2n,\mathbb{R})$ 与之对应，使得 $\boldsymbol{\sigma}_{AB}$ 的相关矩阵 $\boldsymbol{\Gamma}'$ 为

$$\boldsymbol{\Gamma}'=\begin{pmatrix}\boldsymbol{A}' & \boldsymbol{C}'\\ \boldsymbol{C}'^{\mathrm{T}} & \boldsymbol{B}'\end{pmatrix}=\begin{pmatrix}\boldsymbol{S}_A & \boldsymbol{0}\\ \boldsymbol{0} & \boldsymbol{S}_B\end{pmatrix}\begin{pmatrix}\boldsymbol{A} & \boldsymbol{C}\\ \boldsymbol{C}^{\mathrm{T}} & \boldsymbol{B}\end{pmatrix}\begin{pmatrix}\boldsymbol{S}_A^{\mathrm{T}} & \boldsymbol{0}\\ \boldsymbol{0} & \boldsymbol{S}_B^{\mathrm{T}}\end{pmatrix}=\begin{pmatrix}\boldsymbol{S}_A\boldsymbol{A}\boldsymbol{S}_A^{\mathrm{T}} & \boldsymbol{S}_A\boldsymbol{C}\boldsymbol{S}_B^{\mathrm{T}}\\ \boldsymbol{S}_B\boldsymbol{C}^{\mathrm{T}}\boldsymbol{S}_A^{\mathrm{T}} & \boldsymbol{S}_B\boldsymbol{B}\boldsymbol{S}_B^{\mathrm{T}}\end{pmatrix}$$

所以

$$Q_r(\boldsymbol{\sigma}_{AB})=\frac{1}{\sqrt{\det(\boldsymbol{S}_A\boldsymbol{A}\boldsymbol{S}_A^{\mathrm{T}})\det[\boldsymbol{S}_B(\boldsymbol{B}-\boldsymbol{C}^{\mathrm{T}}\boldsymbol{A}^{-1}\boldsymbol{C})\boldsymbol{S}_B^{\mathrm{T}}]}}-\frac{1}{\sqrt{\det(\boldsymbol{S}_A\boldsymbol{A}\boldsymbol{S}_A^{\mathrm{T}})\det(\boldsymbol{S}_B\boldsymbol{B}\boldsymbol{S}_B^{\mathrm{T}})}}$$

$$=\frac{1}{\sqrt{\det\boldsymbol{S}_A\det\boldsymbol{A}\det\boldsymbol{S}_A^{\mathrm{T}}}}\left(\frac{1}{\sqrt{\det\boldsymbol{S}_B\det(\boldsymbol{B}-\boldsymbol{C}^{\mathrm{T}}\boldsymbol{A}^{-1}\boldsymbol{C})\det\boldsymbol{S}_B^{\mathrm{T}}}}-\frac{1}{\sqrt{\det\boldsymbol{S}_B\det\boldsymbol{B}\det\boldsymbol{S}_B^{\mathrm{T}}}}\right)$$

又因为辛矩阵的行列式绝对值为 1，所以

$$Q_r(\boldsymbol{\sigma}_{AB})=\frac{1}{\sqrt{\det\boldsymbol{A}}\sqrt{\det(\boldsymbol{B}-\boldsymbol{C}^{\mathrm{T}}\boldsymbol{A}^{-1}\boldsymbol{C})}}-\frac{1}{\sqrt{\det\boldsymbol{A}}\sqrt{\det\boldsymbol{B}}}=Q_r(\boldsymbol{\rho}_{AB})$$

**定理 5.4** 假设 $\boldsymbol{\rho}_{AB}$ 是 $(m+n)$-模连续变量系统 $S(H_A\otimes H_B)$ 的高斯

态，作用于子系统 $A/B$ 上的高斯信道为 $\Phi_{A/B}(\boldsymbol{K}_{A/B},\boldsymbol{M}_{A/B},\bar{\boldsymbol{d}}_{A/B})$，则当 $|\det\boldsymbol{K}_{A/B}|\geqslant 1$ 或 $\boldsymbol{K}_{A/B}=\boldsymbol{0}$ 时，有 $Q_r[(\Phi_A\otimes\Phi_B)\boldsymbol{\rho}_{AB}]\leqslant Q_r(\boldsymbol{\rho}_{AB})$。

**证明：**由定理 5.1 可知，$Q_r(\boldsymbol{\rho}_{AB})$ 关于子系统是对称的。我们只需要证明对于任意高斯态 $\boldsymbol{\rho}_{AB}\in S(H_A\otimes H_B)$，作用于子系统 $B$ 上的高斯信道 $\Phi_B=\Phi_B(\boldsymbol{K}_B,\boldsymbol{M}_B,\bar{\boldsymbol{d}}_B)$，当 $|\det\boldsymbol{K}_B|\geqslant 1$ 或 $\boldsymbol{K}_B=\boldsymbol{0}$ 时，有 $Q_r[(I\otimes\Phi_B)\boldsymbol{\rho}_{AB}]\leqslant Q_r(\boldsymbol{\rho}_{AB})$。

假设 $\boldsymbol{\rho}_{AB}$ 的相关矩阵为 $\boldsymbol{\Gamma}=\begin{pmatrix}\boldsymbol{A} & \boldsymbol{C}\\ \boldsymbol{C}^{\mathrm{T}} & \boldsymbol{B}\end{pmatrix}$，为了方便，下面我们将作用于子系统 $B$ 上的高斯信道记为 $\Phi_B=\Phi_B(\boldsymbol{K},\boldsymbol{M},\bar{\boldsymbol{d}})$，则由式(1.10)可知，$(I\otimes\Phi_B)\boldsymbol{\rho}_{AB}$ 的相关矩阵为

$$\boldsymbol{\Gamma}'=\begin{pmatrix}\boldsymbol{I} & \boldsymbol{0}\\ \boldsymbol{0} & \boldsymbol{K}\end{pmatrix}\begin{pmatrix}\boldsymbol{A} & \boldsymbol{C}\\ \boldsymbol{C}^{\mathrm{T}} & \boldsymbol{B}\end{pmatrix}\begin{pmatrix}\boldsymbol{I} & \boldsymbol{0}\\ \boldsymbol{0} & \boldsymbol{K}^{\mathrm{T}}\end{pmatrix}+\begin{pmatrix}\boldsymbol{0} & \boldsymbol{0}\\ \boldsymbol{0} & \boldsymbol{M}\end{pmatrix}=\begin{pmatrix}\boldsymbol{A} & \boldsymbol{C}\boldsymbol{K}^{\mathrm{T}}\\ \boldsymbol{K}\boldsymbol{C}^{\mathrm{T}} & \boldsymbol{K}\boldsymbol{B}\boldsymbol{K}^{\mathrm{T}}+\boldsymbol{M}\end{pmatrix}$$

则

$$\begin{aligned}Q_r[(I\otimes\Phi_B)\boldsymbol{\rho}_{AB}]&=\frac{1}{\sqrt{\det\boldsymbol{\Gamma}'}}-\frac{1}{\sqrt{\det(\boldsymbol{KBK}^{\mathrm{T}}+\boldsymbol{M})\det\boldsymbol{A}}}\\&=\frac{1}{\sqrt{\det(\boldsymbol{KBK}^{\mathrm{T}}+\boldsymbol{M})}}\left(\frac{1}{\sqrt{\det[\boldsymbol{A}-\boldsymbol{CK}^{\mathrm{T}}(\boldsymbol{KBK}^{\mathrm{T}}+\boldsymbol{M})^{-1}\boldsymbol{KC}^{\mathrm{T}}]}}-\frac{1}{\sqrt{\det\boldsymbol{A}}}\right)\end{aligned}\tag{5.3}$$

又因为由参考文献[77]可知，当 $\boldsymbol{B}$ 和 $\boldsymbol{KBK}^{\mathrm{T}}+\boldsymbol{M}$ 都可逆且 $\boldsymbol{B}$ 与 $\boldsymbol{M}$ 为半正定时，有 $\boldsymbol{K}^{\dagger}(\boldsymbol{KBK}^{\mathrm{T}}+\boldsymbol{M})^{-1}\boldsymbol{K}\leqslant\boldsymbol{B}^{-1}$，所以 $\boldsymbol{CK}^{\mathrm{T}}(\boldsymbol{KBK}^{\mathrm{T}}+\boldsymbol{M})^{-1}\boldsymbol{KC}^{\mathrm{T}}\leqslant\boldsymbol{CB}^{-1}\boldsymbol{C}^{\mathrm{T}}$，所以

$$\frac{1}{\sqrt{\det[\boldsymbol{A}-\boldsymbol{CK}^{\mathrm{T}}(\boldsymbol{KBK}^{\mathrm{T}}+\boldsymbol{M})^{-1}\boldsymbol{KC}^{\mathrm{T}}]}}\leqslant\frac{1}{\sqrt{\det(\boldsymbol{A}-\boldsymbol{CB}^{-1}\boldsymbol{C}^{\mathrm{T}})}}\tag{5.4}$$

接下来，我们分以下情况进行讨论：

(1) 当 $\boldsymbol{M}=\boldsymbol{0}$ 时，由 $\sqrt{\det\boldsymbol{M}}\geqslant|\det\boldsymbol{K}-1|$，得 $\det\boldsymbol{K}=1$，从而可得 $Q_r((I\otimes\Phi_B)\boldsymbol{\rho}_{AB})=Q_r(\boldsymbol{\rho}_{AB})$；

(2) 当 $\boldsymbol{K}=\boldsymbol{0}$ 时，$\det\boldsymbol{M}\geqslant 1$，此时 $\boldsymbol{\Gamma}'=\begin{pmatrix}\boldsymbol{A} & \boldsymbol{0}\\ \boldsymbol{0} & \boldsymbol{M}\end{pmatrix}$，此时 $Q_r[(I\otimes\Phi_B)\boldsymbol{\rho}_{AB}]$

$= 0 \leqslant Q_r(\boldsymbol{\rho}_{AB})$;

(3) 当 $\boldsymbol{K} \neq \boldsymbol{0}, \boldsymbol{M} \neq \boldsymbol{0}, |\det\boldsymbol{K}| \geqslant 1$ 时，由 $\boldsymbol{A} \geqslant 0, \boldsymbol{B} \geqslant 0, \sqrt{\det(\boldsymbol{A}+\boldsymbol{B})} \geqslant \sqrt{\det\boldsymbol{A}} + \sqrt{\det\boldsymbol{B}}$，可得

$$\begin{aligned}\sqrt{\det(\boldsymbol{KBK}^T + \boldsymbol{M})} &\geqslant \sqrt{\det(\boldsymbol{KBK}^{\mathrm{T}})} + \sqrt{\det\boldsymbol{M}} \\ &\geqslant |\det\boldsymbol{K}| \sqrt{\det\boldsymbol{B}} + \sqrt{\det\boldsymbol{M}} \\ &\geqslant \sqrt{\det\boldsymbol{B}}\end{aligned}$$

所以

$$\frac{1}{\sqrt{\det(\boldsymbol{KBK}^{\mathrm{T}} + \boldsymbol{M})}} \leqslant \frac{1}{\sqrt{\det\boldsymbol{B}}} \tag{5.5}$$

综上所得，$Q_r((I \otimes \Phi_B)\boldsymbol{\rho}_{AB}) \leqslant Q_r(\boldsymbol{\rho}_{AB})$。进而可得，当 $|\det\boldsymbol{K}_{A/B}| \geqslant 1$ 或 $\boldsymbol{K}_{A/B} = \boldsymbol{0}$ 时，有

$$Q_r[(\Phi_A \otimes \Phi_B)\boldsymbol{\rho}_{AB}] = Q_r[(\Phi_A \otimes I)(I \otimes \Phi_B)\boldsymbol{\rho}_{AB}] \leqslant Q_r(\boldsymbol{\rho}_{AB})$$

证毕。

**定理 5.5** 假设 $\boldsymbol{\rho}_{AB}$ 是 (1+1)-模连续变量系统 $S(H_A \otimes H_B)$ 的高斯态，其相关矩阵标准形式为 $\boldsymbol{\Gamma}_0 = \begin{pmatrix} \boldsymbol{A}_0 & \boldsymbol{C}_0 \\ \boldsymbol{C}_0^{\mathrm{T}} & \boldsymbol{B}_0 \end{pmatrix} = \begin{pmatrix} a & 0 & c & 0 \\ 0 & a & 0 & d \\ c & 0 & b & 0 \\ 0 & d & 0 & b \end{pmatrix}$，则有

$$Q_r(\boldsymbol{\rho}_{AB}) = \frac{1}{\sqrt{(ab-c^2)(ab-d^2)}} - \frac{1}{ab} \tag{5.6}$$

由参考文献[51]可知，对于 (1+1)-模高斯态 $\boldsymbol{\rho}_{AB}$，$Q(\boldsymbol{\rho}_{AB})$ 涉及高斯测量的问题，而 $Q_r(\boldsymbol{\rho}_{AB})$ 则较容易计算，所以 $Q_r(\boldsymbol{\rho}_{AB})$ 是比 $Q(\boldsymbol{\rho}_{AB})$ 更好的刻画两体高斯乘积态的关联度量。

## 5.2 $k$ 体高斯量子关联 $Q_r^{(k)}$

如今多体高斯量子关联的研究还不丰富，这个度量是否可以很好地推

广到 $k$ 体系统中？对于多体连续变量系统，容易计算的且具有良好性质的多体高斯量子关联是否可以得到？本节我们将 $Q_r$ 推广到 $k$ 体系统中，得到 $Q_r^{(k)}$，讨论其性质，并证明了 $Q_r^{(k)}$ 刻画的是与多体高斯量子失协等价的量子关联。

现在假设态 $\boldsymbol{\rho}_{A_1,A_2,\cdots,A_k} \in S(H_{A_1} \otimes H_{A_2} \otimes \cdots \otimes H_{A_k})$ 是一个 $k$ 体 $(m_1 + m_2 + \cdots + m_k)$- 模高斯态，则其相关矩阵 $\boldsymbol{\Gamma}$ 表示为

$$\boldsymbol{\Gamma} = \begin{pmatrix} \boldsymbol{A}_{11} & \boldsymbol{A}_{12} & \cdots & \boldsymbol{A}_{1k} \\ \boldsymbol{A}_{12}^{\mathrm{T}} & \boldsymbol{A}_{22} & \cdots & \boldsymbol{A}_{2k} \\ \vdots & \vdots & \ddots & \vdots \\ \boldsymbol{A}_{1k}^{\mathrm{T}} & \boldsymbol{A}_{2k}^{\mathrm{T}} & \cdots & \boldsymbol{A}_{kk} \end{pmatrix} \tag{5.7}$$

其中

$$\boldsymbol{A}_{ii} \in M_{2m_i}(\mathbb{R}), \boldsymbol{A}_{ij} \in M_{2m_i \times 2m_j}(\mathbb{R}), (i,j = 1,2,\cdots k)$$

类似于两体高斯态，对于多体高斯乘积态，有如下重要的引理。

**引理 5.1**[10] 假设 $\boldsymbol{\rho}_{A_1,A_2,\cdots,A_k} \in S(H_{A_1} \otimes H_{A_2} \otimes \cdots \otimes H_{A_k})$ 是一个 $k$ 体 $(m_1 + m_2 + \cdots + m_k)$- 模高斯态，具有相关矩阵 $\boldsymbol{\Gamma}$ 形如式(5.7)，则约化态 $\rho_{A_1} = \mathrm{Tr}_{\overline{A}_1}(\boldsymbol{\rho}_{A_1,A_2,\cdots,A_k})$，$\rho_{A_2} = \mathrm{Tr}_{\overline{A}_2}(\boldsymbol{\rho}_{A_1,A_2,\cdots,A_k})$，$\cdots$，$\boldsymbol{\rho}_{A_k} = \mathrm{Tr}_{\overline{A}_k}(\boldsymbol{\rho}_{A_1,A_2,\cdots,A_k})$ 的相关矩阵分别为 $\boldsymbol{A}_{11}, \boldsymbol{A}_{22}, \cdots, \boldsymbol{A}_{kk}$，其中 $\overline{A}_i$ 是 $A_i$ 在 $\{A_1, A_2, \cdots, A_k\}$ 中的补集。

**引理 5.2**[10] 假设 $\boldsymbol{\rho}_{A_1,A_2,\cdots A_k} \in S(H_{A_1} \otimes H_{A_2} \otimes \cdots \otimes H_{A_k})$ 是一个 $k$ 体 $(m_1 + m_2 + \cdots + m_k)$- 模高斯态，则 $\boldsymbol{\rho}_{A_1,A_2,\cdots,A_k}$ 是 $k$ 体乘积态，即 $\boldsymbol{\rho}_{A_1,A_2,\cdots,A_k} = \boldsymbol{\sigma}_{A_1} \otimes \boldsymbol{\sigma}_{A_2} \otimes \cdots \otimes \boldsymbol{\sigma}_{A_k}$，当且仅当 $\boldsymbol{\Gamma} = \boldsymbol{\Gamma}_{A_1} \oplus \boldsymbol{\Gamma}_{A_2} \oplus \cdots \oplus \boldsymbol{\Gamma}_{A_k}$，其中 $\boldsymbol{\Gamma}$、$\boldsymbol{\Gamma}_{A_j}$ $(j = 1,2,\cdots,k)$ 分别为 $\boldsymbol{\rho}_{A_1,A_2,\cdots,A_k}$、$\boldsymbol{\sigma}_{A_j}$ $(j = 1,2,\cdots,k)$ 的相关矩阵。

我们对 $k$ 体高斯量子关联 $Q_r^{(k)}$ 的定义如下。

**定义 5.2** 假设 $\boldsymbol{\rho}_{A_1,A_2,\cdots,A_k} \in S(H_{A_1} \otimes H_{A_2} \otimes \cdots \otimes H_{A_k})$ 是一个 $k$ 体 $(m_1 + m_2 + \cdots + m_k)$- 模高斯态，定义 $Q_r^{(k)}(\boldsymbol{\rho}_{A_1,A_2,\cdots,A_k})$ 为

$$Q_r^{(k)}(\boldsymbol{\rho}_{A_1,A_2,\cdots,A_k}) = \frac{1}{\sqrt{\det \boldsymbol{\Gamma}_{\boldsymbol{\rho}_{A_1,A_2,\cdots,A_k}}}} - \frac{1}{\prod_{j=1}^{k} \sqrt{\det \boldsymbol{\Gamma}_{\boldsymbol{\rho}_{A_j}}}} \tag{5.8}$$

其中，$\boldsymbol{\Gamma}_{\boldsymbol{\rho}_{A_1,A_2,\cdots,A_k}}$ 和 $\boldsymbol{\Gamma}_{\boldsymbol{\rho}_{A_j}}$ 分别是 $\boldsymbol{\rho}_{A_1,A_2,\cdots,A_k}$ 和约化态 $\boldsymbol{\rho}_{A_j} = \mathrm{Tr}_{\overline{A}_j}(\boldsymbol{\rho}_{A_1,A_2,\cdots,A_k})$ 的相

关矩阵。

下面我们讨论 $k$ 体关联度量 $Q_r^{(k)}(\boldsymbol{\rho}_{A_1,A_2,\cdots,A_k})$ 的基本性质。

**定理 5.6** 假设 $\boldsymbol{\rho}_{A_1,A_2,\cdots,A_k}\in S(H_{A_1}\otimes H_{A_2}\otimes\cdots\otimes H_{A_k})$ 是一个 $k$ 体 $(m_1+m_2+\cdots+m_k)$- 模高斯态，则 $Q_r^{(k)}(\boldsymbol{\rho}_{A_1,A_2,\cdots,A_k})$ 关于子系统是对称的，即对于 $(1,2,\cdots,k)$ 的任何排列 $\pi$，用 $\boldsymbol{\rho}_{A_{\pi(1)},A_{\pi(2)},\cdots,A_{\pi(k)}}$ 表示根据排列 $\pi$ 改变态 $\boldsymbol{\rho}_{A_1,A_2,\cdots,A_k}$ 的子系统的顺序后得到的态，我们有 $Q_r^{(k)}(\boldsymbol{\rho}_{A_{\pi(1)},A_{\pi(2)},\cdots,A_{\pi(k)}})=Q_r^{(k)}(\boldsymbol{\rho}_{A_1,A_2,\cdots,A_k})$。

**定理 5.7** 假设 $\boldsymbol{\rho}_{A_1,A_2,\cdots,A_k}\in S(H_{A_1}\otimes H_{A_2}\otimes\cdots\otimes H_{A_k})$ 是一个 $k$ 体 $(m_1+m_2+\cdots+m_k)$- 模高斯态，相关矩阵 $\boldsymbol{\Gamma}=(\boldsymbol{A}_{ij})_{kk}$ 如式(5.7)所示，则 $Q_r^{(k)}(\boldsymbol{\rho}_{A_1,A_2,\cdots,A_k})\geqslant 0$，并且 $Q_r^{(k)}(\boldsymbol{\rho}_{A_1,A_2,\cdots,A_k})=0$ 当且仅当 $\boldsymbol{\rho}_{A_1,A_2,\cdots,A_k}$ 为 $k$ 体乘积高斯态，即 $\boldsymbol{\rho}_{A_1,A_2,\cdots,A_k}=\boldsymbol{\sigma}_1\otimes\boldsymbol{\sigma}_2\otimes\cdots\otimes\boldsymbol{\sigma}_k$。

**证明:**要证明该定理，首先我们来看参考文献[78]的一个引理。

**引理 5.3**[78] 假设 $\boldsymbol{\Gamma}=\begin{pmatrix}\boldsymbol{A}_{11} & \boldsymbol{A}_{12} & \cdots & \boldsymbol{A}_{1k}\\ \boldsymbol{A}_{12}^{\mathrm{T}} & \boldsymbol{A}_{22} & \cdots & \boldsymbol{A}_{2k}\\ \vdots & \vdots & \ddots & \vdots\\ \boldsymbol{A}_{1k}^{\mathrm{T}} & \boldsymbol{A}_{2k}^{\mathrm{T}} & \cdots & \boldsymbol{A}_{kk}\end{pmatrix}$ 是复数域 $\mathbb{C}$ 上的一个正定块矩阵。则 $\det\boldsymbol{\Gamma}=\prod_{j=1}^{k}\det\boldsymbol{A}_{jj}$ 当且仅当 $i\neq j$ 时，$\boldsymbol{A}_{ij}=\boldsymbol{0}$。

由定义 5.2 和引理 5.3，易知定理 5.7 成立。

**定理 5.8** $Q_r^{(k)}$ 是局域高斯酉不变的，即对 $(m_1+m_2+\cdots+m_k)$- 模的任意高斯态 $\boldsymbol{\rho}_{A_1,A_2,\cdots,A_k}\in S(H_{A_1}\otimes H_{A_2}\otimes\cdots\otimes H_{A_k})$ 和任意高斯酉算子 $\boldsymbol{U}_1\in B(H_{A_1})$，$\boldsymbol{U}_2\in B(H_{A_2})$，$\cdots$，$\boldsymbol{U}_k\in B(H_{A_k})$，有

$$Q_r^{(k)}[(\boldsymbol{U}_1\otimes\boldsymbol{U}_2\otimes\cdots\otimes\boldsymbol{U}_k)\boldsymbol{\rho}_{A_1,A_2,\cdots,A_k}(\boldsymbol{U}_1^{\dagger}\otimes\boldsymbol{U}_2^{\dagger}\otimes\cdots\otimes\boldsymbol{U}_k^{\dagger})]=Q_r^{(k)}(\boldsymbol{\rho}_{A_1,A_2,\cdots,A_k})$$

**证明:**类似于定理 5.3，对作用在 $H_{A_j}$ 上的高斯酉算子 $\boldsymbol{U}_j\ (j=1,2,\cdots k)$，存在辛矩阵 $\boldsymbol{S}_j\in S_P(2m_j,\mathbb{R})\ (j=1,2,\cdots,k)$ 与之相对应，记 $\boldsymbol{U}_j=\boldsymbol{U}_{\boldsymbol{S}_j,\boldsymbol{m}_j}$。令 $\boldsymbol{U}_{\boldsymbol{S},\boldsymbol{m}}=\boldsymbol{U}_1\otimes\boldsymbol{U}_2\otimes\cdots\otimes\boldsymbol{U}_k$，则有 $\boldsymbol{S}=\bigoplus_{j=1}^{k}\boldsymbol{S}_j$，$\boldsymbol{m}=\bigoplus_{j=1}^{k}\boldsymbol{m}_j$。记 $\boldsymbol{\sigma}=\boldsymbol{U}_{\boldsymbol{S},\boldsymbol{m}}\boldsymbol{\rho}_{A_1,A_2,\cdots,A_k}\boldsymbol{U}_{\boldsymbol{S},\boldsymbol{m}}^{\dagger}$，则其相关矩阵为 $\boldsymbol{\Gamma}_{\boldsymbol{\sigma}}=\boldsymbol{S}\boldsymbol{\Gamma}_{\boldsymbol{\rho}}\boldsymbol{S}^{\mathrm{T}}$，约化态 $\boldsymbol{\sigma}_{A_j}=\mathrm{Tr}_{\overline{A}_j}\boldsymbol{\sigma}$ 的相关

矩阵为 $\boldsymbol{\Gamma}_{\boldsymbol{\sigma}_{A_j}}=\boldsymbol{S}_j\boldsymbol{\Gamma}_{\boldsymbol{\rho}_{A_j}}\boldsymbol{S}_j^{\mathrm{T}}$。

根据定义 5.2,我们有

$$
\begin{aligned}
Q_r^{(k)}(\boldsymbol{\sigma}) &= \frac{1}{\sqrt{\det\boldsymbol{\Gamma}_{\boldsymbol{\sigma}}}}-\frac{1}{\prod_{j=1}^{k}\sqrt{\det\boldsymbol{\Gamma}_{\boldsymbol{\sigma}_{A_j}}}}\\
&=\frac{1}{\sqrt{\det(\boldsymbol{S}\boldsymbol{\Gamma}_{\boldsymbol{\rho}}\boldsymbol{S}^{\mathrm{T}})}}-\frac{1}{\prod_{j=1}^{k}\sqrt{\det(\boldsymbol{S}_j\boldsymbol{\Gamma}_{\boldsymbol{\rho}_{A_j}}\boldsymbol{S}_j^{\mathrm{T}})}}\\
&=\frac{1}{\sqrt{\det\boldsymbol{S}\det\boldsymbol{\Gamma}_{\boldsymbol{\rho}}\det\boldsymbol{S}^{\mathrm{T}}}}-\frac{1}{\prod_{j=1}^{k}\sqrt{\det\boldsymbol{S}_j\det\boldsymbol{\Gamma}_{\boldsymbol{\rho}_{A_j}}\det\boldsymbol{S}_j^{\mathrm{T}}}}\\
&=\frac{1}{\sqrt{\det\boldsymbol{\Gamma}_{\boldsymbol{\rho}}}}-\frac{1}{\prod_{j=1}^{k}\sqrt{\det\boldsymbol{\Gamma}_{\boldsymbol{\rho}_{A_j}}}}\\
&=Q_r^{(k)}(\boldsymbol{\rho}_{A_1,A_2,\cdots,A_k})
\end{aligned}
$$

证毕。

**定理 5.9** 假设 $\boldsymbol{\rho}_{A_1,A_2,\cdots,A_k}\in S(H_{A_1}\otimes H_{A_2}\otimes\cdots\otimes H_{A_k})$ 是一个 $k$ 体 $(m_1+m_2+\cdots+m_k)$-模高斯态,$\Phi_{A_j}=\Phi_{A_j}(\boldsymbol{K}_j,\boldsymbol{M}_j,\bar{\boldsymbol{d}}_j)$ $(j=1,2,\cdots,k)$ 是作用于 $H_{A_j}(j=1,2,\cdots,k)$ 上的局域高斯信道。则当 $|\mathrm{dct}\boldsymbol{K}_j|\geqslant 1$ 时,有

$$Q_r^{(k)}[(\Phi_{A_1}\otimes\Phi_{A_2}\otimes\cdots\otimes\Phi_{A_k})\boldsymbol{\rho}_{A_1,A_2,\cdots,A_k}]\leqslant Q_r^{(k)}(\boldsymbol{\rho}_{A_1,A_2,\cdots,A_k})$$

**证明:**设 $\boldsymbol{\rho}_{A_1,A_2,\cdots,A_k}\in S(H_{A_1}\otimes H_{A_2}\otimes\cdots\otimes H_{A_k})$ 是一个 $k$ 体高斯态,其相关矩阵形如式(5.7)。根据定理 5.6,$Q_r^{(k)}(\boldsymbol{\rho}_{A_1,A_2,\cdots,A_k})$ 关于子系统具有对称性,我们只需证明对于任意 $\Phi_k(\boldsymbol{K}_k,\boldsymbol{M}_k,\bar{\boldsymbol{d}}_k)$,当 $|\det\boldsymbol{K}_k|\geqslant 1$ 时,有

$$Q_r^{(k)}[(I_1\otimes I_2\otimes\cdots\otimes I_{k-1}\otimes\Phi_k)\boldsymbol{\rho}_{A_1,A_2,\cdots,A_k}]\leqslant Q_r^{(k)}(\boldsymbol{\rho}_{A_1,A_2,\cdots,A_k})\tag{5.9}$$

记 $\boldsymbol{\rho}'=(I_1\otimes I_2\otimes\cdots\otimes I_{k-1}\otimes\Phi_k)\boldsymbol{\rho}_{A_1,A_2,\cdots,A_k}$,则 $\boldsymbol{\rho}'$ 的相关矩阵 $\boldsymbol{\Gamma}_{\boldsymbol{\rho}'}$ 有下列形式:

$$\boldsymbol{\Gamma}_{\boldsymbol{\rho}'}=\begin{pmatrix}\boldsymbol{A}_{11} & \boldsymbol{A}_{12} & \cdots & \boldsymbol{A}_{1,k-1} & \boldsymbol{A}_{1k}\boldsymbol{K}_k^{\mathrm{T}}\\ \boldsymbol{A}_{21} & \boldsymbol{A}_{22} & \cdots & \boldsymbol{A}_{2,k-1} & \boldsymbol{A}_{2k}\boldsymbol{K}_k^{\mathrm{T}}\\ \vdots & \vdots & \ddots & \vdots & \vdots\\ \boldsymbol{A}_{k-1,1} & \boldsymbol{A}_{k-1,2} & \cdots & \boldsymbol{A}_{k-1,k-1} & \boldsymbol{A}_{k-1,k}\boldsymbol{K}_k^{\mathrm{T}}\\ \boldsymbol{K}_k\boldsymbol{A}_{k1} & \boldsymbol{K}_k\boldsymbol{A}_{k2} & \cdots & \boldsymbol{K}_k\boldsymbol{A}_{k,k-1} & \boldsymbol{K}_k\boldsymbol{A}_{kk}\boldsymbol{K}_k^{\mathrm{T}}+\boldsymbol{M}_k\end{pmatrix}$$

类似于定理 5.4 的证明方法,当 $|\det\boldsymbol{K}_k|\geqslant 1$ 时,可得

$$Q_r^{(k)}(\boldsymbol{\rho}') = \frac{1}{\sqrt{\det \boldsymbol{\Gamma}_{\boldsymbol{\rho}'}}} - \frac{1}{\sqrt{\det(\boldsymbol{K}_k \boldsymbol{A}_{kk} \boldsymbol{K}_k^{\mathrm{T}} + \boldsymbol{M}_k)} \prod_{j=1}^{k-1} \sqrt{\det \boldsymbol{\Gamma}_{\boldsymbol{\rho}_{A_j}}}}$$

$$= \frac{1}{\sqrt{\det(\boldsymbol{K}_k \boldsymbol{A}_{kk} \boldsymbol{K}_k^{\mathrm{T}} + \boldsymbol{M}_k)}}$$

$$\left( \frac{1}{\sqrt{\det\left( (\boldsymbol{\Gamma}_{k-1}) - \begin{pmatrix} \boldsymbol{A}_{1k} \\ \boldsymbol{A}_{2k} \\ \vdots \\ \boldsymbol{A}_{k-1,k} \end{pmatrix} \boldsymbol{K}_k^{\mathrm{T}} (\boldsymbol{K}_k \boldsymbol{A}_{kk} \boldsymbol{K}_k^{\mathrm{T}} + \boldsymbol{M}_k)^{-1} \boldsymbol{K}_k (\boldsymbol{A}_{1k}^{\mathrm{T}} \quad \boldsymbol{A}_{2k}^{\mathrm{T}} \quad \cdots \quad \boldsymbol{A}_{k-1,k}^{\mathrm{T}}) \right)}} \right.$$

$$\left. - \frac{1}{\prod_{j=1}^{k-1} \sqrt{\det \boldsymbol{A}_{jj}}} \right)$$

$$\leqslant \frac{1}{\sqrt{\det \boldsymbol{A}_{kk}}}$$

$$\left( \frac{1}{\sqrt{\det\left( \boldsymbol{\Gamma}_{k-1} - \begin{pmatrix} \boldsymbol{A}_{1k} \\ \boldsymbol{A}_{2k} \\ \vdots \\ \boldsymbol{A}_{k-1,k} \end{pmatrix} \boldsymbol{A}_{kk}^{-1} (\boldsymbol{A}_{1k}^{\mathrm{T}} \quad \boldsymbol{A}_{2k}^{\mathrm{T}} \quad \cdots \quad \boldsymbol{A}_{k-1,k}^{\mathrm{T}}) \right)}} - \frac{1}{\prod_{j=1}^{k-1} \sqrt{\det \boldsymbol{A}_{jj}}} \right)$$

$$= Q_r^{(k)}(\boldsymbol{\rho})$$

进而，由对称性可得，对任意局域高斯信道 $\Phi_{A_j} = \Phi_{A_j}(\boldsymbol{K}_j, \boldsymbol{M}_j, \overline{\boldsymbol{d}}_j)$ $(j = 1, 2, \cdots, k)$，当 $|\det \boldsymbol{K}_j| \geqslant 1$ 时，

$$Q_r^{(k)}[(\Phi_{A_1} \otimes \Phi_{A_2} \otimes \cdots \otimes \Phi_{A_k})\boldsymbol{\rho}] \leqslant Q_r^{(k)}[(I_1 \otimes I_2 \otimes \cdots \otimes I_{k-1} \otimes \Phi_k)\boldsymbol{\rho}] \leqslant Q_r^{(k)}(\boldsymbol{\rho})$$

证毕。

基于高斯多体量子失协的非负性和乘积态的量子互信息为零的事实，我们易知，多体高斯量子失协是刻画多体高斯非乘积态的量子关联。根据上述定义我们可以得出以下命题。

**定理 5.10** 对于 $k$ 体 $(1+1+\cdots+1)$-模高斯态 $\boldsymbol{\rho}$，以下命题是等价的：

(1) $\boldsymbol{\rho}$ 是一个 $k$ 体乘积态；

(2) $Q_r^{(k)}(\boldsymbol{\rho}) = 0$；

(3) 量子互信息 $I(\boldsymbol{\rho}) = 0$；

(4) 多体高斯量子失协 $D_{\mathrm{G}}(\boldsymbol{\rho}) = 0$。

**证明：**设 $\boldsymbol{\rho}$ 是一个 $(1+1+\cdots+1)$- 模 $k$ 体单模高斯态，通过定理 5.7，我们可知 (1)⇔(2)。对于高斯量子失协 $D_{\mathrm{G}}$，由参考文献[79]可知，$D_{\mathrm{G}}(\boldsymbol{\rho})=0$ 当且仅当 $\boldsymbol{\rho}$ 是一个 $k$ 体高斯乘积态；$I(\boldsymbol{\rho})=0$ 当且仅当 $\boldsymbol{\rho}$ 是一个 $k$ 体高斯乘积态。证毕。

由参考文献[79]可知，对于多体单模高斯态 $\boldsymbol{\rho}$，在计算多体高斯量子失协 $D_{\mathrm{G}}(\boldsymbol{\rho})$ 时，对每个子系统都会执行一个高斯测量，再进行优化，计算过程会有些复杂。度量 $Q_r^{(k)}(\boldsymbol{\rho})$ 不存在高斯测量则较容易计算，也在一定程度上节省了物理资源，所以 $Q_r^{(k)}(\boldsymbol{\rho})$ 是比较好的刻画多体高斯乘积态的关联度量。

## 5.3 注　　记

5.2 节、5.3 节取自参考文献[80]。多体复合量子系统存在着量子关联是量子世界的奇妙特性。多体系统可看作多用户多终端系统，因此更具有实用性，也更需要深入研究。为便于直观了解多体量子态关联程度的大小并掌握量子关联在量子信息处理过程中变化的情况，量子关联研究领域的重要问题之一就是如何数量化所涉的量子关联。从数学上来看，量化量子关联度是构造算子集合上满足一些(量子信息要求的)特定条件的非线性正泛函。例如纠缠度就是量子纠缠性的量化。尽管多体纠缠的研究与应用由来已久，量化多体纠缠的工作则进展缓慢，这一切源于多体系统的复杂性，不过，对多体纠缠的研究从未停止，为满足量子信息任务的不同要求，人们提出各种各样的方法构造多体纠缠度[81-87]。

研究表明，除纠缠之外的许多量子关联，如量子相干、量子失协、量子导引、量子非定域性等其他量子关联在各类量子计算和量子通信中也扮演着重要角色，甚至广泛存在于各种生物现象中。因此，刻画量子纠缠之外的量子关联的性质近年来越来越受到人们的关注。和多体离散系统一样，刻画多体连续变量系统中的纠缠度量和其他量子关联度量同等重要。两体高斯失协和 $Q$ 是用来刻画两体高斯非乘积态的，那么如何构造和刻画多体高斯乘积态的关联度量甚至建立更一般的多体高斯量子关联理论就显得非常有必要。

针对多体高斯系统，除纠缠之外，目前多体高斯量子关联的研究还比较匮乏。本章引入了一种 $k$ 体高斯态的关联度量，证明该度量是刻画 $k$ 体多模高斯非乘积态的，该度量与测量无关，从而在一定程度节省物理资源；并且满足非负性、与子系统顺序无关、局域高斯酉不变性以及在多体局域高斯信道作用下不增等性质；进而得出该度量是与多体量子互信息、多体高斯量子失协等价的量子关联度量。目前，侯[78]提出了一种性质很优越的多体高斯量子关联度量。多体高斯量子关联的研究仍然是一个值得挑战的课题。

# 第 6 章　连续变量系统中的量子导引

量子导引[88]是 1935 年 Schrödinger 首次提出的，它是描述 $A$ 系统通过局域测量远距离地导引 $B$ 系统的一种能力，是介于量子纠缠和 Bell 非定域性之间的一种量子关联。但是，直到 2007 年，Wiseman 等人[22]给出了量子导引的数学概念，这种量子关联才开始吸引学者们的关注。与量子纠缠、Bell 非定域性所不同的是，这种关联具有明显的不对称性，即一方可以成功地导引量子态的另一方，但是反过来却不一定。目前关于量子导引的研究已有许多重要的成果[89-95]，量子导引已经成为量子密码、量子通信、量子计算和量子测量等技术的重要资源，并且有了广泛的应用，如量子保密通信[96,97]、量子隐形传态[98]和纠缠辅助的单通道分辨[99]等。

由于无限维系统与有限维系统有着同等重要的地位，而对于无限维系统量子态的量子关联的研究成果并不丰富。因而深入探讨连续变量系统量子态的量子关联包括量子导引问题无疑具有重要的理论和现实意义。本章重点讨论连续变量系统中的量子导引。在 6.1 节，我们对量子导引中的概念进行理论介绍。在 6.2 节，我们对有限维系统基于局域不确定关系提出了检测两体量子态导引的非线性判据，并讨论了该非线性判据优化的条件；补充证明了在检测量子导引时协方差矩阵判据与局域不确定原理的等价关系，为量子信息提供了一定的基础。在 6.3 节，我们给出连续变量系统量子导引 witness 的定义及性质；从相位空间层面，基于导引 witness，给出检测两体高斯态可导引的判据；研究了两个导引 witness 可比性的条件以及导引 witness 为最优 witness 的条件；并研究在什么条件下，不同的导引 witness 可以检测相同的高斯态。在 6.4 节，我们提出一种对于任意两体高斯态都成立的易计算的高斯导引度量，并研究了高斯量子信道对该度量的影响。

## 6.1 量子导引概念

参考文献[22]给出了量子导引的数学定义。

设 $\boldsymbol{\rho}_{AB} \in S(H)$，$H_A(H_B)$ 系统上所有可观测量集合记为 $\mathcal{M}_A(\mathcal{M}_B)$，$A \in \mathcal{M}_A$ $(B \in \mathcal{M}_B)$ 为 $\mathcal{M}_A(\mathcal{M}_B)$ 中的元素，$A(B)$ 的特征值集合为 $\lambda(A)(\lambda(B))$。当 Alice 选择执行可观测量 $A \in \mathcal{M}_A$，测量结果为 $a \in \lambda(A)$ 时，则 $B$ 系统的条件态为

$$\boldsymbol{\rho}_{a|A} = \mathrm{Tr}_A[(\Pi_a^A \otimes I_B)\boldsymbol{\rho}_{AB}] \tag{6.1}$$

其中，$\{\Pi_a^A\}_a$ 为 $A$ 诱导的投影测量 $A\Pi_a^A = a\Pi_a^A$，$\sum_a \Pi_a^A = I$。

**定义 6.1**[22] 设 $\boldsymbol{\rho}_{AB} \in S(H_A \otimes H_B)$，称 $\boldsymbol{\rho}_{AB}$ 是 $A$ 不可导引 $B$ 的，是指若存在一个概率分布 $\{\pi(\lambda)\}_{\lambda\in\Lambda}$ 和一族量子态 $\{\sigma(\lambda)\}_{\lambda\in\Lambda} \subset S(H_B)$，使得式(6.2)成立，即

$$\boldsymbol{\rho}_{a|A} = \sum_{\lambda\in\Lambda} \pi(\lambda) p(a \mid A,\lambda)\sigma(\lambda) \quad \forall A \in M(A), a \in \lambda(A) \tag{6.2}$$

其中，$p(a \mid A,\lambda) \geqslant 0(\forall A,a)$ 并且满足 $\sum_{a=1}^{O_A} p(a \mid A,\lambda) = 1(\forall A,\lambda)$，此时我们称式(6.2)是 $\boldsymbol{\rho}_{AB}$ 由 $\{\pi(\lambda),\sigma(\lambda)\}_{\lambda\in\Lambda}$ 确定的一个局部隐态(LHS)模型。否则，我们称 $\boldsymbol{\rho}_{AB}$ 是 $A$ 可导引 $B$ 的，即存在可观测量集 $E \subset \mathcal{M}_A$，使得 $\rho_{AB}$ 不满足式(6.2)。类似地，可以定义 $B$ 可导引 $A$ 的情形。

(1) 定义 6.1 中称 $\boldsymbol{\rho}_{AB}$ 是 $A$ 不可导引 $B$ 的，其中测量集采用投影测量集，也可以执行正算子值测量集(POVM)。当 Alice 执行 $m_A$ 个不同的 POVM 时，记为

$$\mathcal{M}^x = \{M_{a|x} : a = 1,2,\cdots,d_x\}(x = 1,2,\cdots,m_A)$$

其中，对每个 $x$，有 $\sum_{a=1}^{d_x} M_{a|x} = I_A$，$M_{a|x} \geqslant 0$。每选择一个测量 $\mathcal{M}^x$ 或 $x$，有 $d_x$ 个测量结果，称 $\mathcal{M}_A = \{\mathcal{M}^x : x = 1,2,\cdots,m_A\}$ 为 Alice 的 POVM 集簇。

因此，量子导引可定义如下：设 $\boldsymbol{\rho}_{AB} \in S(H_A \otimes H_B)$，称 $\boldsymbol{\rho}_{AB}$ 是关于 POVM 集簇 $\{M_{a|x}: a = 1,2,\cdots,d_x; x = 1,2,\cdots,m_A\}$ $A$ 不可导引 $B$ 的，指存在一个概率分布 $\{\pi(\lambda)\}_{\lambda\in\Lambda}$ 和一族量子态 $\{\sigma(\lambda)\}_{\lambda\in\Lambda} \subset S(H_B)$，使得式(6.3)成立，即

$$\boldsymbol{\rho}_{a|x} = \sum_{\lambda\in\Lambda}\pi(\lambda)p(a \mid x,\lambda)\sigma(\lambda), \forall a,x \tag{6.3}$$

其中，$p(a \mid x,\lambda) \geqslant 0 (\forall x,a)$ 并且满足 $\sum_{a=1}^{d_x} p(a \mid x,\lambda) = 1 (\forall x,\lambda)$，此时我们称式(6.3)是 $\boldsymbol{\rho}_{AB}$ 由 $\{\pi(\lambda),\sigma(\lambda)\}_{\lambda\in\Lambda}$ 确定的一个局部隐态(LHS)模型。若 $\boldsymbol{\rho}_{AB}$ 关于所有 POVM 集簇都是不可导引的，称 $\boldsymbol{\rho}_{AB}$ 是 $A$ 不可导引 $B$ 的。否则，我们称 $\boldsymbol{\rho}_{AB}$ 是 $A$ 可导引 $B$ 的。类似地，可以定义 $B$ 可导引 $A$ 的情形。

(2)设 $\boldsymbol{\rho}_{AB} \in S(H_A \otimes H_B)$，则 $\boldsymbol{\rho}_{AB}$ 关于 $A$ 系统的所有投影测量集簇是不可导引的，等价于 $\boldsymbol{\rho}_{AB}$ 关于 $A$ 系统的所有 POVM 集簇是不可导引的。

事实上，该结论的充分性显然。

下面证明其必要性。若 $\boldsymbol{\rho}_{AB}$ 关于 $A$ 系统所有投影测量集簇是不可导引的，当 Alice 执行所有的 POVMs 时，记为 $\mathcal{M}^A = \{M_{a|x}: a = 1,2,\cdots,d_x\}(x = 1,2,\cdots,m_A)$，且对于每一个 $x$，$\sum_{a=1}^{d_x} M_{a|x} = I_A, M_{a|x} \geqslant 0$。根据谱分解定理，对于每个正算子，$M_{a|x} = \sum_l \varepsilon_l P_l$，其中 $\varepsilon_l$ 为 $M_{a|x}$ 的特征值，$P_l$ 是 $\varepsilon_l$ 到在 $M_{a|x}$ 中的本征空间的投影，且 $\sum_l P_l = I$。

因为 $\boldsymbol{\rho}_{AB}$ 关于 $A$ 系统所有投影测量集簇是不可导引的，则由式(6.1)和式(6.2)，得

$$\mathrm{Tr}_A[(P_l \otimes I)\boldsymbol{\rho}_{AB}] = \sum_{\lambda\in\Lambda}\pi(\lambda)p(l,\lambda)\sigma(\lambda), \forall P_l$$

则

$$\begin{aligned}
&\mathrm{Tr}_A[(M_{a|x} \otimes I)\boldsymbol{\rho}_{AB}] \\
&= \sum_l \varepsilon_l \mathrm{Tr}_A[(P_l \otimes I)\boldsymbol{\rho}_{AB}] \\
&= \sum_l \varepsilon_l \sum_{\lambda\in\boldsymbol{\Lambda}}\pi(\lambda)p(l,\lambda)\sigma(\lambda)
\end{aligned}$$

$$= \sum_{\lambda} \pi(\lambda) p(a \mid x, \lambda) \sigma(\lambda)$$

其中，$\sum_{l} \varepsilon_l p(l, \lambda) = p(a \mid x, \lambda)$。故 $\boldsymbol{\rho}_{AB}$ 关于 $A$ 系统所有 POVM 是不可导引的。

(3)定义 6.1 所给出的是有限维量子系统量子态可导引的定义，类似地，可以给出连续变量系统量子态可导引的定义，尤其针对高斯态，既可以考虑投影测量(这是一种非高斯测量)，也可以执行高斯正算子值测量。本书针对连续变量系统使用高斯正算子值测量。注意到，当测量结果为无限个时，式(6.2)中的求和变为积分。基于高斯正算子值测量描述高斯态导引如下：一个两体高斯态 $\boldsymbol{\rho} \in S(H_A \otimes H_B)$，称为关于高斯正算子测量集 $\{\Pi_{\alpha|\boldsymbol{\Sigma}}\}_{\alpha,\boldsymbol{\Sigma}}$ 是 $A$ 不可导引 $B$ 的，指存在一个概率分布 $\{\pi_\xi\}_{\xi \in E}$ 和一族态 $\{\sigma_\xi\}_{\xi \in E} \in S(H_B)$，使得 $\boldsymbol{\rho}_{\alpha|\boldsymbol{\Sigma}} := \mathrm{Tr}_A[(\Pi_{\alpha|\boldsymbol{\Sigma}} \otimes \boldsymbol{I}_B)\boldsymbol{\rho}] = \int_{\xi \in E} \pi_\xi \mathrm{P}_A(\alpha \mid \boldsymbol{\Sigma}, \boldsymbol{\xi}) \sigma_\xi \mathrm{d}\boldsymbol{\xi}$ 对高斯测量集 $\{\Pi_{\alpha|\boldsymbol{\Sigma}}\}_{\alpha,\boldsymbol{\Sigma}}$ 所有元都成立，其中 $\{P_A(\alpha \mid \boldsymbol{\Sigma}, \boldsymbol{\xi})\}_\alpha$ 是一个概率，对于 $\forall \boldsymbol{\Sigma}$、$\boldsymbol{\xi}$，$\{\sigma_\xi\}_{\xi \in \Lambda}$ 是由隐变量 $\boldsymbol{\xi}$ 描述的量子态。

(4)量子导引、Bell-非局域、量子态可分定义还可以用联合概率来定义[22]。

称 $\boldsymbol{\rho}_{AB}$ 是 $A$ 不可导引 $B$ 的[22]，是指存在一个概率分布 $\{\pi(\lambda)\}_{\lambda \in \Lambda}$，使得 $p(a, b \mid x, y) = \sum_{\lambda \in \Lambda} \pi(\lambda) p(a \mid x, \lambda) p(b \mid y, \sigma_\lambda)$ 对 $A$、$B$ 系统所有的正算子值测量集簇 $\mathcal{M}^A = \{M_{a|x} : a = 1, 2, \cdots, d_x\}(x = 1, 2, \cdots, m_A)$ 和 $\mathcal{M}^B = \{M_{b|y} : b = 1, 2, \cdots, d_y\}(y = 1, 2, \cdots, m_B)$ 成立，其中 $p(a \mid x, \lambda) \geqslant 0(\forall x, a)$ 且 $\sum_{a=1}^{d_x} p(a \mid x, \lambda) = 1(\forall x, \lambda)$；$p(b \mid y, \boldsymbol{\sigma}_\lambda) \geqslant 0(\forall y, b)$，$\sum_{b=1}^{d_y} p(b \mid y, \boldsymbol{\sigma}_\lambda) = 1(\forall y, \lambda)$，且 $p(b \mid y, \boldsymbol{\sigma}_\lambda)$ 是与态 $\boldsymbol{\sigma}_\lambda$ 相关的概率。

称 $\boldsymbol{\rho}_{AB}$ 是 Bell-局域的，是指存在一个概率分布 $\{\pi(\lambda)\}_{\lambda \in \Lambda}$，使得 $p(a, b \mid x, y) = \sum_{\lambda \in \Lambda} \pi(\lambda) p(a \mid x, \lambda) p(b \mid y, \lambda)$ 对 $A$、$B$ 系统任意的正算子值测量集簇 $\mathcal{M}^A = \{M_{a|x} : a = 1, 2, \cdots, d_x\}(x = 1, 2, \cdots, m_A)$ 和 $\mathcal{M}^B = \{M_{b|y} : b = 1, 2, \cdots, d_y\}(y = 1, 2, \cdots, m_B)$ 成立，其中 $p(a \mid x, \lambda) \geqslant 0(\forall x, a)$

且 $\sum_{a=1}^{d_x} p(a \mid x,\lambda) = 1(\forall x,\lambda)$； $p(b \mid y,\lambda) \geqslant 0(\forall y,b)$， $\sum_{b=1}^{d_y} p(b \mid y,\lambda) = 1(\forall y,\lambda)$ 。

称 $\boldsymbol{\rho}_{AB}$ 是可分的，是指存在一个概率分布 $\{\pi(\lambda)\}_{\lambda\in\Lambda}$，使得 $p(a,b \mid x,y) = \sum_{\lambda\in\Lambda}\pi(\lambda)p(a \mid x,\boldsymbol{\varphi}_\lambda)p(b \mid y,\boldsymbol{\sigma}_\lambda)$，对 $A$、$B$ 系统任意的正算子值测量集簇 $\mathcal{M}^A = \{M_{a|x}: a = 1,2,\cdots,d_x\}(x = 1,2,\cdots,m_A)$ 和 $\mathcal{M}^B = \{M_{b|y}: b = 1,2,\cdots,d_y\}(y = 1,2,\cdots,m_B)$ 成立，其中 $p(a \mid x,\boldsymbol{\varphi}_\lambda) \geqslant 0(\forall x,a)$ 且 $\sum_{a=1}^{d_x} p(a \mid x,\boldsymbol{\varphi}_\lambda) = 1(\forall x,\lambda)$，且 $p(b \mid y,\boldsymbol{\varphi}_\lambda)$ 是与态 $\boldsymbol{\varphi}_\lambda$ 相关的概率；$p(b \mid y,\boldsymbol{\sigma}_\lambda) \geqslant 0(\forall y,b)$ 且 $\sum_{b=1}^{d_y} p(b \mid y,\boldsymbol{\sigma}_\lambda) = 1(\forall y,\lambda)$，且 $p(b \mid y,\boldsymbol{\sigma}_\lambda)$ 是与态 $\boldsymbol{\sigma}_\lambda$ 相关的概率。

事实上，对于量子态可分、量子态不可导引，利用联合概率定义与算子方式定义是等价的。下面，我们以可分态的两种定义来证明其等价性。量子导引证明类似。

令 $\mathcal{M}_A(\mathcal{M}_B)$ 是 $A(B)$ 系统 $H_A(H_B)$ 上的所有可观测量，$A \in \mathcal{M}_A$，$A$ 的特征值记为 $\lambda(A)$。令 $P(a \mid A;\boldsymbol{\rho})$ 表示对态 $\boldsymbol{\rho}$ 执行局域测量 $A$，测量结果为 $a$ 的概率。

**命题 6.1**[22]　态 $\boldsymbol{\rho}_{AB} \in S(H_A \otimes H_B)$ 可分的两种定义是等价的，即下列陈述是等价的：

(1) $\boldsymbol{\rho}_{AB}$ 是可分的；

(2)对所有的 $a \in \lambda(A)$，$b \in \lambda(B)$，所有的 $A \in \mathcal{M}_A$，$B \in \mathcal{M}_B$，存在 $P(a \mid A;\boldsymbol{\sigma}_\xi)$ 是 $A$ 系统与态 $\sigma_\xi \in S(H_A)$ 相关的隐变量概率，$P(b \mid B;\varphi_\xi)$ 是 $B$ 系统与态 $\boldsymbol{\varphi}_\xi \in S(H_B)$ 相关的隐变量概率，$\varphi(\boldsymbol{\xi})$ 是隐变量 $\boldsymbol{\xi}$ 的概率，使得 $P(a \mid A,b \mid B;\boldsymbol{\rho}_{AB}) = \sum_{\xi} P(a \mid A;\boldsymbol{\sigma}_\xi)P(b \mid B;\boldsymbol{\varphi}_\xi)\varphi(\boldsymbol{\xi})$ 。

**证明**：这个命题在参考文献[22]中没有给出证明，我们在此给出这个命题的严格证明。

先证明(1)⇒(2)。

设 $\boldsymbol{\rho}_{AB}$ 为可分态，如果 $\boldsymbol{\rho}_{AB}$ 是可数可分解的，则 $\boldsymbol{\rho}_{AB}$ 可以表示成

$$\boldsymbol{\rho}_{AB} = \sum_i p_i \boldsymbol{\rho}_i^A \otimes \boldsymbol{\rho}_i^B, \sum_i p_i = 1, p_i \geqslant 0$$

于是对任意的 $a \in \lambda(A), b \in \lambda(B)$，所有的 $A \in \mathcal{M}_A, B \in \mathcal{M}_B$，有

$$\begin{aligned} P(a \mid A, b \mid B; \boldsymbol{\rho}_{AB}) &= \mathrm{Tr}[(\Pi_a^A \otimes \Pi_b^B)\boldsymbol{\rho}_{AB}] \\ &= \sum_i p_i \, \mathrm{Tr}_A(\Pi_a^A \boldsymbol{\rho}_i^A) \, \mathrm{Tr}_B(\Pi_b^B \boldsymbol{\rho}_i^B) \\ &= \sum_i p_i P(a \mid A; \boldsymbol{\rho}_i^A) P(b \mid B; \boldsymbol{\rho}_i^B) \end{aligned}$$

所以条件(2)成立。一般来说，可分态 $\boldsymbol{\rho}_{AB}$ 是可数可分解态的按迹范数的极限，则由上式在迹范数下的连续性，容易验证条件(2)对 $\boldsymbol{\rho}_{AB}$ 成立。

接下来给出(2)⇒(1)的证明。

假设对所有的 $A \in D_A, B \in D_B$，所有的 $a \in \lambda(A), b \in \lambda(B)$，在 A、B 系统上分别对 $\boldsymbol{\rho}_{AB}$ 执行测量，得到的概率满足

$$\mathrm{Tr}[(\Pi_a^A \otimes \Pi_b^B)\boldsymbol{\rho}_{AB}] = P(a \mid A, b \mid B; \boldsymbol{\rho}_{AB}) = \sum_\xi P(a \mid A; \boldsymbol{\sigma}_\xi) P(b \mid B; \boldsymbol{\varphi}_\xi) \varphi(\boldsymbol{\xi})$$

其中，$P(a \mid A; \boldsymbol{\sigma}_\xi)$ 是 $A$ 系统与态 $\boldsymbol{\sigma}_\xi \in S(H_A)$ 相关的隐变量概率，$\varphi(\boldsymbol{\xi})$ 是隐变量 $\boldsymbol{\xi}$ 的概率，$P(b \mid B; \boldsymbol{\varphi}_\xi)$ 是 $B$ 系统与态 $\boldsymbol{\varphi}_\xi \in S(H_B)$ 相关的隐变量概率。

那么令

$$\boldsymbol{\sigma}_{AB} \doteq \sum_\xi \varphi(\boldsymbol{\xi}) \boldsymbol{\sigma}_\xi \otimes \boldsymbol{\varphi}_\xi, \sum_\xi \varphi(\boldsymbol{\xi}) = 1, \varphi(\boldsymbol{\xi}) \geqslant 0$$

$\boldsymbol{\sigma}_{AB}$ 就是一个可分态，并且对任意的测量 $\Pi^A \otimes \Pi^B$，有 $\mathrm{Tr}[(\Pi_a^A \otimes \Pi_b^B)\boldsymbol{\rho}_{AB}] = \mathrm{Tr}[(\Pi_a^A \otimes \Pi_b^B)\boldsymbol{\sigma}_{AB}]$。若能证明 $\boldsymbol{\rho}_{AB} = \boldsymbol{\sigma}_{AB}$，那么条件(1)成立。其实这个问题可转化成新的问题。

**断言**：两个态 $\boldsymbol{\rho}_{AB}$、$\boldsymbol{\sigma}_{AB} \in S(H_A \otimes H_B)$，$\boldsymbol{\sigma}_{AB}$ 可分。若对任意测量 $\Pi^A \otimes \Pi^B$，有 $\mathrm{Tr}[(\Pi_a^A \otimes \Pi_b^B)\boldsymbol{\rho}_{AB}] = \mathrm{Tr}[(\Pi_a^A \otimes \Pi_b^B)\boldsymbol{\sigma}_{AB}]$，则 $\boldsymbol{\rho}_{AB} = \boldsymbol{\sigma}_{AB}$。

下面证明断言。令 $\boldsymbol{R} = \boldsymbol{\rho}_{AB} - \boldsymbol{\sigma}_{AB}$，显然 $\boldsymbol{R}$ 是自伴的。问题变成：若 $\mathrm{Tr}[(\Pi_a^A \otimes \Pi_b^B)R] = 0$，对任意测量 $\{\Pi_a^A \otimes \Pi_b^B\}$ 成立，则有 $\boldsymbol{R} = \boldsymbol{0}$。

不妨定义泛函

$$\varphi(\boldsymbol{T}) = \mathrm{Tr}[\boldsymbol{TR}], \forall \boldsymbol{T} \in \mathcal{B}(H_A \otimes H_B)$$

且如果 $\varphi$ 在乘积投影上为零，则要证明 $\varphi = 0$。要证 $\varphi = 0$，需要证明 $\varphi(\boldsymbol{x}) = 0$ 对任意 $\boldsymbol{x} \in \mathcal{B}(H_A \otimes H_B)$ 成立。

先看有限维。令 $P^A = \{\Pi^A : \Pi^A$ 是 $H_A$ 上投影全体$\}$，那么 $\mathcal{L}^A = \mathrm{span}\{\Pi^A \in P^A\} = \mathcal{B}(H_A)$。若 $\boldsymbol{TT}^\dagger = \boldsymbol{T}^\dagger\boldsymbol{T}$（即 T 正规），则 $\boldsymbol{T}$ 有谱分解 $\boldsymbol{T} = \sum_i \lambda_i \Pi_i^A \in \mathcal{L}^A$。因为 $\forall \boldsymbol{T} \in \mathcal{B}(H_A)$，$\boldsymbol{T} = \Re\boldsymbol{T} + \mathrm{i}\Im\boldsymbol{T}$，其中 $\Re\boldsymbol{T}$、$\Im\boldsymbol{T}$ 都是自伴算子。所以，对 $\forall \boldsymbol{T}^A$，有 $\boldsymbol{T}^A \otimes \Pi^B \in \mathrm{span}\{P^A \otimes P^B\}$。固定 $\boldsymbol{T}^A$，对 $\forall \boldsymbol{T}^B$，有 $\boldsymbol{T}^A \otimes \boldsymbol{T}^B \in \mathrm{span}\{P^A \otimes P^B\}$，因此 $\varphi(\boldsymbol{T}^A \otimes \boldsymbol{T}^B) = 0$。

由于 $\mathcal{B}(H_A \otimes H_B) = \mathcal{B}(H_A) \otimes \mathcal{B}(H_B) = \mathrm{span}\{\boldsymbol{T}^A \otimes \boldsymbol{T}^B, \boldsymbol{T}^A \in \mathcal{B}(H_A), \boldsymbol{T}^B \in \mathcal{B}(H_B)\}$，对任意的 $\boldsymbol{T} \in \mathcal{B}(H_A) \otimes \mathcal{B}(H_B)$，$\varphi(\boldsymbol{T}) = 0$。所以 $\varphi = 0$，$\boldsymbol{R} = \boldsymbol{0}$。即 $\boldsymbol{\rho}_{AB} = \boldsymbol{\sigma}_{AB}$ 是可分态。

若系统 $H = H_A \otimes H_B$ 为无限维，则根据无限维正规算子的谱分解定理，$H_A$ 系统上的可观测量 $A$ 有 $A = \int_{-\infty}^{+\infty} a\mathrm{d}F_A(a) = \int_{-\infty}^{+\infty} a\mathrm{d}\Pi_a^A$。同样地，$H_B$ 系统上的可观测量 $B$ 有 $B = \int_{-\infty}^{+\infty} a\mathrm{d}F_B(b) = \int_{-\infty}^{+\infty} b\mathrm{d}\Pi_b^B$。其中积分按强算子拓扑收敛。因为对无限维系统 $H_A$ 而言，$\mathrm{span}\{\Pi^A \in P^A\}$ 在 $\mathcal{B}(H_A)$ 中稠密，所以每个正规算子都是投影算子线性组合的极限，$\forall \boldsymbol{T}^A \in \mathcal{B}(H_A)$，$\boldsymbol{T} = \Re\boldsymbol{T} + \mathrm{i}\Im\boldsymbol{T}$，$\Re\boldsymbol{T}$，$\Im\boldsymbol{T}$ 都是自伴算子。若 $\boldsymbol{T}^A$ 是正规的，则有 $\boldsymbol{T}^A = \int_{\sigma(T)} \lambda \mathrm{d}E_\lambda = \lim \sum_i \lambda_i E_i$。所以，由 $\varphi$ 的连续性，得到 $\varphi(\boldsymbol{T}^A \otimes \Pi_b^B) = \lim \varphi(\sum_i \lambda_i \boldsymbol{E}_i \otimes \Pi_b^B) = 0$。即，若 $\boldsymbol{T}^A$ 正规，则 $\varphi(\boldsymbol{T}^A \otimes \Pi_b^B) = 0$。由于 $\mathcal{B}(H_A) \otimes \mathcal{B}(H_B) = \overline{\mathrm{span}\{P^A \otimes P^B\}}$，任意固定 $\boldsymbol{T}^A \in \boldsymbol{B}(\mathrm{H_A})$，$\boldsymbol{T}^B \in \mathcal{B}(H_B)$ 可以由 $\Pi_b^B$ 逼近。所以 $\varphi$ 在 $\mathrm{span}\{\boldsymbol{T}^A \otimes \boldsymbol{T}^B\}$ 为零，再加上 $\varphi$ 的连续性，可得 $\varphi(\boldsymbol{x}) = 0$，$\boldsymbol{x} \in \mathcal{B}(H_A \otimes H_B)$。故 $\varphi = 0$，$\boldsymbol{R} = \boldsymbol{0}$。即 $\boldsymbol{\rho}_{AB} = \boldsymbol{\sigma}_{AB}$ 是可分态。

由态可分定义、态不可导引定义，很容易得出可分态一定是不可导引的；不可导引态一定是 Bell-局域的。并且，可分态集是不可导引态集的真子集，不可导引态集是 Bell-局域集的真子集。因此，量子态可导引强于量子态纠缠，弱于 Bell-非定域性。

对于任意两体高斯态，参考文献[22]提出了一个高斯量子导引判据，见定理 6.1。

**定理 6.1**[22] 假设 $\boldsymbol{\rho}_{AB} \in S(H_A \otimes H_B)$ 是任意 $(m+n)$-模高斯态且相关矩阵 $\boldsymbol{\Gamma} = \begin{pmatrix} \boldsymbol{A} & \boldsymbol{C} \\ \boldsymbol{C}^{\mathrm{T}} & \boldsymbol{B} \end{pmatrix}$，则 $\boldsymbol{\rho}_{AB}$ 在 $A$ 的所有高斯正算子值测量下是不可导引的当且仅当

$$\boldsymbol{\Gamma} + \boldsymbol{0}_A \oplus \mathrm{i}\boldsymbol{J}_B \geqslant \boldsymbol{0} \tag{6.4}$$

其中，$\boldsymbol{J}_B = \oplus_n \begin{pmatrix} 0 & 1 \\ -1 & 0 \end{pmatrix}$。

根据定理 6.1，在高斯正算子值测量的限制下，式(6.4)是检测高斯态不可导引的充要条件。注意到，式(6.4)对于连续变量系统中的两体非高斯量子态的可导引性检测可能是不充分的，因为非高斯态的纠缠属性可能需要通过高阶矩来刻画。另外，最新研究[100]中，作者针对任意双模高斯态，考虑了利用伪自旋测量代替高斯正算子值测量检测导引，发现这些观测值在导引检测方面总是不如传统的高斯观测值敏感；并且，高斯正算子值测量可以在实验室中通过零差检测和高斯变换实现。因此，在本章讨论高斯态的导引时，我们将暂时限制在高斯正算子值测量。

## 6.2 基于局域不确定关系的导引非线性判据

近年来，量子导引引起了学者们的广泛关注。类似于检测量子态纠缠，检测量子导引的判据也不断涌现，诸如线性和非线性判据、基于协方差的或者不确定性的判据、类似于 Bell 不等式的判据等。参考文献[102 ]利用 Bell-局域态给出一种实验上可操作的检测量子态可导引的判据，假设 $A$ 系

统执行 $N$ 个测量 $\{A_k\}_{k=1}^{N}$，每个测量结果只有$\{\pm 1\}$；若 $B$ 系统执行 $N$ 个任意的测量 $\{B_k\}_{k=1}^{N}$，且态 $\boldsymbol{\rho}_{AB} \in S(H_A \otimes H_B)$ 不可导引，则有

$$\sum_{k=1}^{N} |\langle A_k \otimes B_k \rangle| \leqslant \max_{a_k}\left[\lambda_{\max}\left(\sum_{k=1}^{N} a_k B_k\right)\right]$$

其中，$\lambda_{\max}(X)$ 为 $X$ 的最大特征值，$a_k = \pm 1$ 。

基于测量的判据例如还有局域不确定性判据。一般地，局域不确定关系[101]是指不能同时精确测量系统两个或多个可观测量的数值。对于一个两体量子系统 $H = H_A \otimes H_B$，给定 $H_A$ 或者 $H_B$ 系统中的一些不可交换的可观测量 $\{A_k\}$或$\{B_k\}$，总存在 $C_A > 0(C_B > 0)$ 使得

$$\sum_k \delta^2(A_k) \geqslant C_A, \ \sum_k \delta^2(B_k) \geqslant C_B \tag{6.5}$$

对所有 $\boldsymbol{\rho}_{AB} \in S(H_A \otimes H_B)$ 成立，其中 $\delta^2(A) = \langle A^2 - \langle A \rangle^2 \rangle = \langle A^2 \rangle - \langle A \rangle^2$ 表示态关于可观测量 $A$ 的方差。

参考文献[103]基于局域不确定关系给出了有限维量子态可导引的判据。

**定理 6.2**[103] （局域不确定性导引判据）假设两体态 $\boldsymbol{\rho}_{AB} \in S(H_A \otimes H_B)$ 是 $A$ 不可导引 $B$($B$ 不可导引 $A$)的，则对系统 $H_A$ 和 $H_B$ 任意的不可交换的可观测量集 $\{A_k\}$ 和 $\{B_k\}$，有下面的不等式成立

$$\sum_k \delta^2(A_k \otimes I + I \otimes B_k) \geqslant C_A(C_B) \tag{6.6}$$

其中 $C_A(C_B)$ 为式(6.5)中不确定关系中的下界。特别地，若可观测量 $\{A_k\}$ 为局域正交可观测量(LOO)，则 $C_A = d_A - 1$，其中 $d_A = \dim H_A$。

不过，源于这种关联本身的复杂性、不对称性，有些量子导引的判据比较耗时以及度量计算比较复杂，因此，为了满足更多的科研需求，需要寻求更多的量子导引的度量及判据。在本节，我们针对有限维系统，从局域不确定定理出发，得到一个检测两体量子态导引的非线性判据，并且补充证明了在检测量子导引时协方差矩阵判据与局域不确定定理的等价关系。

利用定理 6.2 得到检测两体量子态导引的一个非线性判据如下。

**定理 6.3** 假设两体态 $\boldsymbol{\rho}_{AB} \in S(H_A \otimes H_B)$，$d = d_A = d_B$，若 $\boldsymbol{\rho}_{AB}$ 是 $A$

不可导引 $B$ 的，则对 $H_A$ 和 $H_B$ 系统上的任意局域正则基 $\{G_k^A\}$ 和 $\{G_k^B\}$，有如下不等式成立。

$$1+d-2\sum_{k=1}^{d^2}\langle G_k^A\otimes G_k^B\rangle-\sum_{k=1}^{d^2}\langle G_k^A\otimes I-I\otimes G_k^B\rangle^2\geqslant 0 \tag{6.7}$$

**证明:**由定理 6.2，若 $\boldsymbol{\rho}_{AB}$ 是 $A$ 不可导引 $B$ 的，则对任意局域正则基 $\{G_k^A\}$ 和 $\{G_k^B\}$，有

$$\sum_{k=1}^{d^2}\delta^2(G_k^A\otimes I+I\otimes G_k^B)\geqslant d-1$$

于是

$$\begin{aligned}&\sum_{k=1}^{d^2}\langle(G_k^A\otimes I+I\otimes G_k^B)^2\rangle-\sum_{k=1}^{d^2}\langle G_k^A\otimes I+I\otimes G_k^B\rangle^2\\=&\sum_{k=1}^{d^2}\langle(G_k^A\otimes I)^2\rangle+2\sum_{k=1}^{d^2}\langle G_k^A\otimes G_k^B\rangle+\sum_{k=1}^{d^2}\langle(I\otimes G_k^B)^2\rangle\\&-\sum_{k=1}^{d^2}\langle G_k^A\otimes I+I\otimes G_k^B\rangle^2\\=&2d+2\sum_{k=1}^{d^2}\langle G_k^A\otimes G_k^B\rangle-\sum_{k=1}^{d^2}\langle G_k^A\otimes I+I\otimes G_k^B\rangle^2\\\geqslant& d-1\end{aligned}$$

从而

$$1+d+2\sum_{k=1}^{d^2}\langle G_k^A\otimes G_k^B\rangle-\sum_{k=1}^{d^2}\langle G_k^A\otimes I+I\otimes G_k^B\rangle^2\geqslant 0 \tag{6.8}$$

因此当 $\boldsymbol{\rho}_{AB}$ 是 $A$ 不可导引 $B$ 的，式(6.8)对所有局域正则可观测量都成立，我们用 $\{-G_k^B\}$ 代替 $\{G_k^B\}$，有

$$1+d-2\sum_{k=1}^{d^2}\langle G_k^A\otimes G_k^B\rangle-\sum_{k=1}^{d^2}\langle G_k^A\otimes I-I\otimes G_k^B\rangle^2\geqslant 0 \tag{6.9}$$

即当 $\boldsymbol{\rho}_{AB}$ 是 $A$ 不可导引 $B$ 的，式(6.9)对 $H_A$ 和 $H_B$ 系统上的所有局域正则基 $\{G_k^A\}$ 和 $\{G_k^B\}$ 都成立。证毕。

令

$$F(\boldsymbol{\rho}_{AB})=1+d-2\sum_{k=1}^{d^2}\langle G_k^A\otimes G_k^B\rangle-\sum_{k=1}^{d^2}\langle G_k^A\otimes I-I\otimes G_k^B\rangle^2 \tag{6.10}$$

则 $F(\boldsymbol{\rho}_{AB})$ 可以用来作为量子态 $\boldsymbol{\rho}_{AB}$ 可导引的一个非线性判据。即，若存在一组完备局域正则可观测量 $\{G_k^{A'}\}$ 和 $\{G_k^{B'}\}$，使得 $F(\boldsymbol{\rho}_{AB})<0$，则 $\boldsymbol{\rho}_{AB}$ 是 $A$ 可导引 $B$ 的。因此我们考虑取遍 $H_A$ 和 $H_B$ 系统上所有的局域正则基进行优化，记

$$F_{\text{opt}}(\boldsymbol{\rho}_{AB}) = \min_{\{G_k^A, G_k^B\}} F(\boldsymbol{\rho}_{AB})$$

当 $\boldsymbol{\rho}_{AB}$ 是 $A$ 不可导引 $B$ 的，$F_{\text{opt}}(\boldsymbol{\rho}_{AB})\geqslant 0$；当 $\boldsymbol{\rho}_{AB}$ 是 $A$ 可导引 $B$ 的，$F_{\text{opt}}(\boldsymbol{\rho}_{AB})<0$。

**定理 6.4** 设两体态 $\boldsymbol{\rho}_{AB}\in S(H_A\otimes H_B)$，$d=d_A=d_B$，则

$$\begin{aligned} F_{\text{opt}}(\boldsymbol{\rho}_{AB}) &= \min[F(\boldsymbol{\rho}_{AB})] \\ &= 1+d-[\operatorname{Tr}(\boldsymbol{\rho}_A^2)+\operatorname{Tr}(\boldsymbol{\rho}_B^2)]-2\|\boldsymbol{\tau}\| \end{aligned} \tag{6.11}$$

其中，最小值取遍 $H_A$、$H_B$ 中所有的局域正则基，$\boldsymbol{\tau}$ 为 $\boldsymbol{\rho}_{AB}$ 的协方差矩阵，$\tau_{ij}=\langle G_i^A\otimes G_j^B\rangle-\langle G_i^A\otimes I\rangle\langle I\otimes G_j^B\rangle$，$\|\cdot\|$ 为迹范数。

并且，当取 $\boldsymbol{\rho}_{AB}-\boldsymbol{\rho}_A\otimes\boldsymbol{\rho}_B$ 在算子空间的 Schmidt 分解所对应的局域正则可观测量 LOO 时，$F(\boldsymbol{\rho}_{AB})$ 达到了最小值 $F_{\text{opt}}(\boldsymbol{\rho}_{AB})$。

**证明：**首先，对于给定的局域正则基 $\{G_k^A\}$ 和 $\{G_k^B\}$ 有

$$\begin{aligned} F(\boldsymbol{\rho}_{AB}) &= 1+d-2\sum_{k=1}^{d^2}\langle G_k^A\otimes G_k^B\rangle-\sum_{k=1}^{d^2}\langle G_k^A\otimes I-I\otimes G_k^B\rangle^2 \\ &= 1+d-\sum_{k=1}^{d^2}[\langle G_k^A\otimes I\rangle^2+\langle I\otimes G_k^B\rangle^2]-2\sum_{k=1}^{d^2}[\langle G_k^A\otimes G_k^B\rangle \\ &\quad -\langle G_k^A\otimes I\rangle\langle I\otimes G_k^B\rangle] \\ &= 1+d-[\operatorname{Tr}(\boldsymbol{\rho}_A^2)+\operatorname{Tr}(\boldsymbol{\rho}_B^2)]-2\sum_k\tau_{kk} \end{aligned}$$

因为对任意局域正则基 $\{\widetilde{G}_k^A\}$、$\{\widetilde{G}_k^B\}$，存在实正交矩阵 $\boldsymbol{U}=(U_{kl})$，$\boldsymbol{V}=(V_{ij})$，使得 $\widetilde{G}_k^A=\sum_l U_{kl}G_l^A$，$\widetilde{G}_k^B=\sum_m V_{km}G_m^B$。故在任意局域正则基 $\{\widetilde{G}_k^A\}$ 和 $\{\widetilde{G}_k^B\}$ 下有

$$\begin{aligned} \widetilde{F}(\boldsymbol{\rho}_{AB}) &= 1+d-[\operatorname{Tr}(\boldsymbol{\rho}_A^2)+\operatorname{Tr}(\boldsymbol{\rho}_B^2)]-2\sum_k\widetilde{\tau}_{kk} \\ &= 1+d-[\operatorname{Tr}(\boldsymbol{\rho}_A^2)+\operatorname{Tr}(\boldsymbol{\rho}_B^2)]-2\sum_k(\boldsymbol{U\tau V}^{\mathrm{T}})_{kk} \end{aligned}$$

由参考文献[104]知

$$\max_{\boldsymbol{U},\boldsymbol{V}}\left[\sum_{k}(\boldsymbol{U}\boldsymbol{\tau}\boldsymbol{V}^{\mathrm{T}})_{kk}\right]=\max_{U,V}[\mathrm{Tr}(\boldsymbol{U}\boldsymbol{\tau}\boldsymbol{V}^{\mathrm{T}})]=\|\boldsymbol{\tau}\|$$

因此

$$\begin{aligned}F_{\mathrm{opt}}(\boldsymbol{\rho}_{AB})&=\min[F(\boldsymbol{\rho}_{AB})]\\&=1+d-[\mathrm{Tr}(\boldsymbol{\rho}_{A}^{2})+\mathrm{Tr}(\boldsymbol{\rho}_{B}^{2})]-2\max_{U,V}\left[\sum_{k}(\boldsymbol{U}\boldsymbol{\tau}\boldsymbol{V}^{\mathrm{T}})_{kk}\right]\\&=1+d-[\mathrm{Tr}(\boldsymbol{\rho}_{A}^{2})+\mathrm{Tr}(\boldsymbol{\rho}_{B}^{2})]-2\|\boldsymbol{\tau}\|\end{aligned}$$

证毕。

下面讨论如何选取两组特殊的局域正则基才能使得 $F(\boldsymbol{\rho}_{AB})$ 取得最小值。我们知道,复合系统的量子态 $\boldsymbol{\rho}_{AB}\in S(H_A\otimes H_B)$(假设 $d_A=d_B$),可以表示成

$$\boldsymbol{\rho}_{AB}=\sum_{k=1}^{d_A^2}\sum_{l=1}^{d_B^2}\xi_{kl}\widetilde{G}_k^A\otimes\widetilde{G}_l^B$$

其中,$\xi_{kl}$ 为实数,$\{\widetilde{G}_k^A\}$($\{\widetilde{G}_l^B\}$)是 $H_A$($H_B$)系统上的局域正则基。通过局域正则变换可以将 $\boldsymbol{\rho}_{AB}$ 表示成算子-Schmidt 形式

$$\boldsymbol{\rho}_{AB}=\sum_{k=1}^{d_A^2}\lambda_k G_k^A\otimes G_k^B$$

其中,Schmidt 系数 $\lambda_k$ 是非负的实数。

因为

$$\boldsymbol{\rho}_{AB}-\boldsymbol{\rho}_A\otimes\boldsymbol{\rho}_B=\sum_{lm}\langle G_l^A\otimes G_m^B\mid\boldsymbol{\rho}_{AB}-\boldsymbol{\rho}_A\otimes\boldsymbol{\rho}_B\rangle G_l^A\otimes G_m^B$$

且

$$\begin{aligned}\langle G_l^A\otimes G_m^B|\boldsymbol{\rho}_{AB}-\boldsymbol{\rho}_A\otimes\boldsymbol{\rho}_B\rangle&=\mathrm{Tr}[(\boldsymbol{\rho}_{AB}-\boldsymbol{\rho}_A\otimes\boldsymbol{\rho}_B)G_l^A\otimes G_m^B]\\&=\mathrm{Tr}[\boldsymbol{\rho}_{AB}G_l^A\otimes G_m^B]-\mathrm{Tr}_A[\boldsymbol{\rho}_A\otimes G_l^A]\mathrm{Tr}_B[\boldsymbol{\rho}_B\otimes G_m^B]\\&=\langle G_l^A\otimes G_m^B\rangle-\langle G_l^A\otimes\boldsymbol{I}_A\rangle\langle\boldsymbol{I}_B\otimes G_m^B\rangle\\&=\tau_{lm}\end{aligned}$$

所以有

$$\boldsymbol{\rho}_{AB}-\boldsymbol{\rho}_A\otimes\boldsymbol{\rho}_B=\sum_{lm}\tau_{lm}G_l^A\otimes G_m^B$$

对于协方差矩阵 $\boldsymbol{\tau}$,存在奇异值分解,即存在 $\widetilde{\boldsymbol{U}}$ 和 $\widetilde{\boldsymbol{V}}$ 为实正交矩阵,使

得 $\boldsymbol{\tau}=\widetilde{\boldsymbol{U}}^{\mathrm{T}}\boldsymbol{\Sigma}\widetilde{\boldsymbol{V}}$，其中 $\boldsymbol{\Sigma}$ 为对角矩阵，$\boldsymbol{\Sigma}_{kj}=\sigma_k(\tau)\delta_{kj}$，$\sigma_k(\tau)$ 为 $\tau$ 的奇异值。则 $\boldsymbol{\rho}_{AB}-\boldsymbol{\rho}_A\otimes\boldsymbol{\rho}_B$ 在算子空间的 Schmidt 分解形式为

$$\boldsymbol{\rho}_{AB}-\boldsymbol{\rho}_A\otimes\boldsymbol{\rho}_B=\sum_k\sigma_k(\tau)\widetilde{G}_k^A\otimes\widetilde{G}_k^B$$

其中 $\left\{\widetilde{G}_k^A=\sum_l U_{kl}G_l^A\right\}$，$\left\{\widetilde{G}_k^B=\sum_m V_{km}G_m^B\right\}$。若选取 $\left\{\widetilde{G}_k^A=\sum_l U_{kl}G_l^A\right\}$、$\left\{\widetilde{G}_k^B=\sum_m V_{km}G_m^B\right\}$ 这两组特殊的局域正则基，则

$$\begin{aligned}\widetilde{F}(\boldsymbol{\rho}_{AB})&=1+d-[\mathrm{Tr}(\boldsymbol{\rho}_A^2)+\mathrm{Tr}(\boldsymbol{\rho}_B^2)]-2\sum_k\widetilde{\tau}_{kk}\\&=1+d-[\mathrm{Tr}(\boldsymbol{\rho}_A^2)+\mathrm{Tr}(\boldsymbol{\rho}_B^2)]-2\sum_k\sigma_k(\tau)\\&=1+d-[\mathrm{Tr}(\boldsymbol{\rho}_A^2)+\mathrm{Tr}(\boldsymbol{\rho}_B^2)]-2\|\boldsymbol{\tau}\|\\&=F_{\mathrm{opt}}(\boldsymbol{\rho}_{AB})\end{aligned}$$

故当我们选取 $\boldsymbol{\rho}_{AB}-\boldsymbol{\rho}_A\otimes\boldsymbol{\rho}_B$ 在算子空间中的 Schmidt 分解对应的局域正则基时，$F$ 取得最小值。证毕。

参考文献[103]也给出了协方差矩阵的量子导引判据，见定理 6.5；并且给出了由局域不确定定理与协方差矩阵判据判断量子态可导引的关系，实际上，定理 6.2 与定理 6.5 是等价的，参考文献[103]给出了一部分证明，我们在此将其证明补充完整。

对有限维量子系统，也可以由局域可观测量来定义量子态的协方差矩阵[3]。选择空间 $H_A$ 中的可观测量集合 $\{A_k:k=1,2,\cdots,m\}$ 和空间 $H_B$ 中的可观测量集合 $\{B_k:k=1,2,\cdots,n\}$，考虑 $H=H_A\otimes H_B$ 中 $mn$ 个可观测量的集合 $\{M_i\}=\{A_k\otimes\boldsymbol{I}_B,\boldsymbol{I}_A\otimes B_l\}$，那么关于 $\{M_i\}$，量子态 $\boldsymbol{\rho}_{AB}\in S(H)$ 的协方差矩阵 $\boldsymbol{\gamma}=(\gamma_{ij})$ 定义为

$$\gamma_{ij}(\boldsymbol{\rho}_{AB})=\frac{\langle M_iM_j\rangle+\langle M_jM_i\rangle}{2}-\langle M_i\rangle\langle M_j\rangle \tag{6.12}$$

其中，$\langle M\rangle=\mathrm{Tr}(\boldsymbol{\rho}_{AB}M)$。则量子态 $\boldsymbol{\rho}_{AB}\in S(H)$ 关于 $\{M_i\}$ 协方差矩阵 $\boldsymbol{\gamma}_{AB}$ 可表示为

$$\boldsymbol{\gamma}_{AB}(\boldsymbol{\rho}_{AB})=\begin{pmatrix}\boldsymbol{A}&\boldsymbol{C}\\\boldsymbol{C}^{\mathrm{T}}&\boldsymbol{B}\end{pmatrix} \tag{6.13}$$

其中，$\boldsymbol{A}=\gamma(\boldsymbol{\rho}_A)$，$\boldsymbol{B}=\gamma(\boldsymbol{\rho}_B)$，$\boldsymbol{\rho}_A=\mathrm{Tr}_B(\boldsymbol{\rho}_{AB})$，$\boldsymbol{\rho}_B=\mathrm{Tr}_A(\boldsymbol{\rho}_{AB})$，$\boldsymbol{C}$ 为两系统的关联矩阵。容易看出，式(6.12)定义的相关矩阵是实对称矩阵。事实上，对连续变量系统，相关矩阵的定义亦是如此。

**定理 6.5**[102] （协方差矩阵判据）若两体态 $\boldsymbol{\rho}_{AB}\in S(H_A\otimes H_B)$ 是 $A$ 不可导引 $B$ 的，其协方差矩阵 $\boldsymbol{\gamma}_{AB}$ 形如式(6.13)，则 $\boldsymbol{\gamma}_{AB}$ 满足

$$\boldsymbol{\gamma}_{AB}\geqslant \boldsymbol{0}_A\oplus\boldsymbol{\kappa}_B \tag{6.14}$$

其中，$\boldsymbol{\kappa}_B=\sum_k p_k\gamma(|b_k\rangle\langle b_k|)$，$\{p_k,|b_k\rangle\}$ 为 $\boldsymbol{\rho}_B$ 的纯态系统分解，即 $\boldsymbol{\rho}_B=\sum_k p_k|b_k\rangle\langle b_k|$，$\boldsymbol{\rho}_B=\mathrm{Tr}_A(\rho_{AB})$，$\boldsymbol{0}_A$ 是 $M\times M$ 的零矩阵，这里 $M$ 为 $H_A$ 系统的可观测量的个数。否则，$\boldsymbol{\rho}_{AB}$ 是 $A$ 可导引 $B$ 的。

下面我们补充证明局域不确定定理与协方差矩阵判据检测量子态可导引的等价关系。

**定理 6.6** 设两体态 $\boldsymbol{\rho}_{AB}\in S(H_A\otimes H_B)$，如果 $\boldsymbol{\rho}_{AB}$ 满足协方差矩阵判据式(6.14)当且仅当 $\boldsymbol{\rho}_{AB}$ 满足局域不确定定理(6.6)。

**证明：**参考文献[103]已证明该定理的充分性，即若 $\boldsymbol{\rho}_{AB}$ 违背协方差矩阵不等式，则违背局域不确定定理。

下面证明其必要性。令 $N=\sum_k v_kM_k$ 是可观测量 $M_k$ 的线性组合，则 $\delta^2(N)=\sum_{i,j}v_i\gamma(\{M_k\})_{ij}v_j=\langle v|\gamma(\{M_k\})|v\rangle$。

采用反证法。假设 $\boldsymbol{\rho}_{AB}$ 违反了局域不确定定理，则存在 $\{\widetilde{A}_k\}$ 和 $\{\widetilde{B}_k\}$，使得

$$\delta^2(\widetilde{A}_k\otimes I+I\otimes\widetilde{B}_k)=\langle\alpha^{(k)}\oplus\beta^{(k)}|\gamma_{AB}|\alpha^{(k)}\oplus\beta^{(k)}\rangle<C_B \tag{6.15}$$

其中，$\widetilde{A}_k=\sum_l\alpha_l^{(k)}A_l$，$\widetilde{B}_k=\sum_l\beta_l^{(k)}B_l$，$\{A_k\}$ 和 $\{B_k\}$ 为定义协方差矩阵 $\boldsymbol{\gamma}_{AB}$ 时采取的局域可观测量，$\alpha^{(k)}=\{\alpha_l^{(k)}\}$，$\beta^{(k)}=\{\beta_l^{(k)}\}$。

对于 $\boldsymbol{0}_A\oplus\boldsymbol{\kappa}_B$，我们有

$$\langle\alpha^{(k)}\oplus\beta^{(k)}|\boldsymbol{0}_A\oplus\boldsymbol{\kappa}_B|\alpha^{(k)}\oplus\beta^{(k)}\rangle=\sum_l p_l\delta^2(\widetilde{B}_k)_{|b_l\rangle\langle b_l|}$$

如果 $\boldsymbol{\rho}_{AB}$ 协方差矩阵满足 $\boldsymbol{\gamma}_{AB}\geqslant\boldsymbol{0}_A\oplus\boldsymbol{\kappa}_B$，则

$$
\begin{aligned}
&\sum_k \delta^2(\tilde{A}_k \otimes I + I \otimes \tilde{B}_k) \\
&= \sum_k \langle \alpha^{(k)} \oplus \beta^{(k)} \mid \boldsymbol{\gamma}_{AB} \mid \alpha^{(k)} \oplus \beta^{(k)} \rangle \\
&\geqslant \sum_k \langle \alpha^{(k)} \oplus \beta^{(k)} \mid \mathbf{0}_A \oplus \boldsymbol{\kappa}_B \mid \alpha^{(k)} \oplus \beta^{(k)} \rangle \\
&= \sum_l p_l \cdot \sum_k \delta^2 \ (\tilde{B}_k)_{|b_l\rangle\langle b_l|} \\
&\geqslant \min_{|b\rangle\langle b|} \left[ \sum_k \delta^2 \ (\tilde{B}_k)_{|b\rangle\langle b|} \right] \\
&\geqslant C_B
\end{aligned}
$$

这与式(6.15)矛盾。证毕。

下面我们通过一个例子来看一下定理 6.4 这个判据的有效性。

**例 6.1** 让我们考虑两体态

$$\boldsymbol{\rho}_{AB} = p \mid \varphi^- \rangle\langle \varphi^- \mid + (1-p)\rho_s \tag{6.16}$$

这里 $\mid \varphi^- \rangle = \frac{1}{\sqrt{2}}(\mid 01\rangle - \mid 10\rangle)$ 是一个 Bell 态，$\rho_s = \frac{2}{3} \mid 00\rangle\langle 00 \mid + \frac{1}{3} \mid 01\rangle\langle 01 \mid$。

通过计算，我们运用定理 6.4 中的式(6.11)得到，若式(6.16)中的态 $\boldsymbol{\rho}_{AB}$ 是双边可导引的，则 $p > 0.67116$。参考文献[105]提出的不等式，证明了该两体态在 $p \geqslant 0.748$ 时是双边可导引的，参考文献[106]提出的熵的不确定关系中，证明了 $p > 0.6391$ 时该两体量子态是 $A$ 可导引 $B$ 的，当 $p > 0.604$ 时该两体量子态是 $B$ 可导引 $A$ 的。

通过对比，式(6.11)的方法优于参考文献[105]中的方法，可以检测到参考文献[105]中的方法无法识别的量子态，但是弱于参考文献[106]中的方法。不过，式(6.11)容易计算，所以也是一种有效的判据。

本节中的非线性导引判据是针对有限维量子态而言的，为进一步构造连续变量系统量子态的非线性导引判据提供一定的方法和思路。

## 6.3 两体高斯态的量子导引 witness

我们知道,无限维量子系统特别是连续变量系统受到了人们的广泛关注,其中高斯态在量子力学里扮演着重要的角色,目前已经有不少学者研究高斯态量子导引的度量及判据,但这个领域的成果还不是很丰富。为满足量子信息任务的不同要求,探寻更实用的导引判据和度量依然是重要的工作。在本节,我们研究了高斯态量子导引 witness 判据,提出连续变量系统量子导引 witness 的定义及性质;基于量子导引 witness,给出检测两体高斯态可导引的判据;并研究了两个导引 witness 在什么条件下是具有序关系即可比较的,在什么条件下导引 witness 可以成为最优 witness,以及在什么条件下不同的导引 witness 可以检测相同的高斯态。

### 6.3.1 高斯态的导引 witness 判据

量子纠缠在量子信息论中起着重要的作用,是核心的量子资源,并且在量子信息处理中得到了广泛的应用。纠缠的检测引起了学者们的广泛关注,得到了很多判据,如正映射判据、纠缠 witness 判据、PPT 判据、重排判据等。在这些判据中,纠缠 witness 判据[107]为两体量子态的可分性提供了一个充分必要条件,是探测纠缠的重要工具之一。由于纠缠 witness 是可观测量,可以在实验室中通过实验装置来实现对纠缠态的探测,所以,纠缠 witness 的研究一直是纠缠刻画问题中的热点之一[108-113]。

在量子力学中,可观测量用状态空间 $H$ 上的自伴算子(当 $\dim H=+\infty$ 时,可能是无界的)来表示。对于给定可观测量 $\boldsymbol{W}$ 和已知量子态 $\boldsymbol{\rho}$,其测量结果由 $\mathrm{Tr}(\boldsymbol{W\rho})$ 来表示。一个作用于可分复 Hilbert 空间 $H=H_A\otimes H_B$ 上的自伴算子 $\boldsymbol{W}$ 是一个纠缠 witness,是指 $\boldsymbol{W}$ 满足以下条件:

(1)自伴算子 $\boldsymbol{W}$ 不是正的；

(2)对所有可分量子态 $\boldsymbol{\rho}_{AB}\in S(H_A\otimes H_B)$，有 $\mathrm{Tr}(\boldsymbol{W}\boldsymbol{\rho}_{AB})\geqslant 0$ 成立。

参考文献[107]表明，一个两体量子态是纠缠的当且仅当至少存在一个纠缠 witness$\boldsymbol{W}$ 可以检测该量子态，即任何纠缠态都可以被某个纠缠 witness 识别。然而，一个纠缠 witness 只能识别部分纠缠态，即并不存在一个万能的可以检测所有纠缠态的纠缠 witness。因此，参考文献[108]提出了最优纠缠 witness 的概念，并给出了一些检验纠缠 witness 最优性的方法，其他相关内容可参阅参考文献[109—114]。

量子导引具有奇特的非对称性，无论是离散系统，还是连续变量系统，量子态导引一定是纠缠的，所以可以考虑借助于纠缠的一些思想来讨论量子导引。因此，基于纠缠 witness 的这种思想，我们考虑连续变量系统中高斯态的量子导引 witness。

方便起见，我们先给出下列符号说明。我们用 $Sym(2N,\mathbb{R})$ 表示所有 $2N\times 2N$ 阶实对称矩阵的集合。注意，一个相关矩阵 $\boldsymbol{\Gamma}$ 可以描述一个物理量子态，当且仅当它满足不确定性关系 $\boldsymbol{\Gamma}+\mathrm{i}\boldsymbol{J}\geqslant\boldsymbol{0}$。设 $\mathcal{CM}(2(m+n),\mathbb{R})$ 表示 $(m+n)$-模连续变量系统中满足不确定性关系的所有相关矩阵的集合，即

$$\mathcal{CM}(2(m+n),\mathbb{R})$$

$$=\left\{\boldsymbol{\Gamma}\in Sym(2(m+n),\mathbb{R}):\boldsymbol{\Gamma}\pm\mathrm{i}\boldsymbol{J}\geqslant\boldsymbol{0},\boldsymbol{J}=\oplus_{m+n}\begin{pmatrix}0&1\\-1&0\end{pmatrix}\right\}\quad(6.17)$$

由定理 6.1，若 $\boldsymbol{\rho}_{AB}\in S(H_A\otimes H_B)$ 是任意 $(m+n)$-模高斯态且相关矩阵 $\boldsymbol{\Gamma}=\begin{pmatrix}\boldsymbol{A}&\boldsymbol{C}\\\boldsymbol{C}^{\mathrm{T}}&\boldsymbol{B}\end{pmatrix}$，则 $\boldsymbol{\rho}_{AB}$ 在 $A$ 的所有高斯正算子值测量下是不可导引的当且仅当

$$\boldsymbol{\Gamma}+\boldsymbol{0}_A\oplus\mathrm{i}\boldsymbol{J}_B\geqslant\boldsymbol{0}$$

这里 $\boldsymbol{J}_B=\oplus_n\begin{pmatrix}0&1\\-1&0\end{pmatrix}$

因此我们记 $N=m+n$，并令

$$US_{A|B}(2N,\mathbb{R})$$

$$=\left\{\boldsymbol{\Gamma}\in(2N,\mathbb{R}):\boldsymbol{\Gamma}+\boldsymbol{0}_A\oplus \mathrm{i}\boldsymbol{J}_B\geqslant \boldsymbol{0},\boldsymbol{0}_A\in M_{2m}(\mathbb{R}),\boldsymbol{J}_B=\oplus_n\begin{pmatrix}0 & 1\\ -1 & 0\end{pmatrix}\right\} \tag{6.18}$$

即将 $US_{A|B}(2N,\mathbb{R})$ 中的元素定义为定理 6.1 中 $A$ 不可导引 $B$ 量子态的相关矩阵。易知 $US_{A|B}(2N,\mathbb{R})$ 是 $\mathcal{CM}(2(m+n),\mathbb{R})$ 中的一个闭凸集，因此，根据 Hahn-Banach 定理，进一步可以考虑用超平面将可导引相关矩阵和不可导引相关矩阵进行分离识别。并且，下面的结果给出了 $US_{A|B}(2N,\mathbb{R})$ 的另一个性质。

**性质 6.1** 假设 $\boldsymbol{\Gamma}\in US_{A|B}(2N,\mathbb{R})$，则对于任意的正定矩阵 $\boldsymbol{P}\in Sym(2N,\mathbb{R})$ 和任意的数 $\alpha>1$，有 $\boldsymbol{\Gamma}+\boldsymbol{P}\in US_{A|B}(2N,\mathbb{R})$ 且 $\alpha\boldsymbol{\Gamma}\in US_{A|B}(2N,\mathbb{R})$。

**证明**：对于任意的正定矩阵 $\boldsymbol{P}\in Sym(2N,\mathbb{R})$，通过式(6.18)，显然有 $\boldsymbol{\Gamma}+\boldsymbol{P}\in US_{A|B}(2N,\mathbb{R})$。对于任意的数 $\alpha>1$，有

$$\alpha\boldsymbol{\Gamma}+\mathrm{i}\boldsymbol{J}=(\alpha-1)\boldsymbol{\Gamma}+\boldsymbol{\Gamma}+\mathrm{i}\boldsymbol{J}>\boldsymbol{\Gamma}+\mathrm{i}\boldsymbol{J}\geqslant\boldsymbol{0}$$

且

$$\alpha\boldsymbol{\Gamma}+\boldsymbol{0}_A\oplus\mathrm{i}\boldsymbol{J}_B=(\alpha-1)\boldsymbol{\Gamma}+\boldsymbol{\Gamma}+\boldsymbol{0}_A\oplus\mathrm{i}\boldsymbol{J}_B>\boldsymbol{\Gamma}+\boldsymbol{0}_A\oplus\mathrm{i}\boldsymbol{J}_B\geqslant\boldsymbol{0}$$

则我们有 $\alpha\boldsymbol{\Gamma}\in US_{A|B}(2N,\mathbb{R})$。

下面，我们给出高斯态的导引 witness 的定义，然后讨论导引 witness 的一些性质。记

$$\mathcal{W}_{A|B}(2N,\mathbb{R})=\{\boldsymbol{W}\in Sym(2N,\mathbb{R}):\mathrm{Tr}(\boldsymbol{W\Gamma})\geqslant 1,\boldsymbol{\Gamma}\in US_{A|B}(2N,\mathbb{R})\} \tag{6.19}$$

我们称 $\boldsymbol{W}\in\mathcal{W}_{A|B}(2N,\mathbb{R})$ 是在 $(m+n)$-模两体连续变量系统中从 $A$ 到 $B$ 的导引 witness，这里 $N=m+n$。也就是说，$\boldsymbol{W}\in\mathcal{W}_{A|B}(2N,\mathbb{R})$ 中的元素可以检测可导引的相关矩阵，从而能完全检测对应的可导引的高斯态。因此，$\boldsymbol{W}\in\mathcal{W}_{A|B}(2N,\mathbb{R})$ 中的所有矩阵将被称为关于分割 $A\mid B$ 的导引

witness.

通过导引 witness，我们给出检验任意 $(m+n)$-模高斯态可导引的判据。

**定理 6.7(导引 witness 判据)** 假设 $\boldsymbol{\rho}_{AB}\in S(H_A\otimes H_B)$ 是任意 $(m+n)$-模高斯态且相关矩阵 $\boldsymbol{\Gamma}=\begin{pmatrix}\boldsymbol{A} & \boldsymbol{C}\\ \boldsymbol{C}^{\mathrm{T}} & \boldsymbol{B}\end{pmatrix}$，则 $\boldsymbol{\rho}_{AB}$ 是 $A$ 不可导引 $B$ 的当且仅当对于所有的 $\boldsymbol{W}\in\mathcal{W}_{A|B}(2(m+n),\mathbb{R})$，有 $\mathrm{Tr}(\boldsymbol{W\Gamma})\geqslant 1$ 成立。

**证明:**(1)"必要性"的证明。如果 $\boldsymbol{\rho}_{AB}$ 是 $A$ 不可导引 $B$ 的，由定理 6.1 及式(6.17)知对于所有的 $\boldsymbol{W}\in\mathcal{W}_{A|B}(2(m+n),\mathbb{R})$，有 $\mathrm{Tr}(\boldsymbol{W\Gamma})\geqslant 1$ 成立。

(2)"充分性"的证明。运用反证法，假设 $\boldsymbol{\rho}_{AB}$ 是 $A$ 可导引 $B$ 的，则由定理 6.1 知 $\boldsymbol{\Gamma}\notin US_{A|B}(2N,\mathbb{R})$，这里 $N=m+n$。因为集合 $US_{A|B}(2N,\mathbb{R})$ 是闭凸集，由 Hahn-Banach 定理，存在一个超平面可以将该凸集与可导引的相关矩阵分割开。即对于所有的 $\boldsymbol{\Gamma}'\in US_{A|B}(2N,\mathbb{R})$，存在 $\boldsymbol{W}_1\in Sym(2N,\mathbb{R})$ 使得

$$\mathrm{Tr}(\boldsymbol{W}_1\boldsymbol{\Gamma}')\geqslant m=\inf_{\boldsymbol{\Gamma}'\in \mathrm{US}_{A|B}(2\mathrm{N},\mathbb{R})} Tr(\boldsymbol{W}_1\boldsymbol{\Gamma}')>\mathrm{Tr}(\boldsymbol{W}_1\boldsymbol{\Gamma}) \tag{6.20}$$

容易得知 $m>0$，否则我们假设 $m\leqslant 0$。如果 $\boldsymbol{W}_1$ 不是正算子，则 $\boldsymbol{W}_1$ 存在一个负特征值 $\lambda_0<0$，且它对应的特征向量为 $|\varphi\rangle$。对于任意的 $\eta>0$ 和任意的 $\boldsymbol{\Gamma}'\in US_{A|B}(2N,\mathbb{R})$，令 $\boldsymbol{\Gamma}_0=\boldsymbol{\Gamma}'+\eta|\varphi\rangle\langle\varphi|$，通过性质 6.1，$\boldsymbol{\Gamma}_0\in US_{A|B}(2N,\mathbb{R})$。注意，当 $\eta\to+\infty$ 时，$\mathrm{Tr}(\boldsymbol{W}_1\boldsymbol{\Gamma}_0)=\mathrm{Tr}(\boldsymbol{W}_1\boldsymbol{\Gamma}')+\eta\mathrm{Tr}(\boldsymbol{W}_1|\varphi\rangle\langle\varphi|)=\mathrm{Tr}(\boldsymbol{W}_1\boldsymbol{\Gamma}')+\lambda_0\eta\||\varphi\rangle\|^2\to-\infty$，这意味着，对于足够大的 $\eta>0$，我们有 $\mathrm{Tr}(\boldsymbol{W}_1\boldsymbol{\Gamma}_0)\leqslant\mathrm{Tr}(\boldsymbol{W}_1\boldsymbol{\Gamma})$，这与式(6.18)矛盾。因此 $\boldsymbol{W}_1$ 是正算子且 $\mathrm{Tr}(\boldsymbol{W}_1\boldsymbol{\Gamma}')\geqslant 0$。进一步，我们可以得到 $\mathrm{Tr}(\boldsymbol{W}_1\boldsymbol{\Gamma}')>0$。实际上，通过 Williamson normal form 定理可知，对于任意 $\boldsymbol{\Gamma}'\in US_{A|B}(2N,\mathbb{R})$，存在一个辛矩阵 $\boldsymbol{S}\in Sym(2N,\mathbb{R})$ 使得 $\boldsymbol{S\Gamma}'\boldsymbol{S}^T=\boldsymbol{\Gamma}''=\bigoplus_{i=1}^{N}\begin{pmatrix}v_i & 0\\ 0 & v_i\end{pmatrix}$，这里 $v_i\geqslant 1$。所以

$$\mathrm{Tr}(\boldsymbol{W}_1\boldsymbol{\Gamma}')=\mathrm{Tr}(\boldsymbol{W}_1\boldsymbol{S}^{-1}\boldsymbol{\Gamma}''(\boldsymbol{S}^{\mathrm{T}})^{-1})=\mathrm{Tr}[(\boldsymbol{S}^{\mathrm{T}})^{-1}\boldsymbol{W}_1\boldsymbol{S}^{-1}\boldsymbol{\Gamma}'']$$

$$= \mathrm{Tr}((\boldsymbol{S}^{\mathrm{T}})^{-1}\boldsymbol{W}_1\boldsymbol{S}^{-1}(\boldsymbol{\Gamma}''-I))+\mathrm{Tr}((\boldsymbol{S}^{\mathrm{T}})^{-1}\boldsymbol{W}_1\boldsymbol{S}^{-1})$$
$$> 0$$

这与 $m \leqslant 0$ 矛盾。

因此 $m > 0$。在式(6.20)中令 $\boldsymbol{W}_0 = \frac{\boldsymbol{W}_1}{m}$，对于所有的 $\boldsymbol{\Gamma}' \in US_{A|B}(2N,\mathbb{R})$ 有

$$\mathrm{Tr}(\boldsymbol{W}_0\boldsymbol{\Gamma}') \geqslant 1 > \mathrm{Tr}(\boldsymbol{W}_0\boldsymbol{\Gamma})$$

这意味着对于 $\mathrm{Tr}(\boldsymbol{W}_0\boldsymbol{\Gamma}) < 1$ 有 $\boldsymbol{W}_0 \in \mathcal{W}_{A|B}(2N,\mathbb{R})$，矛盾。因此，$\boldsymbol{\Gamma}$ 是 $A$ 不可导引 $B$ 的，且 $\boldsymbol{\rho}_{AB}$ 是 $A$ 不可导引 $B$ 的。证毕。

从定理 6.7，我们可以看出对于任意的 $(m+n)$-模高斯态 $\boldsymbol{\rho}_{AB} \in S(H_A \otimes H_B)$ 且相关矩阵为 $\boldsymbol{\Gamma}$，$\boldsymbol{\rho}_{AB}$ 是 $A$ 可导引 $B$ 的当且仅当存在 $\boldsymbol{W}_0 \in \mathcal{W}_{A|B}(2(m+n),\mathbb{R})$ 满足 $\mathrm{Tr}(\boldsymbol{W}_0\boldsymbol{\Gamma}) < 1$。

因此，存在相应的超平面将可导引高斯态和不可导引态集进行分离。

对于一个导引 witness$\boldsymbol{W} \in \mathcal{W}_{A|B}(2(m+n),\mathbb{R})$，可通过 $D_W = \{\boldsymbol{\Gamma} \in \mathcal{CM}(2(m+n),\mathbb{R}):\mathrm{Tr}(\boldsymbol{W}\boldsymbol{\Gamma}) < 1\}$ 表示 $\boldsymbol{W}$ 能够检测到的相关矩阵的集合。

一般来说，对任意两个导引 witness$\boldsymbol{W}_1$ 和 witness$\boldsymbol{W}_2$，有以下三种不同的情况：

(1) $D_{W_1} \subseteq D_{W_2}$ 或者 $D_{W_2} \subseteq D_{W_1}$；

(2) $D_{W_1} \cap D_{W_2} = \varnothing$；

(3) $D_{W_1} \cap D_{W_2} \neq \varnothing$ 且 $D_{W_i} \not\subset D_{W_j}$，$i \neq j \in \{1,2\}$。

**定义 6.2** 对于两个导引 witness$\boldsymbol{W}_1$ 和 witness$\boldsymbol{W}_2$，如果 $D_{W_1} \subseteq D_{W_2}$，则 $\boldsymbol{W}_2$ 优于 $\boldsymbol{W}_1$，我们用 $\boldsymbol{W}_1 \prec \boldsymbol{W}_2$ 表示。并且如果 $\boldsymbol{W}_1 \prec \boldsymbol{W}_2$ 或者 $\boldsymbol{W}_2 \prec \boldsymbol{W}_1$，我们说 $\boldsymbol{W}_1$ 和 $\boldsymbol{W}_2$ 可比较，也称为具有序关系“$\prec$”。

特别地，对于导引 witness$\boldsymbol{W}$，如果没有比 $\boldsymbol{W}$ 更优的导引 witness，我们称 $\boldsymbol{W}$ 是最优的。

### 6.3.2 可比较的高斯导引 witness

关于纠缠 witness 的可比较问题，即两个纠缠 witness 具有序关系，我们有如下结论。

**命题 6.2**[115] 设 $\dim(H_A \otimes H_B) \leqslant +\infty$，$\boldsymbol{W}_1$、$\boldsymbol{W}_2$ 是两个纠缠 witness，则

(1) $\boldsymbol{W}_1 \prec \boldsymbol{W}_2$ 当且仅当存在某个正算子 $\boldsymbol{D} \geqslant \boldsymbol{0}$ 以及某个实数 $a > 0$，使得 $\boldsymbol{W}_1 = a\boldsymbol{W}_2 + \boldsymbol{D}$；

(2) $D_{W_1} = D_{W_2}$ 当且仅当存在某个 $a > 0$，使得 $\boldsymbol{W}_1 = a\boldsymbol{W}_2$。

那么，对于给定的两个导引 witness$\boldsymbol{W}_1$ 和 witness$\boldsymbol{W}_2$，它们有没有"$\prec$"序关系？在什么条件下它们有序关系？本节主要讨论两个导引 witness$\boldsymbol{W}_1$ 和 witness$\boldsymbol{W}_2$ 在什么条件下具有序关系，即在什么条件下，$\boldsymbol{W}_1(\boldsymbol{W}_2)$ 比 $\boldsymbol{W}_2(\boldsymbol{W}_1)$ 能检测更多的可导引高斯态。

下面的定理是本节的主要结论，我们得出两个导引 witness 可比较的必要条件和充要条件，进而得出最优导引 witness 判别方法。

**定理 6.8** 假设 $\boldsymbol{W}_1, \boldsymbol{W}_2 \in \mathcal{W}_{A|B}(2(m+n), \mathbb{R})$ 是两个高斯导引 witness 且 $\boldsymbol{W}_1 \prec \boldsymbol{W}_2$，令 $\lambda = \inf\limits_{\boldsymbol{\Gamma}_1 \in D_{W_1}} \dfrac{1 - \mathrm{Tr}(\boldsymbol{W}_2\boldsymbol{\Gamma}_1)}{1 - \mathrm{Tr}(\boldsymbol{W}_1\boldsymbol{\Gamma}_1)}$，则 $\lambda \geqslant 1$ 且对于任意的 $\boldsymbol{\Gamma} \in \mathcal{CM}(2(m+n), \mathbb{R})$，我们有

(1)如果 $\mathrm{Tr}(\boldsymbol{W}_1\boldsymbol{\Gamma}) = 1$，则有 $\mathrm{Tr}(\boldsymbol{W}_2\boldsymbol{\Gamma}) \leqslant 1$；

(2)如果 $\mathrm{Tr}(\boldsymbol{W}_1\boldsymbol{\Gamma}) < 1$，则有 $\mathrm{Tr}(\boldsymbol{W}_2\boldsymbol{\Gamma}) \leqslant \mathrm{Tr}(\boldsymbol{W}_1\boldsymbol{\Gamma})$；

(3)如果 $\mathrm{Tr}(\boldsymbol{W}_1\boldsymbol{\Gamma}) > 1$，则有 $\mathrm{Tr}(\boldsymbol{W}_2\boldsymbol{\Gamma}) \leqslant \lambda \mathrm{Tr}(\boldsymbol{W}_1\boldsymbol{\Gamma})$。

**证明**：假设 $\boldsymbol{W}_1, \boldsymbol{W}_2 \in \mathcal{W}_{A|B}(2(m+n), \mathbb{R})$ 是两个导引 witness 且 $\boldsymbol{W}_1 \prec \boldsymbol{W}_2$，且 $\boldsymbol{\Gamma} \in \mathcal{CM}(2(m+n), \mathbb{R})$。

(1)假设 $\mathrm{Tr}(\boldsymbol{W}_1\boldsymbol{\Gamma}) = 1$，但是 $\mathrm{Tr}(\boldsymbol{W}_2\boldsymbol{\Gamma}) > 1$。取任意的 $\boldsymbol{\Gamma}_1 \in D_{W_1}$ 和任意的正数 $x > 0$，令

$$\widetilde{\boldsymbol{\Gamma}}_x = \frac{1}{1+x}\boldsymbol{\Gamma}_1 + \frac{x}{1+x}\boldsymbol{\Gamma}$$

则 $\widetilde{\boldsymbol{\Gamma}}_x \in \mathcal{CM}(2(m+n),\mathbb{R})$ 且

$$\begin{aligned}\operatorname{Tr}(\boldsymbol{W}_1\widetilde{\boldsymbol{\Gamma}}_x) &= \frac{1}{1+x}\operatorname{Tr}(\boldsymbol{W}_1\boldsymbol{\Gamma}_1) + \frac{x}{1+x}\operatorname{Tr}(\boldsymbol{W}_1\boldsymbol{\Gamma}) \\ &< \frac{1}{1+x} + \frac{x}{1+x} = 1\end{aligned}$$

所以对于所有的 $x>0$ 有 $\widetilde{\boldsymbol{\Gamma}}_x \in D_{W_1} \subseteq D_{W_2}$。

另一方面，对于 $\boldsymbol{\Gamma}_1 \in D_{W_1} \subseteq D_{W_2}$，有 $\operatorname{Tr}(\boldsymbol{W}_2\boldsymbol{\Gamma}_1)<1$。

取任意的 $x>0$ 且 $x>\dfrac{1-\operatorname{Tr}(\boldsymbol{W}_2\boldsymbol{\Gamma}_1)}{\operatorname{Tr}(\boldsymbol{W}_2\boldsymbol{\Gamma})-1}>0$，

则

$$x\operatorname{Tr}(\boldsymbol{W}_2\boldsymbol{\Gamma}) - x > 1 - \operatorname{Tr}(\boldsymbol{W}_2\boldsymbol{\Gamma}_1)$$

所以

$$\begin{aligned}\operatorname{Tr}(\boldsymbol{W}_2\widetilde{\boldsymbol{\Gamma}}_x) &= \frac{1}{1+x}\operatorname{Tr}(\boldsymbol{W}_2\boldsymbol{\Gamma}_1) + \frac{x}{1+x}\operatorname{Tr}(\boldsymbol{W}_2\boldsymbol{\Gamma}) \\ &= \frac{\operatorname{Tr}(\boldsymbol{W}_2\boldsymbol{\Gamma}_1) + x\operatorname{Tr}(\boldsymbol{W}_2\boldsymbol{\Gamma})}{1+x} > 1\end{aligned}$$

这意味着对于每个 $x$，有 $\widetilde{\boldsymbol{\Gamma}}_x \notin D_{W_2}$，矛盾。

(2)假设 $\operatorname{Tr}(\boldsymbol{W}_1\boldsymbol{\Gamma})<1$，令 $\widetilde{\boldsymbol{\Gamma}} = \dfrac{1}{\operatorname{Tr}(\boldsymbol{W}_1\boldsymbol{\Gamma})}\boldsymbol{\Gamma}$，则 $\widetilde{\boldsymbol{\Gamma}} \in \mathcal{CM}(2(m+n),\mathbb{R})$ 且 $\operatorname{Tr}(\boldsymbol{W}_1\widetilde{\boldsymbol{\Gamma}}) = \dfrac{\operatorname{Tr}(\boldsymbol{W}_1\boldsymbol{\Gamma})}{\operatorname{Tr}(\boldsymbol{W}_1\boldsymbol{\Gamma})} = 1$。

通过(1)，我们有 $\operatorname{Tr}(\boldsymbol{W}_2\widetilde{\boldsymbol{\Gamma}}) \leqslant 1$，所以 $\operatorname{Tr}(\boldsymbol{W}_2\boldsymbol{\Gamma}) \leqslant \operatorname{Tr}(\boldsymbol{W}_1\boldsymbol{\Gamma})$。

(3)如果 $\operatorname{Tr}(\boldsymbol{W}_1\boldsymbol{\Gamma})>1$，对于 $\boldsymbol{\Gamma}_1 \in D_{W_1}$，取 $a = \dfrac{\operatorname{Tr}(\boldsymbol{W}_1\boldsymbol{\Gamma})-1}{\operatorname{Tr}(\boldsymbol{W}_1\boldsymbol{\Gamma}) - \operatorname{Tr}(\boldsymbol{W}_1\boldsymbol{\Gamma}_1)}$ 和 $b = \dfrac{1-\operatorname{Tr}(\boldsymbol{W}_1\boldsymbol{\Gamma}_1)}{\operatorname{Tr}(\boldsymbol{W}_1\boldsymbol{\Gamma}) - \operatorname{Tr}(\boldsymbol{W}_1\boldsymbol{\Gamma}_1)}$，我们有 $0<a,b<1$ 且 $a+b=1$。令 $\widetilde{\boldsymbol{\Gamma}} = a\boldsymbol{\Gamma}_1 + b\boldsymbol{\Gamma}$，容易看出 $\widetilde{\boldsymbol{\Gamma}} \in \mathcal{CM}(2(m+n),\mathbb{R})$ 且 $\operatorname{Tr}(\boldsymbol{W}_1\widetilde{\boldsymbol{\Gamma}}) = a\operatorname{Tr}(\boldsymbol{W}_1\boldsymbol{\Gamma}_1) + b\operatorname{Tr}(\boldsymbol{W}_1\boldsymbol{\Gamma}) = 1$。

通过定理 6.8(1)，我们有 $\mathrm{Tr}(W_2\widetilde{\boldsymbol{\Gamma}})\leqslant 1$，也就是说，$a\mathrm{Tr}(\boldsymbol{W}_2\boldsymbol{\Gamma}_1)+b\mathrm{Tr}(\boldsymbol{W}_2\boldsymbol{\Gamma})\leqslant 1$。所以

$$
\begin{aligned}
\mathrm{Tr}(\boldsymbol{W}_2\boldsymbol{\Gamma}) &\leqslant \frac{1-a\mathrm{Tr}(\boldsymbol{W}_2\boldsymbol{\Gamma}_1)}{b} \\
&= \frac{1-\dfrac{\mathrm{Tr}(\boldsymbol{W}_1\boldsymbol{\Gamma})-1}{\mathrm{Tr}(\boldsymbol{W}_1\boldsymbol{\Gamma})-\mathrm{Tr}(\boldsymbol{W}_1\boldsymbol{\Gamma}_1)}\cdot\mathrm{Tr}(\boldsymbol{W}_2\boldsymbol{\Gamma}_1)}{\dfrac{1-\mathrm{Tr}(\boldsymbol{W}_1\boldsymbol{\Gamma}_1)}{\mathrm{Tr}(\boldsymbol{W}_1\boldsymbol{\Gamma})-\mathrm{Tr}(W_1\boldsymbol{\Gamma}_1)}} \\
&= \frac{\mathrm{Tr}(\boldsymbol{W}_1\boldsymbol{\Gamma})-\mathrm{Tr}(\boldsymbol{W}_1\boldsymbol{\Gamma}_1)-\mathrm{Tr}(\boldsymbol{W}_1\boldsymbol{\Gamma})\cdot\mathrm{Tr}(\boldsymbol{W}_2\boldsymbol{\Gamma}_1)+\mathrm{Tr}(\boldsymbol{W}_2\boldsymbol{\Gamma}_1)}{1-\mathrm{Tr}(\boldsymbol{W}_1\boldsymbol{\Gamma}_1)} \\
&= \frac{\mathrm{Tr}(\boldsymbol{W}_1\boldsymbol{\Gamma})[1-\mathrm{Tr}(\boldsymbol{W}_2\boldsymbol{\Gamma}_1)]-[\mathrm{Tr}(\boldsymbol{W}_1\boldsymbol{\Gamma}_1)-\mathrm{Tr}(\boldsymbol{W}_2\boldsymbol{\Gamma}_1)]}{1-\mathrm{Tr}(\boldsymbol{W}_1\boldsymbol{\Gamma}_1)} \\
&\leqslant \frac{\mathrm{Tr}(\boldsymbol{W}_1\boldsymbol{\Gamma})[1-\mathrm{Tr}(\boldsymbol{W}_2\boldsymbol{\Gamma}_1)]}{1-\mathrm{Tr}(\boldsymbol{W}_1\boldsymbol{\Gamma}_1)}
\end{aligned} \tag{6.21}
$$

注意最后一个不等式是因为结论(2)，因此式(6.21)意味着

$$\frac{\mathrm{Tr}(\boldsymbol{W}_2\boldsymbol{\Gamma})}{\mathrm{Tr}(\boldsymbol{W}_1\boldsymbol{\Gamma})}\leqslant\frac{1-\mathrm{Tr}(\boldsymbol{W}_2\boldsymbol{\Gamma}_1)}{1-\mathrm{Tr}(\boldsymbol{W}_1\boldsymbol{\Gamma}_1)}$$

因此

$$\frac{\mathrm{Tr}(\boldsymbol{W}_2\boldsymbol{\Gamma})}{\mathrm{Tr}(\boldsymbol{W}_1\boldsymbol{\Gamma})}\leqslant\inf_{\boldsymbol{\Gamma}_1\in D_{W_1}}\frac{1-\mathrm{Tr}(\boldsymbol{W}_2\boldsymbol{\Gamma}_1)}{1-\mathrm{Tr}(W_1\boldsymbol{\Gamma}_1)}=\lambda$$

最后，我们将证明 $\lambda\geqslant 1$。事实上，对于任意的 $\boldsymbol{\Gamma}_1\in D_{W_1}$，我们有 $\mathrm{Tr}(\boldsymbol{W}_1\boldsymbol{\Gamma}_1)<1$，且通过定理 6.8(2)，有 $\mathrm{Tr}(\boldsymbol{W}_2\boldsymbol{\Gamma}_1)\leqslant\mathrm{Tr}(\boldsymbol{W}_1\boldsymbol{\Gamma}_1)$。因此

$$1-\mathrm{Tr}(\boldsymbol{W}_2\boldsymbol{\Gamma}_1)\geqslant 1-\mathrm{Tr}(\boldsymbol{W}_1\boldsymbol{\Gamma}_1)$$

所以 $\lambda\geqslant 1$。

在下面的定理中，我们给出了两个导引 witness 可比较的一个充要条件。

**定理 6.9** 假设 $\boldsymbol{W}_1,\boldsymbol{W}_2\in\mathcal{W}_{A|B}(2(m+n),\mathbb{R})$ 是两个导引 witness，那么 $\boldsymbol{W}_1\prec\boldsymbol{W}_2$ 当且仅当存在 $0<a\leqslant 1$ 和正矩阵 $\boldsymbol{X}\in Sym(2(m+n),\mathbb{R})$，其中 $\boldsymbol{X}$ 满足对于所有的 $\boldsymbol{\Gamma}\in D_{W_1}$ 都有 $\mathrm{Tr}(\boldsymbol{X\Gamma})\geqslant 1-a$ 成立，则

$$\boldsymbol{W}_1=a\boldsymbol{W}_2+\boldsymbol{X}$$

**证明:**(1)"充分性"的证明。假设 $\boldsymbol{W}_1, \boldsymbol{W}_2 \in \mathcal{W}_{A|B}(2(m+n), \mathbb{R})$ 是两个导引 witness。如果存在 $0 < a \leqslant 1$ 和正矩阵 $\boldsymbol{X} \in Sym(2(m+n), \mathbb{R})$,使得 $\boldsymbol{W}_1 = a\boldsymbol{W}_2 + \boldsymbol{X}$ 成立。其中 $\boldsymbol{X}$ 满足对于所有的 $\boldsymbol{\Gamma} \in D_{W_1}$ 都有 $\mathrm{Tr}(\boldsymbol{X\Gamma}) \geqslant 1 - a$,那么对于任意的 $\boldsymbol{\Gamma} \in D_{W_1}$,我们有

$$1 > \mathrm{Tr}(\boldsymbol{W}_1\boldsymbol{\Gamma}) = a\mathrm{Tr}(\boldsymbol{W}_2\boldsymbol{\Gamma}) + \mathrm{Tr}(\boldsymbol{W\Gamma}) \geqslant a\mathrm{Tr}(\boldsymbol{W}_2\boldsymbol{\Gamma}) + 1 - a$$

由此可见 $\mathrm{Tr}(\boldsymbol{W}_2\boldsymbol{\Gamma}) < 1$,所以 $\boldsymbol{\Gamma} \in D_{W_2}$。通过定义,我们可以得到 $\boldsymbol{W}_1 \prec \boldsymbol{W}_2$。

(2)"必要性"的证明。如果 $\boldsymbol{W}_1 \prec \boldsymbol{W}_2$,令 $\lambda = \inf\limits_{\boldsymbol{\Gamma}_1 \in D_{W_1}} \dfrac{1 - \mathrm{Tr}(\boldsymbol{W}_2\boldsymbol{\Gamma}_1)}{1 - \mathrm{Tr}(\boldsymbol{W}_1\boldsymbol{\Gamma}_1)}$,且通过定理 6.8,对于所有的 $\boldsymbol{\Gamma}_1 \in D_{W_1}$,我们有 $\dfrac{1 - \mathrm{Tr}(\boldsymbol{W}_2\boldsymbol{\Gamma}_1)}{1 - \mathrm{Tr}(\boldsymbol{W}_1\boldsymbol{\Gamma}_1)} \geqslant \lambda \geqslant 1$,也就是说,对于所有的 $\boldsymbol{\Gamma}_1 \in D_{W_1}$

$$\mathrm{Tr}[(\lambda\boldsymbol{W}_1 - \boldsymbol{W}_2)\boldsymbol{\Gamma}_1] \geqslant \lambda - 1 \tag{6.22}$$

另一方面,对于任意的 $\boldsymbol{\Gamma} \in \mathcal{CM}(2(m+n), \mathbb{R}) \backslash D_{W_1}$ 且通过定理 6.8(3),有

$$\mathrm{Tr}(\boldsymbol{W}_2\boldsymbol{\Gamma}) \leqslant \lambda\mathrm{Tr}(\boldsymbol{W}_1\boldsymbol{\Gamma})$$

也就是说,对于任意的 $\boldsymbol{\Gamma} \in \mathcal{CM}(2(m+n), \mathbb{R}) \backslash D_{W_1}$,有

$$\mathrm{Tr}[(\lambda\boldsymbol{W}_1 - \boldsymbol{W}_2)\boldsymbol{\Gamma}] \geqslant 0 \tag{6.23}$$

结合式(6.22)~式(6.23),对于任意的 $\boldsymbol{\Gamma} \in \mathcal{CM}(2(m+n), \mathbb{R})$,有

$$\mathrm{Tr}[(\lambda\boldsymbol{W}_1 - \boldsymbol{W}_2)\boldsymbol{\Gamma}] \geqslant 0 \tag{6.24}$$

现在令 $\boldsymbol{X} = \boldsymbol{W}_1 - a\boldsymbol{W}_2$,这里 $a = \dfrac{1}{\lambda}$。显然,$0 < a \leqslant 1$,且通过式(6.22)知,对于所有的 $\boldsymbol{\Gamma} \in D_{W_1}$ 有 $\mathrm{Tr}(\boldsymbol{X\Gamma}) \geqslant 1 - a$。

最后,如果 $\boldsymbol{X}$ 不是正算子,则存在一个负特征值 $\mu_0 < 0$ 且对应的特征向量为 $|\varsigma\rangle$。对于任意的 $\eta > 0$ 和 $\boldsymbol{\Gamma} \in \mathcal{CM}(2(m+n), \mathbb{R})$,令 $\boldsymbol{\Gamma}_0 = \boldsymbol{\Gamma} + \eta|\varsigma\rangle\langle\varsigma|$,显然 $\boldsymbol{\Gamma}_0 \in \mathcal{CM}(2(m+n), \mathbb{R})$。注意,当 $\eta \to +\infty$,$\mathrm{Tr}(\boldsymbol{X\Gamma}_0) = \mathrm{Tr}(\boldsymbol{X\Gamma}) + \eta\mathrm{Tr}(\boldsymbol{X}|\varsigma\rangle\langle\varsigma|) = \mathrm{Tr}(\boldsymbol{X\Gamma}) + \mu_0\eta\||\varsigma\rangle\|^2 \to -\infty$。

通过式(6.24)可知,对于所有的 $\boldsymbol{\Gamma} \in \mathcal{CM}(2(m+n), \mathbb{R})$ 有 $\mathrm{Tr}(\boldsymbol{X\Gamma}) \geqslant 0$,矛盾。所以 $\boldsymbol{X}$ 是正算子。证毕。

对于最优 witness，我们也得到了以下判别条件。定理 6.10 表明一个高斯导引 witness 是最优的充要条件是满足一定条件的负扰动使其不再是导引 witness。

**定理 6.10** 假设 $\boldsymbol{W} \in \mathcal{W}_{A|B}(2(m+n),\mathbb{R})$ 是一个导引 witness，则 $\boldsymbol{W}$ 是最优的当且仅当对于任意的 $\lambda \geqslant 1$ 和正矩阵 $\boldsymbol{X} \in Sym(2(m+n),\mathbb{R})$，其中 $\boldsymbol{X}$ 满足对于所有 $\boldsymbol{\Gamma} \in D_W$ 都有 $\mathrm{Tr}(\boldsymbol{X\Gamma}) \geqslant \lambda - 1$，则 $\boldsymbol{W}' = \lambda\boldsymbol{W} - \boldsymbol{X} \notin \mathcal{W}_{A|B}(2(m+n),\mathbb{R})$。

**证明：**(1)“充分性”由定理 6.9 可以直接得到。

(2)“必要性”的证明。假设存在 $\lambda_0 \geqslant 1$ 和某个正矩阵 $\boldsymbol{X}_0 \in Sym(2(m+n),\mathbb{R})$，其中 $\boldsymbol{X}_0$ 对于所有 $\boldsymbol{\Gamma} \in D_W$ 满足 $\mathrm{Tr}(\boldsymbol{X}_0\boldsymbol{\Gamma}) \geqslant \lambda_0 - 1$，有 $W' = \lambda_0 W - \boldsymbol{X}_0 \in \mathcal{W}_{A|B}(2(m+n),\mathbb{R})$，则 $\boldsymbol{W} = \frac{1}{\lambda_0}\boldsymbol{W}' + \frac{1}{\lambda_0}\boldsymbol{X}_0$，这里 $\frac{1}{\lambda_0} \leqslant 1$，$\frac{1}{\lambda_0}\boldsymbol{X}_0 \geqslant 0$ 且对于所有的 $\boldsymbol{\Gamma} \in D_W$ 有 $\mathrm{Tr}\left(\frac{1}{\lambda_0}\boldsymbol{X}_0\boldsymbol{\Gamma}\right) \geqslant 1 - \frac{1}{\lambda_0}$。根据定理6.9，有 $\boldsymbol{W} < \boldsymbol{W}'$，矛盾。证毕。

我们可以看出，利用特性函数这个工具，可以将无限维的连续变量系统问题转化为有限维相位空间上的分析问题。因此，从相关矩阵层面来考虑导引 witness，在一定程度上简化了分析。注意到，一个相关矩阵对应许多态，包括高斯态和非高斯态。而一个高斯态有唯一的相关矩阵与之对应；并且通过研究表明，高斯态的纠缠问题、导引问题用二阶矩，即相关矩阵就可以刻画决定。

### 6.3.3 不可比较的高斯导引 witness

针对纠缠 witness，参考文献[114]指出：在有限维系统，在假设 $\mathrm{Tr}(\boldsymbol{W}_1) = \mathrm{Tr}(\boldsymbol{W}_2)$ 的条件下，若 $D_{W_1}$、$D_{W_2}$ 不具有包含关系，则 $D_{W_1} \cap D_{W_2} \neq \varnothing$ 当且仅当对任意的 $0 \leqslant \lambda \leqslant 1$ 满足 $\lambda\boldsymbol{W}_1 + (1-\lambda)\boldsymbol{W}_2$ 不是正算子。参考文献[115]在无限维情形下，将 $\mathrm{Tr}(\boldsymbol{W}_1) = \mathrm{Tr}(\boldsymbol{W}_2)$ 假设条件去掉，得到了同样的

结论。基于这种思想，本节讨论不具有序关系的高斯态导引 witness，即当两个导引 witness 不可比较时，满足什么条件可以检测到共同的可导引高斯态。

我们得到了定理 6.11。

**定理 6.11** 对于任意的两个导引 witness$\boldsymbol{W}_1$，witness$\boldsymbol{W}_2 \in \mathcal{W}_{A|B}(2(m+n),\mathbb{R})$，则 $D_{W_1} \cap D_{W_2} = \varnothing$ 当且仅当存在 $0<\lambda<1$ 满足 $\lambda\boldsymbol{W}_1 + (1-\lambda)\boldsymbol{W}_2 \notin \mathcal{W}_{A|B}(2(m+n),\mathbb{R})$。

为了证明该定理，我们需要以下两个引理。

**引理 6.1** 假设 $\boldsymbol{W}_1, \boldsymbol{W}_2 \in \mathcal{W}_{A|B}(2(m+n),\mathbb{R})$ 是两个导引 witness 且 $\boldsymbol{W}_1 \prec \boldsymbol{W}_2$，如果 $W(a,b) = a\boldsymbol{W}_1 + b\boldsymbol{W}_2$，这里 $a$、$b>0$ 且 $a+b=1$，则 $\boldsymbol{W}_1 \prec W(a,b) \prec \boldsymbol{W}_2$。

**证明：** 假设 $\boldsymbol{W}_1$、$\boldsymbol{W}_2 \in \mathcal{W}_{A|B}(2(m+n),\mathbb{R})$ 是两个导引 witness 且 $\boldsymbol{W}_1 \prec \boldsymbol{W}_2$，对于所有的 $\boldsymbol{\Gamma} \in D_{W_1}$，我们有 $\mathrm{Tr}(\boldsymbol{W}_1\boldsymbol{\Gamma}) < 1$。通过定理 6.8(2)，有 $\mathrm{Tr}(\boldsymbol{W}_2\boldsymbol{\Gamma}) \leqslant \mathrm{Tr}(\boldsymbol{W}_1\boldsymbol{\Gamma})$，所以

$$\mathrm{Tr}[(a\boldsymbol{W}_1 + b\boldsymbol{W}_2)\boldsymbol{\Gamma}] < a+b=1$$

这意味着 $\boldsymbol{\Gamma} \in D_{W(a,b)}$，也就是说，$\boldsymbol{W}_1 \prec W(a,b)$。

另外，如果 $\boldsymbol{\Gamma} \notin D_{W_2}$，则 $\mathrm{Tr}(\boldsymbol{W}_2\boldsymbol{\Gamma}) \geqslant 1$ 且因为 $\boldsymbol{W}_1 \prec \boldsymbol{W}_2$，所以 $\mathrm{Tr}(\boldsymbol{W}_1\boldsymbol{\Gamma}) \geqslant 1$。

因此

$$\mathrm{Tr}(W(a,b)\boldsymbol{\Gamma}) = a\mathrm{Tr}(\boldsymbol{W}_1\boldsymbol{\Gamma}) + b\mathrm{Tr}(\boldsymbol{W}_2\boldsymbol{\Gamma}) \geqslant 1$$

这意味着 $\boldsymbol{\Gamma} \notin D_{W(a,b)}$，所以 $W(a,b) \prec \boldsymbol{W}_2$。

**引理 6.2** 假设 $\boldsymbol{W}, \boldsymbol{W}_1, \boldsymbol{W}_2 \in \mathcal{W}_{A|B}(2(m+n),\mathbb{R})$ 是导引 witness，如果 $D_{W_1} \cap D_{W_2} = \varnothing$ 且 $D_W = D_{W_1} \cup D_{W_2}$，则要么 $D_W \subseteq D_{W_1}$，要么 $D_W \subseteq D_{W_2}$。

**证明：** 用反证法。假设 $D_W \cap D_{W_1} \neq \varnothing$ 且 $D_W \cap D_{W_2} \neq \varnothing$，取 $\boldsymbol{\Gamma}_i \in D_W \cap D_{W_i}$ $(i=1,2)$，记

$$[\boldsymbol{\Gamma}_1, \boldsymbol{\Gamma}_2] = \{\boldsymbol{\Gamma}_t = t\boldsymbol{\Gamma}_1 + (1-t)\boldsymbol{\Gamma}_2, 0 \leqslant t \leqslant 1\}$$

注意 $D_W$ 是一个凸集，所以

$$[\boldsymbol{\Gamma}_1, \boldsymbol{\Gamma}_2] \subseteq D_W \subseteq D_{W_1} \cup D_{W_2}$$

且

$$[\boldsymbol{\Gamma}_1,\boldsymbol{\Gamma}_2]\subseteq(D_W\cap D_{W_1})\cup(D_W\cap D_{W_2})$$

因此存在一个 $0<t_0<1$ 满足 $\{\boldsymbol{\Gamma}_t:0\leqslant t<t_0\}\subseteq D_{W_2}$ 且 $\{\boldsymbol{\Gamma}_t:t_0<t\leqslant 1\}\subseteq D_{W_1}$。如果 $\boldsymbol{\Gamma}_{t_0}\in D_{W_2}$，则我们有 $Tr(\mathrm{W}_2\boldsymbol{\Gamma}_{t_0})<1$，且对于一个充分小的 $\varepsilon>0$，则有 $1\leqslant \mathrm{Tr}(\boldsymbol{W}_2\boldsymbol{\Gamma}_{t_0+\varepsilon})=\mathrm{Tr}(\boldsymbol{W}_2\boldsymbol{\Gamma}_{t_0})+\varepsilon(\mathrm{Tr}(\boldsymbol{W}_2\boldsymbol{\Gamma}_1)-\mathrm{Tr}(\boldsymbol{W}_2\boldsymbol{\Gamma}_2))<1$，矛盾。采用类似的方法，如果 $\boldsymbol{\Gamma}_{t_0}\in D_{W_1}$，对于一个充分小的 $\varepsilon>0$，通过考虑 $\boldsymbol{\Gamma}_{t_0-\varepsilon}$，我们也可以得出结论矛盾。

因此，要么 $D_W\subseteq D_{W_1}$，要么 $D_W\subseteq D_{W_2}$，证毕。

**定理 6.11 证明：**(1)"充分性"的证明。任取两个导引 witness$\boldsymbol{W}_1$、$\boldsymbol{W}_2\in\mathcal{W}_{A|B}(2(m+n),\mathbb{R})$，如果存在 $0<\lambda<1$ 满足 $\boldsymbol{W}=\lambda\boldsymbol{W}_1+(1-\lambda)\boldsymbol{W}_2$ 不是导引 witness，则 $D_{W_1}\cap D_{W_2}\subseteq D_W=\varnothing$，也就是说，$D_{W_1}\cap D_{W_2}=\varnothing$。

(2)"必要性"的证明。假设 $D_{W_1}\cap D_{W_2}=\varnothing$ 且对于所有的 $0<\lambda<1$，有

$$\boldsymbol{W}_\lambda=\lambda\boldsymbol{W}_1+(1-\lambda)\boldsymbol{W}_2\in\mathcal{W}_{A|B}(2(m+n),\mathbb{R})$$

则 $D_{W_\lambda}\subseteq D_{W_1}\cup D_{W_2}$。因为 $D_{W_1}\cap D_{W_2}=\varnothing$，通过引理 6.2，我们有

$$D_{W_\lambda}\subseteq D_{W_1}\text{，或者 }D_{W_\lambda}\subseteq D_{W_2}$$

当 $\lambda$ 连续地从 0 变到 1 时，$D_{W_\lambda}$ 连续地从 $D_{W_2}$ 变到 $D_{W_1}$。记

$$\lambda_0=\sup\{\lambda\in(0,1):D_{W_\lambda}\subseteq D_{W_2}\}$$

如果 $D_{W_{\lambda_0}}\subseteq D_{W_2}$，则一定存在 $\varepsilon$ 且 $0<\varepsilon<1-\lambda_0$，使得 $\boldsymbol{W}_{\lambda_0+\varepsilon}$ 不是导引 witness，也就是说，$D_{W_{\lambda_0+\varepsilon}}=\varnothing$。

另外对于所有的 $\varepsilon$ 且 $0<\varepsilon<1-\lambda_0$，我们有 $D_{W_{\lambda_0+\varepsilon}}\neq\varnothing$。因为 $D_{W_{\lambda_0}}\subseteq D_{W_2}$ 且对于所有的 $\boldsymbol{\gamma}\in D_{W_{\lambda_0}}$，$D_{W_{\lambda_0+\varepsilon}}\subseteq D_{W_1}$，我们有 $\mathrm{Tr}(\boldsymbol{W}_{\lambda_0}\boldsymbol{\gamma})<1$。且对于充分小的 $\varepsilon>0$，有

$$1\leqslant\mathrm{Tr}(\boldsymbol{W}_{\lambda_0+\varepsilon}\boldsymbol{\gamma})=\mathrm{Tr}(\boldsymbol{W}_{\lambda_0}\boldsymbol{\gamma})+\varepsilon(\mathrm{Tr}(\boldsymbol{W}_1\boldsymbol{\gamma})-\mathrm{Tr}(\boldsymbol{W}_2\boldsymbol{\gamma}))<1$$

矛盾。因此 $D_{W_\lambda}\not\subset D_{W_2}$。

相似地，我们可以证明 $D_{W_\lambda}\not\subset D_{W_1}$。所以存在 $0<\lambda<1$ 满足 $\lambda\boldsymbol{W}_1+(1-\lambda)\boldsymbol{W}_2$ 不是导引 witness。证毕。

## 6.4 高斯态的导引度量

近年来,高斯态的导引度量也吸引了学者们的注意。但是目前有些导引度量只在特殊高斯态上易计算,对一般的高斯态计算有一定的难度。在本节,首先我们基于连续变量系统的导引判据,提出了一种对于任意两体高斯态都成立的易计算高斯导引度量,证明该度量是良好的。其次我们针对 $(m+1)$ -模高斯态,得到了该度量的解析表达式,研究了高斯量子信道对该度量的影响。最后通过分析双模对称压缩热态的导引度量,讨论了高斯导引与高斯纠缠的关系。

### 6.4.1 高斯态的导引度量 $L(\cdot)$

由定理 6.1 知,若 $\boldsymbol{\rho}_{AB} \in S(H_A \otimes H_B)$ 为两体高斯态,相关矩阵 $\boldsymbol{\Gamma} = \begin{pmatrix} \boldsymbol{A} & \boldsymbol{C} \\ \boldsymbol{C}^{\mathrm{T}} & \boldsymbol{B} \end{pmatrix}$。则 $\boldsymbol{\rho}_{AB}$ 在系统 $A$ 的所有高斯正算子值测量下是不可导引的当且仅当

$$\boldsymbol{\Gamma} + \boldsymbol{0}_A \oplus \mathrm{i}\boldsymbol{J}_B \geqslant \boldsymbol{0},$$

其中,$\boldsymbol{J}_B = \oplus_n \begin{pmatrix} 0 & 1 \\ -1 & 0 \end{pmatrix}$。

因此,在 $A$ 系统执行高斯正算子值测量条件下,若高斯态 $\boldsymbol{\rho}_{AB}$ 是 $A$ 可导引 $B$ 的,则 $\boldsymbol{\Gamma}_{\boldsymbol{\rho}_{AB}} - \boldsymbol{0}_A \oplus \mathrm{i}\boldsymbol{J}_B \not\geqslant \boldsymbol{0}$,等价于 $\boldsymbol{0}_A \oplus \mathrm{i}\boldsymbol{J}_B - \boldsymbol{\Gamma}_{\boldsymbol{\rho}_{AB}} \not\leqslant \boldsymbol{0}$。因为 $\boldsymbol{\Gamma}_{\boldsymbol{\rho}_{AB}} \geqslant \boldsymbol{0}$,则存在足够大的 $u > 1$ 使得 $\boldsymbol{0}_A \oplus \mathrm{i}\boldsymbol{J}_B - u\boldsymbol{\Gamma}_{\boldsymbol{\rho}_{AB}} \leqslant \boldsymbol{0}$ 成立。因此,

$$\frac{1}{u}(\boldsymbol{0}_A \oplus \mathrm{i}\boldsymbol{J}_B) - \boldsymbol{\Gamma}_{\boldsymbol{\rho}_{AB}} \leqslant \boldsymbol{0}$$

即

$$\boldsymbol{\Gamma}_{\boldsymbol{\rho}_{AB}} - \frac{1}{u}(\boldsymbol{0}_A \oplus \mathrm{i}\boldsymbol{J}_B) \geqslant \boldsymbol{0}$$

令 $t=\frac{1}{u}\in(0,1)$，有 $\boldsymbol{\Gamma}_{\boldsymbol{\rho}_{AB}}-t(\mathbf{0}_A\oplus \mathrm{i}\boldsymbol{J}_B)\geqslant\mathbf{0}$。另外，在 $A$ 系统的所有高斯正算子值测量下，若高斯态 $\boldsymbol{\rho}_{AB}$ 是 $A$ 不可导引 $B$ 的，则 $t=1$ 成立。因此我们根据高斯态可导引的判据定理 6.1，引入如下高斯导引度量。

**定义 6.3** 设 $\boldsymbol{\rho}_{AB}\in S(H_A\otimes H_B)$ 是任意的 $(m+n)$-模的高斯态，其相关矩阵为 $\boldsymbol{\Gamma}_{\boldsymbol{\rho}_{AB}}=\begin{pmatrix}\boldsymbol{A} & \boldsymbol{C}\\ \boldsymbol{C}^{\mathrm{T}} & \boldsymbol{B}\end{pmatrix}$。令

$$V(\boldsymbol{\rho}_{AB})=\max_t\{t\in[0,1]:\boldsymbol{\Gamma}_{\boldsymbol{\rho}_{AB}}-t(\mathbf{0}_A\oplus \mathrm{i}\boldsymbol{J}_B)\geqslant\mathbf{0}\} \tag{6.25}$$

则定义 $\boldsymbol{\rho}_{AB}$ 的量化 $L(\boldsymbol{\rho}_{AB})$：

$$L(\boldsymbol{\rho}_{AB})=1-V(\boldsymbol{\rho}_{AB})$$

为了方便，我们令 $US^{\mathrm{G}}_{A\to B}$ 表示关于 $A$ 系统的所有高斯正算子值测量是 $A$ 不可导引 $B$ 的高斯态集合。下面我们给出 $L(\cdot)$ 的性质。

**定理 6.12** 假设 $\boldsymbol{\rho}_{AB}\in S(H_A\otimes H_B)$ 是任意的 $(m+n)$-模的高斯态，有 $L(\boldsymbol{\rho}_{AB})\geqslant 0$，$L(\boldsymbol{\rho}_{AB})=0$ 当且仅当 $\boldsymbol{\rho}_{AB}\in US^{\mathrm{G}}_{A\to B}$。

**证明**：由定义 6.3 知，$L(\boldsymbol{\rho}_{AB})\geqslant 0$。

由定理 6.1 知，$\boldsymbol{\rho}_{AB}\in US^{\mathrm{G}}_{A\to B}$ 当且仅当 $\boldsymbol{\Gamma}_{\rho_{AB}}-\mathbf{0}_A\oplus \mathrm{i}\boldsymbol{J}_B\geqslant\mathbf{0}$，由定义6.3 知，$\boldsymbol{\Gamma}_{\boldsymbol{\rho}_{AB}}-\mathbf{0}_A\oplus \mathrm{i}\boldsymbol{J}_B\geqslant\mathbf{0}$ 当且仅当 $V(\boldsymbol{\rho}_{AB})=1$，即 $L(\boldsymbol{\rho}_{AB})=0$，则 $L(\boldsymbol{\rho}_{AB})=0$ 当且仅当 $\boldsymbol{\rho}_{AB}\in US^{\mathrm{G}}_{A\to B}$。

**定理 6.13** $L(\cdot)$ 是局域高斯酉不变的。即假设 $\boldsymbol{\rho}_{AB}\in S(H_A\otimes H_B)$ 是任意的 $(m+n)$-模的高斯态，$\boldsymbol{U}_A$、$\boldsymbol{U}_B$ 分别是连续变量系统 $H_A$、$H_B$ 上的高斯酉算子，则

$$L(\boldsymbol{\rho}_{AB})=L((\boldsymbol{U}_A\otimes\boldsymbol{U}_B)\boldsymbol{\rho}_{AB}(\boldsymbol{U}_A\otimes\boldsymbol{U}_B)^\dagger)$$

**证明**：若要证明 $L(\boldsymbol{\rho}_{AB})=L((\boldsymbol{U}_A\otimes\boldsymbol{I}_B)\boldsymbol{\rho}_{AB}(\boldsymbol{U}_A\otimes\boldsymbol{I}_B)^\dagger)$，只需要先证明 $V(\boldsymbol{\rho}_{AB})=V((\boldsymbol{U}_A\otimes\boldsymbol{I}_B)\boldsymbol{\rho}_{AB}(\boldsymbol{U}_A\otimes\boldsymbol{I}_B)^\dagger)$。

令 $\boldsymbol{\sigma}_{AB}=(\boldsymbol{U}_A\otimes\boldsymbol{I}_B)\boldsymbol{\rho}_{AB}(\boldsymbol{U}_A\otimes\boldsymbol{I}_B)^\dagger$，$V(\boldsymbol{\rho}_{AB})=t_1$，$V(\boldsymbol{\sigma}_{AB})=t_2$，则 $V(\boldsymbol{\rho}_{AB})=V(\boldsymbol{\sigma}_{AB})$等价于 $t_1=t_2$。由高斯酉算子与辛矩阵的对应关系，得出 $\boldsymbol{\sigma}_{AB}$ 的相关矩阵 $\boldsymbol{\Gamma}_{\boldsymbol{\sigma}_{AB}}$ 为

$$\boldsymbol{\Gamma}_{\boldsymbol{\sigma}_{AB}}=(\boldsymbol{S}_A\oplus\boldsymbol{I}_B)\boldsymbol{\Gamma}_{\boldsymbol{\rho}_{AB}}(\boldsymbol{S}_A\oplus\boldsymbol{I}_B)^\dagger$$

这里 $\boldsymbol{S}_A$ 为与 $\boldsymbol{U}_A$ 对应的辛矩阵。

因为 $V(\boldsymbol{\rho}_{AB})=t_1$，则 $\boldsymbol{\Gamma}_{\boldsymbol{\rho}_{AB}}-t_1(\mathbf{0}_A\oplus \mathrm{i}\boldsymbol{J}_B)\geqslant \mathbf{0}$。于是

$$(\boldsymbol{S}_A\oplus \boldsymbol{I}_B)\boldsymbol{\Gamma}_{\boldsymbol{\rho}_{AB}}(\boldsymbol{S}_A\oplus \boldsymbol{I}_B)^{\dagger}-t_1(\boldsymbol{S}_A\oplus \boldsymbol{I}_B)(\mathbf{0}_A\oplus \mathrm{i}\boldsymbol{J}_B)(\boldsymbol{S}_A\oplus \boldsymbol{I}_B)^{\dagger}\geqslant 0$$

即 $\boldsymbol{\Gamma}_{\boldsymbol{\sigma}_{AB}}-t_1(\mathbf{0}_A\oplus \mathrm{i}\boldsymbol{J}_B)\geqslant \mathbf{0}$。由定义 4.2.1 知 $V(\boldsymbol{\sigma}_{AB})=t_2\geqslant t_1$，因为 $V(\boldsymbol{\sigma}_{AB})=t_2$，则 $\boldsymbol{\Gamma}_{\boldsymbol{\sigma}_{AB}}-t_2(\mathbf{0}_A\oplus \mathrm{i}\boldsymbol{J}_B)\geqslant \mathbf{0}$，即

$$(\boldsymbol{S}_A\oplus \boldsymbol{I}_B)\boldsymbol{\Gamma}_{\boldsymbol{\rho}_{AB}}(\boldsymbol{S}_A\oplus \boldsymbol{I}_B)^{\dagger}-t_2(\boldsymbol{S}_A\oplus \boldsymbol{I}_B)(\mathbf{0}_A\oplus \mathrm{i}\boldsymbol{J}_B)(\boldsymbol{S}_A\oplus \boldsymbol{I}_B)^{\dagger}\geqslant 0$$

则 $\boldsymbol{\Gamma}_{\boldsymbol{\rho}_{AB}}-t_2(\mathbf{0}_A\oplus \mathrm{i}\boldsymbol{J}_B)\geqslant \mathbf{0}$。由定义 4.2 知 $V(\boldsymbol{\rho}_{AB})=t_1\geqslant t_2$。综上所述，$t_1=t_2$，即 $L(\boldsymbol{\rho}_{AB})=L[(\boldsymbol{U}_A\otimes \boldsymbol{I}_B)\boldsymbol{\rho}_{AB}(\boldsymbol{U}_A\otimes \boldsymbol{I}_B)^{\dagger}]$。

同理，可证 $L(\boldsymbol{\rho}_{AB})=L[(\boldsymbol{I}_A\otimes \boldsymbol{U}_B)\boldsymbol{\rho}_{AB}(\boldsymbol{I}_A\otimes \boldsymbol{U}_B)^{\dagger}]$。

因此

$$\begin{aligned}&L[(\boldsymbol{U}_A\otimes \boldsymbol{U}_B)\boldsymbol{\rho}_{AB}(\boldsymbol{U}_A\otimes \boldsymbol{U}_B)^{\dagger}]\\=&L[(\boldsymbol{U}_A\otimes \boldsymbol{I}_B)(\boldsymbol{I}_A\otimes \boldsymbol{U}_B)\boldsymbol{\rho}_{AB}(\boldsymbol{I}_A\otimes \boldsymbol{U}_B)^{\dagger}(\boldsymbol{U}_A\otimes \boldsymbol{I}_B)^{\dagger}]\\=&L(\boldsymbol{\rho}_{AB})\end{aligned}$$

证毕。

**定理 6.14** $L(\cdot)$ 关于高斯态的相关矩阵是凸的。假设 $\boldsymbol{\rho}_1$、$\boldsymbol{\rho}_2\in S(H_A\otimes H_B)$ 是任意的 $(m+n)$-模的高斯态，其相关矩阵为 $\boldsymbol{\Gamma}_{\boldsymbol{\rho}_1}$、$\boldsymbol{\Gamma}_{\boldsymbol{\rho}_2}$，令 $\boldsymbol{\Gamma}_{\boldsymbol{\rho}_{AB}}=p_1\boldsymbol{\Gamma}_{\boldsymbol{\rho}_1}+p_2\boldsymbol{\Gamma}_{\boldsymbol{\rho}_2}$，其中 $p_1$、$p_2\geqslant 0$，$p_1+p_2=1$，高斯态 $\boldsymbol{\rho}_{AB}$ 的相关矩阵为 $\boldsymbol{\Gamma}_{\boldsymbol{\rho}_{AB}}$。则有

$$L(\boldsymbol{\rho}_{AB})\leqslant p_1L(\boldsymbol{\rho}_1)+p_2L(\boldsymbol{\rho}_2)$$

**证明：**只需要证明 $V(\boldsymbol{\rho}_{AB})$ 关于高斯态的相关矩阵是凹函数，即当 $\boldsymbol{\Gamma}_{\rho_{AB}}=p_1\boldsymbol{\Gamma}_{\boldsymbol{\rho}_1}+p_2\boldsymbol{\Gamma}_{\boldsymbol{\rho}_2}$，有

$$V(\boldsymbol{\rho}_{AB})\geqslant p_1V(\boldsymbol{\rho}_1)+p_2V(\boldsymbol{\rho}_2)$$

令 $V(\boldsymbol{\rho}_{AB})=t$，$V(\boldsymbol{\rho}_1)=t_1$，$V(\boldsymbol{\rho}_2)=t_2$，则我们只需要证明 $t\geqslant p_1t_1+p_2t_2$。由 $V(\boldsymbol{\rho}_1)=t_1$，$V(\boldsymbol{\rho}_2)=t_2$ 以及定义 6.3 知

$$\boldsymbol{\Gamma}_{\boldsymbol{\rho}_1}-t_1(\mathbf{0}_A\oplus \mathrm{i}\boldsymbol{J}_B)\geqslant \mathbf{0},$$
$$\boldsymbol{\Gamma}_{\boldsymbol{\rho}_2}-t_2(\mathbf{0}_A\oplus \mathrm{i}\boldsymbol{J}_B)\geqslant \mathbf{0}$$

所以

$$p_1\boldsymbol{\Gamma}_{\boldsymbol{\rho}_1}+p_2\boldsymbol{\Gamma}_{\boldsymbol{\rho}_2}-[t_1p_1+t_2p_2](\mathbf{0}_A\oplus \mathrm{i}\boldsymbol{J}_B)\geqslant \mathbf{0} \tag{6.26}$$

则式(6.26)等价于

$$\boldsymbol{\Gamma}_{\boldsymbol{\rho}_{AB}}-(t_1p_1+t_2p_2)(\mathbf{0}_A\oplus \mathrm{i}\boldsymbol{J}_B)\geqslant \mathbf{0}$$

由 $V(\boldsymbol{\rho}_{AB})=t$ 知 $\boldsymbol{\Gamma}_{\boldsymbol{\rho}_{AB}}-t(\mathbf{0}_A\oplus \mathrm{i}\boldsymbol{J}_B)\geqslant \mathbf{0}$ 且 $t\geqslant p_1t_1+p_2t_2$，所以 $V(\boldsymbol{\rho}_{AB})$ 关于高斯态的相关矩阵是凹函数。由定义 6.3 知 $L(\boldsymbol{\rho}_{AB})$ 关于高斯态的相关矩阵是凸的。

注:因为高斯态的凸组合不一定是高斯态,所以导引度量 $L(\cdot)$ 对于所有的高斯态不一定都有凸性。因此,我们只从相关矩阵层面来分析讨论该导引度量。

**定理 6.15** 假设 $\boldsymbol{\rho}_{AB}\in S(H_A\otimes H_B)$ 是任意的 $(m+n)$-模的高斯态,其相关矩阵为 $\boldsymbol{\Gamma}_{\boldsymbol{\rho}_{AB}}=\begin{pmatrix}\boldsymbol{A} & \boldsymbol{C}\\ \boldsymbol{C}^{\mathrm{T}} & \boldsymbol{B}\end{pmatrix}$，则

$$L(\boldsymbol{\rho}_{AB})=\max\{0,1-\min\{\lambda_j\}\}$$

这里 $\lambda_j(j=1,2,\cdots,n)$ 是矩阵 $\boldsymbol{M}_B=\boldsymbol{B}-\boldsymbol{C}^{\mathrm{T}}\boldsymbol{A}^{-1}\boldsymbol{C}$ 的辛特征值,矩阵 $\boldsymbol{M}_B$ 为 $\boldsymbol{A}$ 在矩阵 $\boldsymbol{\Gamma}_{\boldsymbol{\rho}_{AB}}$ 中的 Schur 补。也就是说,若 $\boldsymbol{\rho}_{AB}$ 是 $A$ 可导引 $B$ 的,则 $V(\boldsymbol{\rho}_{AB})$ 为矩阵 $\boldsymbol{M}_B$ 的最小辛特征值。

**证明**:若求 $V(\boldsymbol{\rho}_{AB})$，只需要求出使得 $\boldsymbol{\Gamma}_{\boldsymbol{\rho}_{AB}}-t(\mathbf{0}_A\oplus \mathrm{i}\boldsymbol{J}_B)\geqslant \mathbf{0}$ 成立的 $t$ 的最大值。由矩阵的性质及 $A\geqslant 0$，有

$$\boldsymbol{\Gamma}_{\boldsymbol{\rho}_{AB}}-t(\mathbf{0}_A\oplus \mathrm{i}\boldsymbol{J}_B)\geqslant \mathbf{0}$$

这等价于

$$\boldsymbol{B}-\boldsymbol{C}^{\mathrm{T}}\boldsymbol{A}^{-1}\boldsymbol{C}-\mathrm{i}t\boldsymbol{J}_B\geqslant \mathbf{0}$$

则 $\boldsymbol{M}_B=\boldsymbol{B}-\boldsymbol{C}^{\mathrm{T}}\boldsymbol{A}^{-1}\boldsymbol{C}$ 的所有辛特征值都大于等于 $t$，也就是说，$t\leqslant\min\{\lambda_j\}$，这里 $\lambda_j$ 是矩阵 $\boldsymbol{M}_B$ 的辛特征值。

若 $\min\{\lambda_j\}<1$，则 $V(\boldsymbol{\rho}_{AB})=\min\{\lambda_j\}$，$L(\boldsymbol{\rho}_{AB})=1-\min\{\lambda_j\}$；

若 $\min\{\lambda_j\}\geqslant 1$，则 $V(\boldsymbol{\rho}_{AB})=1$，$L(\boldsymbol{\rho}_{AB})=0$。

综上所述，$L(\boldsymbol{\rho}_{AB})=\max\{0,1-\min\{\lambda_j\}\}$。证毕。

下面考虑任意的 $(m+n)$-模高斯纯态的导引度量 $L(\cdot)$。不失一般性,我们假定 $m\leqslant n$。由纯高斯态的正规模分解[116]知,通过局部高斯酉变换,任意的 $(m+n)$-模高斯纯态都可变成正规模分解形式,也叫作相位-施密特

型，即假定 $\boldsymbol{\Gamma}$ 是 $(m+n)$-模高斯纯态的相关矩阵，相应地，存在辛矩阵 $\boldsymbol{S}=\boldsymbol{S}_m\oplus\boldsymbol{S}_n$，使其相位-施密特型的相关矩阵为

$$
\begin{aligned}
\boldsymbol{\Gamma}_S &= \boldsymbol{S\Gamma S}^{\mathrm{T}} \\
&= \begin{pmatrix} \boldsymbol{A} & \boldsymbol{C} \\ \boldsymbol{C}^{\mathrm{T}} & \boldsymbol{B} \end{pmatrix} \\
&= \left(\begin{array}{cccc|ccccccc}
\boldsymbol{C}_1 & \Diamond & \Diamond & \Diamond & \boldsymbol{D}_1 & \Diamond & \Diamond & \Diamond & \Diamond & \Diamond & \Diamond \\
\Diamond & \boldsymbol{C}_2 & \Diamond & \Diamond & \Diamond & \boldsymbol{D}_2 & \Diamond & \Diamond & \Diamond & \Diamond & \Diamond \\
\Diamond & \Diamond & \ddots & \Diamond & \Diamond & \Diamond & \ddots & \Diamond & \Diamond & \Diamond & \Diamond \\
\Diamond & \Diamond & \Diamond & \boldsymbol{C}_m & \Diamond & \Diamond & \Diamond & \boldsymbol{D}_m & \Diamond & \Diamond & \Diamond \\
\hline
\boldsymbol{D}_1 & \Diamond & \Diamond & \Diamond & \boldsymbol{C}_1 & \Diamond & \Diamond & \Diamond & \Diamond & \Diamond & \Diamond \\
\Diamond & \boldsymbol{D}_2 & \Diamond & \Diamond & \Diamond & \boldsymbol{C}_2 & \Diamond & \Diamond & \Diamond & \Diamond & \Diamond \\
\Diamond & \Diamond & \ddots & \Diamond & \Diamond & \Diamond & \ddots & \Diamond & \Diamond & \Diamond & \Diamond \\
\Diamond & \Diamond & \Diamond & \boldsymbol{D}_m & \Diamond & \Diamond & \Diamond & \boldsymbol{C}_m & \Diamond & \Diamond & \Diamond \\
\Diamond & \Diamond & \Diamond & \Diamond & \Diamond & \Diamond & \Diamond & \Diamond & \boldsymbol{I} & \Diamond & \Diamond \\
\Diamond & \Diamond & \Diamond & \Diamond & \Diamond & \Diamond & \Diamond & \Diamond & \Diamond & \ddots & \Diamond \\
\Diamond & \Diamond & \Diamond & \Diamond & \Diamond & \Diamond & \Diamond & \Diamond & \Diamond & \Diamond & \boldsymbol{I}
\end{array}\right)_{2(m+n)}
\end{aligned}
\tag{6.27}
$$

式(6.27)中的每个元素表示一个 $2\times 2$ 的子矩阵，菱形 $\Diamond$ 对应为零矩阵，$I$ 对应为单位矩阵，并且

$$
\boldsymbol{C}_k=\begin{pmatrix} \gamma_k & 0 \\ 0 & \gamma_k \end{pmatrix},\boldsymbol{D}_k=\begin{pmatrix} \sqrt{\gamma_k^2-1} & 0 \\ 0 & -\sqrt{\gamma_k^2-1} \end{pmatrix},(k=1,2,\cdots,m)
$$

其中 $\gamma_k\geqslant 1(k=1,2,\cdots,m)$ 为第 $(A_k-B_k)$ 模混合因子。我们称 $\boldsymbol{\Gamma}_S$ 为 $\boldsymbol{\Gamma}$ 的相位-施密特型或者 $\boldsymbol{\Gamma}$ 的正规模分解形式.

**定理 6.16** 假设 $m\leqslant n$，对于任意的 $(m+n)$-模高斯纯态 $\boldsymbol{\rho}_{AB}$，$\gamma_k(k=1,2,\cdots,m)$ 为其相位-施密特型相关矩阵中的第 $(A_k-B_k)(k=1,2,\cdots,m)$ 模混合因子。则有

$$
L(\boldsymbol{\rho}_{AB})=\max\left\{0,1-\min\left\{\frac{1}{\gamma_k}\right\}\right\}
$$

**证明**:对于任意的 $(m+n)$-模高斯纯态 $\boldsymbol{\rho}_{AB}$,由 $L(\cdot)$ 的局域高斯酉不变性,不妨假设其相关矩阵 $\boldsymbol{\Gamma}$ 为相位-施密特型,如式(6.27)所示,则 $\boldsymbol{B}-\boldsymbol{C}^{\mathrm{T}}\boldsymbol{A}^{-1}\boldsymbol{C}$ 的辛特征值为 $\frac{1}{\gamma_k}(k=1,2,\cdots,m)$,其余 $(n-m)$ 个辛特征值为 1。因为 $\gamma_k \geqslant 1(k=1,2,\cdots,n)$,由定理 6.15,有

$$L(\boldsymbol{\rho}_{AB})=\max\left\{0,1-\min\left\{\frac{1}{\gamma_k}\right\}\right\}$$

接下来针对两类高斯态来考察高斯导引度量 $L(\cdot)$。参考文献[117]给出了两类在实验中非常有用的高斯态:一种为与有限维系统的 GHZ 态类似的连续变量系统中类 GHZ 态(CV GHZ 态),该类量子态是一类纯对称压缩态;另一种是最小辛特征值等于 1 的一类高斯态。下面讨论这两类高斯态的高斯导引度量。

**例 6.2** 假设 $\boldsymbol{\rho}_{AB}$ 是 $(1+2)$-模的 CV GHZ 态,其相关矩阵为

$$\boldsymbol{\Gamma}_{\boldsymbol{\rho}_{AB}}=\begin{pmatrix}\boldsymbol{A} & \boldsymbol{C}\\ \boldsymbol{C}^{\mathrm{T}} & \boldsymbol{B}\end{pmatrix}=\begin{pmatrix}a & 0 & e^{+} & 0 & e^{+} & 0\\ 0 & a & 0 & e^{-} & 0 & e^{-}\\ e^{+} & 0 & a & 0 & e^{+} & 0\\ 0 & e^{-} & 0 & a & 0 & e^{-}\\ e^{+} & 0 & e^{+} & 0 & a & 0\\ 0 & e^{-} & 0 & e^{-} & 0 & a\end{pmatrix}$$

其中 $e^{\pm}=\dfrac{a^2-1\pm\sqrt{(a^2-1)(9a^2-1)}}{4a}, a\geqslant 1$。

注意到,$\boldsymbol{A}=\begin{pmatrix}a & 0\\ 0 & a\end{pmatrix}, \boldsymbol{C}=\begin{pmatrix}e^{+} & 0 & e^{+} & 0\\ 0 & e^{-} & 0 & e^{-}\end{pmatrix}$,

$$\boldsymbol{B}=\begin{pmatrix}a & 0 & e^{+} & 0\\ 0 & a & 0 & e^{-}\\ e^{+} & 0 & a & 0\\ 0 & e^{-} & 0 & a\end{pmatrix}$$

由定理 6.16 容易求出,$\boldsymbol{B}-\boldsymbol{C}^{\mathrm{T}}\boldsymbol{A}^{-1}\boldsymbol{C}$ 的辛特征值为 $\frac{1}{a}$ 和 1。因为 $a\geqslant 1$,

则由定理 6.16 知，$L(\boldsymbol{\rho}_{AB})=1-\dfrac{1}{a}$。经过分析，当 $n\to+\infty$ 时，CVGHZ 态接近于未归一化连续变量系统的 GHZ 态且 $L(\boldsymbol{\rho}_{AB})\to 1$，即 $L(\boldsymbol{\rho}_{AB})$ 达到最大值。

**例 6.3** 我们考虑最小辛特征值等于 1 的(1+2)-模高斯态 $\boldsymbol{\rho}_{AB}$，其相关矩阵为

$$\boldsymbol{\Gamma}_{\boldsymbol{\rho}_{AB}}=\begin{pmatrix}\boldsymbol{A} & \boldsymbol{C}\\ \boldsymbol{C}^{\mathrm{T}} & \boldsymbol{B}\end{pmatrix}=\begin{pmatrix}a & 0 & e^{+} & 0 & e^{+} & 0\\ 0 & a & 0 & e^{-} & 0 & e^{-}\\ e^{+} & 0 & a & 0 & e^{+} & 0\\ 0 & e^{-} & 0 & a & 0 & e^{-}\\ e^{+} & 0 & e^{+} & 0 & a & 0\\ 0 & e^{-} & 0 & e^{-} & 0 & a\end{pmatrix}$$

这里 $e^{+}=\dfrac{a^2-5+\sqrt{9a^2(a^2-2)+25}}{4a}$，$e^{-}=\dfrac{5-9a^2+\sqrt{9a^2(a^2-2)+25}}{12a}$，$a\geqslant 1$。

显然，$\boldsymbol{A}=\begin{pmatrix}a & 0\\ 0 & a\end{pmatrix}$，$\boldsymbol{B}=\begin{pmatrix}a & 0 & e^{+} & 0\\ 0 & a & 0 & e^{-}\\ e^{+} & 0 & a & 0\\ 0 & e^{-} & 0 & a\end{pmatrix}$，$\boldsymbol{C}=\begin{pmatrix}e^{+} & 0 & e^{+} & 0\\ 0 & e^{-} & 0 & e^{-}\end{pmatrix}$。

经过计算，$\boldsymbol{B}-\boldsymbol{C}^{\mathrm{T}}\boldsymbol{A}^{-1}\boldsymbol{C}$ 的辛特征值为

$$d_1=\sqrt{\frac{-36a^4+46a^2-113+(12a^2+17)\sqrt{9a^2(a^2-2)+25}}{18a^2}},$$

$$d_2=\sqrt{\frac{3a^2+3-\sqrt{9a^2(a^2-2)+25}}{2}}$$

因为 $a\geqslant 1$，则 $d_2\geqslant 1$ 当 $a>1.3185$ 时，$d_1<1$，则

$$L(\boldsymbol{\rho}_{AB})=1-\sqrt{\frac{-36a^4+46a^2-113+(12a^2+17)\sqrt{9a^2(a^2-2)+25}}{18a^2}}$$

即当 $a>1.3185$ 时，$\boldsymbol{\rho}_{AB}$ 是 $A$ 可导引 $B$ 的。当 $1\leqslant a\leqslant 1.3185$ 时，$d_1$、$d_2$ 都

大于或等于 1,则 $L(\boldsymbol{\rho}_{AB})=0$，即当 $1\leqslant a\leqslant 1.3185$ 时，$\boldsymbol{\rho}_{AB}$ 是 $A$ 不可导引 $B$ 的。

可以看出,高斯导引度量 $L(\cdot)$ 对于任意的 $(m+n)$-模的高斯态都可以进行计算,只与相关矩阵有关,避免了通常的取优化过程，使得计算难度大大降低。

下面，针对 $(m+1)$-模高斯态,考虑 $L(\cdot)$ 的估值问题。

**定理 6.17** 对于任意的 $(m+1)$-模高斯态 $\boldsymbol{\rho}_{AB}$，若其相关矩阵为 $\boldsymbol{\Gamma}_{\boldsymbol{\rho}_{AB}}=\begin{pmatrix}\boldsymbol{A} & \boldsymbol{C}\\ \boldsymbol{C}^{\mathrm{T}} & \boldsymbol{B}\end{pmatrix}$，则

$$L(\boldsymbol{\rho}_{AB})=\max\left\{0,1-\sqrt{\det(\boldsymbol{B}-\boldsymbol{C}^{\mathrm{T}}\boldsymbol{A}^{-1}\boldsymbol{C})}\right\}$$

$$=\max\left\{0,1-\sqrt{\frac{\det\boldsymbol{\Gamma}_{\boldsymbol{\rho}_{AB}}}{\det\boldsymbol{A}}}\right\}$$

**证明:** 对于任意的 $(m+1)$-模高斯态 $\boldsymbol{\rho}_{AB}$，$\boldsymbol{\Gamma}_{\boldsymbol{\rho}_{AB}}=\begin{pmatrix}\boldsymbol{A} & \boldsymbol{C}\\ \boldsymbol{C}^{\mathrm{T}} & \boldsymbol{B}\end{pmatrix}$，这里 $\boldsymbol{B}$ 为 $2\times 2$ 的矩阵。由 Williamson 定理知,存在辛矩阵 $\boldsymbol{S}_B$，使得

$$\boldsymbol{S}_B(\boldsymbol{B}-\boldsymbol{C}^{\mathrm{T}}\boldsymbol{A}^{-1}\boldsymbol{C})\boldsymbol{S}_B^{\mathrm{T}}=\begin{pmatrix}d & 0\\ 0 & d\end{pmatrix}$$

这里 $d$ 是 $(\boldsymbol{B}-\boldsymbol{C}^{\mathrm{T}}\boldsymbol{A}^{-1}\boldsymbol{C})$ 的辛特征值。由定理 6.15 知

$$L(\boldsymbol{\rho}_{AB})=\max\{0,1-d\}=\max\left\{0,1-\sqrt{\det(\boldsymbol{B}-\boldsymbol{C}^{\mathrm{T}}\boldsymbol{A}^{-1}\boldsymbol{C})}\right\}$$

且由矩阵的性质知

$$\det(\boldsymbol{B}-\boldsymbol{C}^{\mathrm{T}}\boldsymbol{A}^{-1}\boldsymbol{C})=\frac{\det\boldsymbol{\Gamma}_{\boldsymbol{\rho}_{AB}}}{\det\boldsymbol{A}}$$

则有

$$L(\boldsymbol{\rho}_{AB})=\max\left\{0,1-\sqrt{\det(\boldsymbol{B}-\boldsymbol{C}^{\mathrm{T}}\boldsymbol{A}^{-1}\boldsymbol{C})}\right\}$$

$$=\max\left\{0,1-\sqrt{\frac{\det\boldsymbol{\Gamma}_{\boldsymbol{\rho}_{AB}}}{\det\boldsymbol{A}}}\right\}$$

### 6.4.2 导引度量 $L(\cdot)$ 在局域高斯量子信道下的演化

本节主要讨论导引度量 $L(\cdot)$ 在高斯量子信道下的演化问题. 在连续变量系统中,高斯信道把高斯态转变为高斯态的量子信道。如果 $\Phi$ 为 $m$ -模高斯系统的高斯信道,则存在 $\boldsymbol{M},\boldsymbol{K}\in M_{2m}(\mathbb{R})$,且 $\boldsymbol{M}$ 满足 $\boldsymbol{M}=\boldsymbol{M}^{\mathrm{T}}\geqslant 0$,$\det\boldsymbol{M}\geqslant(\det\boldsymbol{K}-1)^2$,向量 $\boldsymbol{d}\in\mathbb{R}^{2m}$,使得对于任意的 $m$ -模高斯态 $\boldsymbol{\rho}=\boldsymbol{\rho}(\boldsymbol{\Gamma}_{\rho},\boldsymbol{d}_{\rho})$,$\Phi(\boldsymbol{\rho}(\boldsymbol{\Gamma}_{\rho},\boldsymbol{d}_{\rho}))=\boldsymbol{\rho}(\boldsymbol{\Gamma},\boldsymbol{d}')$,这里 $\boldsymbol{d}'=\boldsymbol{K}\boldsymbol{d}'_{\rho}+\boldsymbol{d}'$,$\boldsymbol{\Gamma}'=\boldsymbol{K}\boldsymbol{\Gamma}_{\rho}\boldsymbol{K}^{\mathrm{T}}+\boldsymbol{M}$。我们将高斯信道 $\Phi$ 参数化为 $\Phi(\boldsymbol{K},\boldsymbol{M},\boldsymbol{d})$。

首先,我们讨论导引度量 $L(\cdot)$ 在 B 系统的高斯量子信道下的演化规律。

**定理 6.18** 对于任意的 $(m+1)$ -模高斯态 $\boldsymbol{\rho}_{AB}\in S(H_A\otimes H_B)$,其相关矩阵为 $\boldsymbol{\Gamma}_{\boldsymbol{\rho}_{AB}}=\begin{pmatrix}\boldsymbol{A} & \boldsymbol{C}\\ \boldsymbol{C}^{\mathrm{T}} & \boldsymbol{B}\end{pmatrix}$,作用在 $B$ 系统的高斯信道为 $\Phi_B(\boldsymbol{K}_B,\boldsymbol{M}_B,\boldsymbol{d}_B)$,则有

$$L[(I_A\otimes\Phi_B)\boldsymbol{\rho}_{AB}]=\max\{0,1-\sqrt{\det[\boldsymbol{K}_B(\boldsymbol{B}-\boldsymbol{C}^{\mathrm{T}}\boldsymbol{A}^{-1}\boldsymbol{C})\boldsymbol{K}_B^{\mathrm{T}}+\boldsymbol{M}_B]}\}$$

**证明:** 对于任意的 $(m+1)$ -模高斯态 $\boldsymbol{\rho}_{AB}\in GS(H_A\otimes H_B)$,有 $(I_A\otimes\Phi_B)\boldsymbol{\rho}_{AB}$ 的相关矩阵 $\boldsymbol{\Gamma}_{(I_A\otimes\Phi_B)\boldsymbol{\rho}_{AB}}$ 为:

$$\boldsymbol{\Gamma}_{(I_A\otimes\Phi_B)\boldsymbol{\rho}_{AB}}=\begin{pmatrix}\boldsymbol{I}_A & \boldsymbol{0}\\ \boldsymbol{0} & \boldsymbol{K}_B\end{pmatrix}\begin{pmatrix}\boldsymbol{A} & \boldsymbol{C}\\ \boldsymbol{C}^{\mathrm{T}} & \boldsymbol{B}\end{pmatrix}\begin{pmatrix}\boldsymbol{I}_A & \boldsymbol{0}\\ \boldsymbol{0} & \boldsymbol{K}_B^{\mathrm{T}}\end{pmatrix}+\begin{pmatrix}\boldsymbol{0} & \boldsymbol{0}\\ \boldsymbol{0} & \boldsymbol{M}_B\end{pmatrix}$$
$$=\begin{pmatrix}\boldsymbol{A} & \boldsymbol{C}\boldsymbol{K}_B^{\mathrm{T}}\\ \boldsymbol{K}_B\boldsymbol{C}^{\mathrm{T}} & \boldsymbol{K}_B\boldsymbol{B}\boldsymbol{K}_B^{\mathrm{T}}+\boldsymbol{M}_B\end{pmatrix}$$

由定理 6.17 知

$$L[(I_A\otimes\Phi_B)\boldsymbol{\rho}_{AB}]=\max\{0,1-\sqrt{\det[\boldsymbol{K}_B(\boldsymbol{B}-\boldsymbol{C}^{\mathrm{T}}\boldsymbol{A}^{-1}\boldsymbol{C})\boldsymbol{K}_B^{\mathrm{T}}+\boldsymbol{M}_B]}\}$$

**推论 6.1** $\boldsymbol{\rho}_{AB}\in S(H_A\otimes H_B)$ 为任意的 $(m+1)$ -模高斯态,作用在 $B$ 系统的任意高斯信道为 $\Phi_B(\boldsymbol{K}_B,\boldsymbol{M}_B,\boldsymbol{d}_B)$,若 $\boldsymbol{K}_B=0$,则 $\det\boldsymbol{M}_B\geqslant 1$,所以

$$L[(I_A\otimes\Phi_B)\boldsymbol{\rho}_{AB}]=\max\{0,1-\sqrt{\det\boldsymbol{M}_B}\}=0$$

而因为 $L(\boldsymbol{\rho}_{AB})\geqslant 0$，则 $L[(I_A\otimes\Phi_B)\boldsymbol{\rho}_{AB}]\leqslant L(\boldsymbol{\rho}_{AB})$。

**推论 6.2** 设 $\boldsymbol{\rho}_{AB}\in S(H_A\otimes H_B)$ 为任意的 $(m+1)$-模高斯态，其相关矩阵为 $\boldsymbol{\Gamma}_{\boldsymbol{\rho}_{AB}}=\begin{pmatrix}\boldsymbol{A} & \boldsymbol{C}\\ \boldsymbol{C}^{\mathrm{T}} & \boldsymbol{B}\end{pmatrix}$，作用在 $B$ 系统的高斯信道为 $\Phi_B(\boldsymbol{K}_B,\boldsymbol{M}_B,\boldsymbol{d}_B)$。当 $\boldsymbol{M}_B=0$，则 $\det\boldsymbol{K}_B=1$，且有

$$L[(I_A\otimes\Phi_B)\boldsymbol{\rho}_{AB}]=L(\boldsymbol{\rho}_{AB})$$

**定理 6.19** 对于任意的 $(m+1)$-模高斯态 $\boldsymbol{\rho}_{AB}\in S(H_A\otimes H_B)$，其相关矩阵为 $\boldsymbol{\Gamma}_{\boldsymbol{\rho}_{AB}}=\begin{pmatrix}\boldsymbol{A} & \boldsymbol{C}\\ \boldsymbol{C}^{\mathrm{T}} & \boldsymbol{B}\end{pmatrix}$，任意作用在 $B$ 系统的高斯信道 $\Phi_B(\boldsymbol{K}_B,\boldsymbol{M}_B,\boldsymbol{d}_B)$。若 $|\det\boldsymbol{K}_B|\geqslant 1$，则有

$$L[(I_A\otimes\Phi_B)\boldsymbol{\rho}_{AB}]\leqslant L(\boldsymbol{\rho}_{AB})$$

**证明：**由 $|\det\boldsymbol{K}_B|\geqslant 1,\det\boldsymbol{M}_B\geqslant 0$ 知

$$\begin{aligned}&\det[\boldsymbol{K}_B(\boldsymbol{B}-\boldsymbol{C}^{\mathrm{T}}\boldsymbol{A}^{-1}\boldsymbol{C})\boldsymbol{K}_B^{\mathrm{T}}+\boldsymbol{M}_B]\\ \geqslant\ &(\det\boldsymbol{K}_B)^2\det(\boldsymbol{B}-\boldsymbol{C}^{\mathrm{T}}\boldsymbol{A}^{-1}\boldsymbol{C})\\ \geqslant\ &\det(\boldsymbol{B}-\boldsymbol{C}^{\mathrm{T}}\boldsymbol{A}^{-1}\boldsymbol{C})\end{aligned}$$

若 $L[(I_A\otimes\Phi_B)\boldsymbol{\rho}_{AB}]=0$ 时，因为 $L(\boldsymbol{\rho}_{AB})\geqslant 0$，则

$$L[(I_A\otimes\Phi_B)\boldsymbol{\rho}_{AB}]\leqslant L(\boldsymbol{\rho}_{AB})$$

若 $L[(I_A\otimes\Phi_B)\boldsymbol{\rho}_{AB}]\neq 0$ 时，由 $|\det\boldsymbol{K}_B|\geqslant 1$ 且 $\det\boldsymbol{M}_B\geqslant 0$，有

$$0<1-\sqrt{\det[\boldsymbol{K}_B(\boldsymbol{B}-\boldsymbol{C}^{\mathrm{T}}\boldsymbol{A}^{-1}\boldsymbol{C})\boldsymbol{K}_B^{\mathrm{T}}+\boldsymbol{M}_B]}\leqslant 1-\sqrt{\det(\boldsymbol{B}-\boldsymbol{C}^{\mathrm{T}}\boldsymbol{A}^{-1}\boldsymbol{C})}$$

即

$$L[(I_A\otimes\Phi_B)\boldsymbol{\rho}_{AB}]\leqslant L(\boldsymbol{\rho}_{AB})$$

综上所述，当 $|\det\boldsymbol{K}_B|\geqslant 1$ 时

$$L[(I_A\otimes\Phi_B)\boldsymbol{\rho}_{AB}]\leqslant L(\boldsymbol{\rho}_{AB})$$

证毕。

由定义 6.3 知，我们定义的量子导引度量 $L(\cdot)$ 是不对称的，所以我们讨论量子导引度量 $L(\cdot)$ 经过系统 $A$ 高斯信道后的变化情况，得到下面的定理以及推论。

**定理 6.20** 设 $\boldsymbol{\rho}_{AB} \in S(H_A \otimes H_B)$ 为任意的 $(m+1)$-模高斯态，其相关矩阵为 $\boldsymbol{\Gamma}_{\boldsymbol{\rho}_{AB}} = \begin{pmatrix} \boldsymbol{A} & \boldsymbol{C} \\ \boldsymbol{C}^{\mathrm{T}} & \boldsymbol{B} \end{pmatrix}$，作用在 $A$ 系统的高斯信道为 $\Phi_A(\boldsymbol{K}_A, \boldsymbol{M}_A, \boldsymbol{d}_A)$，则有

$$L[(\Phi_A \otimes I_B)\boldsymbol{\rho}_{AB}] = \max\{0, 1 - \sqrt{\det(\boldsymbol{B} - \boldsymbol{C}^{\mathrm{T}}\boldsymbol{K}_A^{\mathrm{T}}(\boldsymbol{K}_A\boldsymbol{A}\boldsymbol{K}_A^{\mathrm{T}} + \boldsymbol{M})^{-1}\boldsymbol{K}_A\boldsymbol{C})}\}$$

容易得出，当 $\boldsymbol{K}_A = 0$ 时，$L[(\Phi_A \otimes I_B)\boldsymbol{\rho}_{AB}] = 0$，并且 $L[(\Phi_A \otimes I_B)\boldsymbol{\rho}_{AB}] \leqslant L(\boldsymbol{\rho}_{AB})$；当 $M_A = 0$ 时，$L[(\Phi_A \otimes I_B)\boldsymbol{\rho}_{AB}] = L(\boldsymbol{\rho}_{AB})$。

**定理 6.21** 设 $\boldsymbol{\rho}_{AB} \in S(H_A \otimes H_B)$ 为任意的 $(m+1)$-模高斯态，其相关矩阵为 $\boldsymbol{\Gamma}_{\boldsymbol{\rho}_{AB}} = \begin{pmatrix} \boldsymbol{A} & \boldsymbol{C} \\ \boldsymbol{C}^{\mathrm{T}} & \boldsymbol{B} \end{pmatrix}$，作用在 $A$ 系统的高斯信道为 $\Phi_A(\boldsymbol{K}_A, \boldsymbol{M}_A, \boldsymbol{d}_A)$，则有

$$L[(\Phi_A \otimes I_B)\boldsymbol{\rho}_{AB}] \leqslant L(\boldsymbol{\rho}_{AB})$$

**证明：** 由参考文献[77]知 $\boldsymbol{K}_A^{\mathrm{T}}(\boldsymbol{K}_A\boldsymbol{A}\boldsymbol{K}_A^{\mathrm{T}} + \boldsymbol{M}_A)^{-1}\boldsymbol{K}_A \leqslant \boldsymbol{A}^{-1}$，则

$$\det[\boldsymbol{B} - \boldsymbol{C}^{\mathrm{T}}\boldsymbol{K}_A^{\mathrm{T}}(\boldsymbol{K}_A\boldsymbol{A}\boldsymbol{K}_A^{\mathrm{T}} + \boldsymbol{M}_A)^{-1}\boldsymbol{K}_A\boldsymbol{C}] \geqslant \det(\boldsymbol{B} - \boldsymbol{C}^{\mathrm{T}}\boldsymbol{A}^{-1}\boldsymbol{C})$$

若 $L[(\Phi_A \otimes I_B)\boldsymbol{\rho}_{AB}] = 0$，因为 $L(\boldsymbol{\rho}_{AB}) \geqslant 0$，则 $L[(\Phi_A \otimes I_B)\boldsymbol{\rho}_{AB}] \leqslant L(\boldsymbol{\rho}_{AB})$；

若 $L[(\Phi_A \otimes I_B)\boldsymbol{\rho}_{AB}] \neq 0$，因为 $1 - \sqrt{\det(\boldsymbol{B} - \boldsymbol{C}^{\mathrm{T}}\boldsymbol{K}_A^{\mathrm{T}}(\boldsymbol{K}_A\boldsymbol{A}\boldsymbol{K}_A^{\mathrm{T}} + \boldsymbol{M}_A)^{-1}\boldsymbol{K}_A\boldsymbol{C})} \leqslant 1 - \sqrt{\det(\boldsymbol{B} - \boldsymbol{C}^{\mathrm{T}}\boldsymbol{A}^{-1}\boldsymbol{C})}$，则 $L[(\Phi_A \otimes I_B)\boldsymbol{\rho}_{AB}] \leqslant L(\boldsymbol{\rho}_{AB})$。综上所述，$L[(\Phi_A \otimes I_B)\boldsymbol{\rho}_{AB}] \leqslant L(\boldsymbol{\rho}_{AB})$。

**推论 6.3** 设 $\boldsymbol{\rho}_{AB} \in S(H_A \otimes H_B)$ 为任意的 $(m+1)$-模高斯态，其相关矩阵为 $\boldsymbol{\Gamma}_{\boldsymbol{\rho}_{AB}} = \begin{pmatrix} \boldsymbol{A} & \boldsymbol{C} \\ \boldsymbol{C}^{\mathrm{T}} & \boldsymbol{B} \end{pmatrix}$。作用在 $A$、$B$ 系统的高斯信道分别为 $\Phi_A(\boldsymbol{K}_A, \boldsymbol{M}_A, \boldsymbol{d}_A)$、$\Phi_B(\boldsymbol{K}_B, \boldsymbol{M}_B, \boldsymbol{d}_B)$，且 $|\det\boldsymbol{K}_B| \geqslant 1$，则

$$L[(\Phi_A \otimes \Phi_B)\boldsymbol{\rho}_{AB}] \leqslant L(\boldsymbol{\rho}_{AB})$$

**证明：**由定理 6.19 与定理 6.21 直接得出。

下面我们通过分析 $(1+1)$-模对称压缩热态(SSTSs)的导引度量

$L(\boldsymbol{\rho}_{AB})$，研究高斯导引与高斯纠缠之间的关系。若对称压缩热态的相关矩阵如下

$$\boldsymbol{\Gamma}_{\rho_{AB}}=\begin{pmatrix} 1+2\bar{n} & 0 & 2\mu\sqrt{\bar{n}(1+\bar{n})} & 0 \\ 0 & 1+2\bar{n} & 0 & -2\mu\sqrt{\bar{n}(1+\bar{n})} \\ 2\mu\sqrt{\bar{n}(1+\bar{n})} & 0 & 1+2\bar{n} & 0 \\ 0 & -2\mu\sqrt{\bar{n}(1+\bar{n})} & 0 & 1+2\bar{n} \end{pmatrix}$$

其中，$\bar{n}$ 为每模上的平均光子数，$\mu\in[0,1]$ 为混合参数。则由定理 6.17 知，对于任意的 $(1+1)$-模高斯态 $\boldsymbol{\rho}_{AB}(\bar{n},\mu)$，我们有

$$L[\boldsymbol{\rho}_{AB}(\bar{n},\mu)]=\max\left\{0,1-\frac{(1+2\bar{n})^2-\left(2\mu\sqrt{\bar{n}(1+\bar{n})}\right)^2}{1+2\bar{n}}\right\}$$

参考文献[118]提出一个纠缠判据，对于任意的 $(1+1)$-模高斯态 $\boldsymbol{\rho}_{AB}$，则 $\boldsymbol{\rho}_{AB}$ 为纠缠的高斯态当且仅当 $k<1$，其中 $k$ 表示该高斯态相关矩阵偏转置后矩阵最小的辛特征值。对于 $(1+1)$-模对称压缩热态 $\boldsymbol{\rho}_{AB}(\bar{n},\mu)$，由参考文献[119]可知 $k=(1+2\bar{n})-2\mu\sqrt{\bar{n}(1+\bar{n})}$。为了得到高斯导引与高斯纠缠的关系，我们作出 $k$ 与 $z=1-\dfrac{(1+2\bar{n})^2-\left(2\mu\sqrt{\bar{n}(1+\bar{n})}\right)^2}{1+2\bar{n}}$ 的关系图，如图 6.1 所示。从图 6.1，我们可以看出当 $0\leqslant k<\dfrac{1}{2}$ 时，$z>0$，则 $L[\boldsymbol{\rho}_{AB}(\bar{n},\mu)]>0$，即 $\boldsymbol{\rho}_{AB}(\bar{n},\mu)$ 是 $A$ 可导引 $B$ 的纠缠高斯态。当 $\dfrac{1}{2}\leqslant k<1$，$\boldsymbol{\rho}_{AB}(\bar{n},\mu)$ 是 $A$ 可导引 $B$ 的纠缠高斯态或者 $A$ 不可导引 $B$ 的纠缠高斯态。当 $k\geqslant 1$，即 $\boldsymbol{\rho}_{AB}(\bar{n},\mu)$ 是可分的高斯态，有 $z\leqslant 0$，则 $L[\boldsymbol{\rho}_{AB}(\bar{n},\mu)]=0$，即 $\boldsymbol{\rho}_{AB}(\bar{n},\mu)$ 是 $A$ 不可导引 $B$ 的可分高斯态。以上的分析证实了存在 $A$ 不可导引 $B$ 的纠缠高斯态。

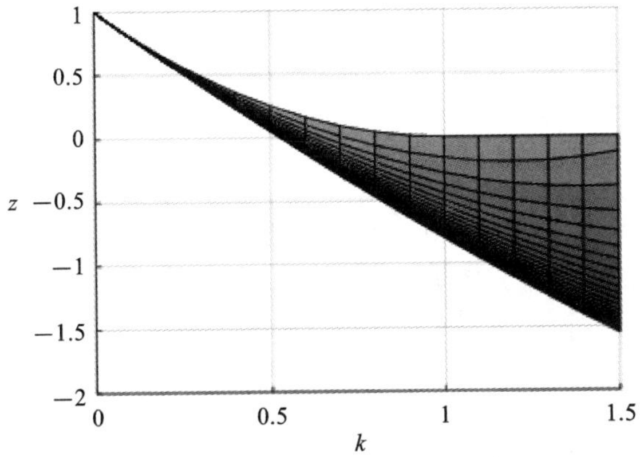


图 6.1

## 6.5 注　　记

6.1 节、6.2 节取自参考文献[120];6.3 节取自参考文献[121];6.4 节取自参考文献[122]。量子导引概念是由 Schrödinger 于 1935 年提出的,它是描述 $A$ 系统通过局域测量远距离地导引 $B$ 系统的一种能力。不过,直到 2007 年,Wiseman 等人给出了量子导引的数学概念后,即刻画对两系统进行局域测量不能构造出一种隐变量态的模型的能力,这种量子关联才开始吸引学者们的注意。例如 2018 年,Li 等人给出了在 $A$ 系统局域正算子值测量下两体量子态可导引的定义,并建立了不可导引的一些等价特征;2019 年,曹怀信等人讨论了两体量子态的量子导引,包括该量子关联的数学定义刻画、不可导引态集的几何性质,并且推导了量子态可导引的充分条件。此外,量子导引检测判据及度量也不断涌现。在量子导引判据的研究中,2013 年,James 等人从熵不确定性给出了量子导引的判据;2015 年,Ji 等人利用局域正则可观测量给出了检测量子导引的协方差矩阵判据和局域不确定性定理,此结论对有限维和无限维情形都成立;2017 年,李传峰等人实现了基于投影测量的单向量子导引,也展示了单向量子导引的优势;2020 年,Paul 等人根据 CJWR 线性不等式说明了量子导引的可分享性。对于量子导引的度量，2016年，Costa等人通过考虑导引不等式最大违反的量来量化给定量子态的可导引程度；2017年，Zhang等人基于相对熵给出了任意两体量子态的导引度量；2018年，Zheng等人引入并研究了量子导引广义鲁棒性，并证明了其性质。关于量子导引的这一系列研究，读者可参阅参考文献[123—130]。量子导引具有明显的不对称性，一方可以导引另一方，反之则不一定成立。最新的研究表明，这种特殊的量子非局域特性可以由三方或多方共享，用来作为安全通信加密所需的量子密钥，为未来构建不同任务需求的具有一定方向性的多方量子安全通信网络提供了可能。由于无限维系统与有限维系统有着同等重要的地位，因此深入探讨两类量子系统的量子导引问题具有重要的理论和现实意义。

# 参考文献


[1] DOUGLAS R G. On majorization, factorization, and range inclusion of operators on Hilbert space [J]. Proceedings of the American Mathematical, 1966, 17: 413-416.

[2] FILLMORE P A, WILLIAMS J P. On operator ranges[J]. Advances in Mathematics, 1971, 7: 254-281.

[3] NIELSEN M A, CHUANG I L. Quantum computation and quantum information[M]. Cambridge: Cambridge University Press, 2000.

[4] BRAUNSTEIN S L, LOOCK P V. Quantum information with continuous variables[J]. Reviews of Modern Physics, 2005, 77: 513.

[5] WEEDBROOK C, PIRANDOLA S, GARCIA-PATRON R, et al. Gaussian quantum information[J]. Reviews of Modern Physics, 2012, 84: 621-669.

[6] WANG X B, HIROSHIMA T, TOMITA A, et al. Quantum information with Gaussian states [J]. Physics Reports, 2007, 448: 1-111.

[7] WERNER R F, WOLF M M. Bounded entangled Gaussian states[J]. Physical Review Letters, 2001, 86: 3658.

[8] GIEDKE G, KRAUS B, LEWENSTEIN M, et al. Entanglement criteria for all bipartite Gaussian states[J]. Physical Review Letters, 2001, 87: 167904.

[9] FIURASEK J, MISTA L. Gaussian localizable entanglement [J]. Physical Review A, 2007, 75: 060302(R).

[10] GIEDKE G, CIRAC J I. Characterization of Gaussian operations and distillation of Gaussian states [J]. Physical Review A, 2002, 66: 032316.

[11] HOLEVO A S, WERNER R F. Evaluating capacities of bosonic Gaussian channels[J]. Physical Review A,2001,63:032312.

[12] CARUSO F,GIOVANNETTI V,HOLEVO A S. One-mode bosonic Gaussian channels: a full weak-degradability classification[J]. New Journal of Physics,2006,8:310.

[13] HOLEVO A S. One-mode quantum Gaussian channels: structure and quantum capacity[J]. Problems of Information Transmission,2007, 43:1-11,127.

[14] CARUSO F, EISERT J, GIOVANNETTI V, et al. Multi-mode bosonic Gaussian channels [J]. New Journal of Physics, 2008, 10:083030.

[15] PALMA G D, MARI A, GIOVANNETTI V, et al. Normal form decomposition for Gaussian- to-Gaussian superoperators[J]. Journal of Mathematical Physics,2015,56:052202.

[16] SIMON R,SUDARSHAN E C G,MUKUNDA N. Gaussian-Wigner distributions in quantum me chanics and optics[J]. Physical Review A,1987,36:3868.

[17] WILLIAMSON J. On the algebraic problem concerning the normal forms of linear dynamical systems [J]. American Journal of Mathematics,1936,58(1):141-163.

[18] WERNER R F. Quantum states with Einstein-Podolsky-Rosen correlations admitting a hidden- variable model[J]. Physical Review A,1989,40:4277-4281.

[19] GUO Y,HOU J C. A class of separable quantum states[J]. Journal of Physics A ,2012,45:505303.

[20] HOLEVO A S,SHIROKOV M E,WERNER R. F. Separability and entanglement-breaking in infinite dimensions [J]. Russian Mathematical Surveys,2005,60:359.

[21] HOLEVO A S,SHIROKOV M E,WERNER R F. On the notion of entanglement in Hilbert spaces[J]. Russian Mathematical Surveys, 2005:359-360.

[22] WISEMAN H M, JONES S J, DOHERTY A C. Steering, entanglement, nonlocality, and the Einstein-Podolsky-Rosen paradox [J]. Physical Review Letters, 2007, 98: 140402.

[23] HENDERSON L, VEDRAL V. Classical, quantum and total correlations[J]. Journal of Physics A, 2001, 34: 6899.

[24] OLLIVIER H, ZUREK W H. Quantum discord: a measure of the quantumness of correlations [J]. Physical Review Letters, 2001, 88: 017901.

[25] LUO S L, ZHANG Q. Observable correlations in two-qubit states [J]. Journal of Statistical Physics, 2009, 136: 165.

[26] WU S, POULSEN U V, MOLMER K. Correlations in local measurements on a quantum state, and complementarity as an explanation of nonclassicality [J]. Physical Review A, 2009, 80: 032319.

[27] GIORDA P, ALLEGRA M, PARIS M G A. Quantum discord for Gaussian states with non-Gaussian measurements [J]. Physical Review A, 2012, 86: 052328.

[28] GIORDA P, PARIS M G A. Gaussian quantum discord[J]. Physical Review Letters, 2010, 105: 020503.

[29] ADESSO G, DATTA A. Quantum versus classical correlations in Gaussian states[J]. Physical Review Letters, 2010, 105: 030501.

[30] DAKI B, VEDRAL V, BRUKNER C. Necessary and sufficient condition for nonzero quantum discord[J]. Physical Review Letters, 2010, 105: 190502.

[31] ADESSO G, GIROLAMI D. Gaussian geometric discord [J]. International Journal of Quantum Information, 2011, 9: 1773-1786.

[32] LUO S L, FU S S. Measurement-induced nonlocality[J]. Physical Review Letters, 2011, 106: 120401.

[33] GUO Y, HOU J C. Local channels preserving the states without measurment-induced nonlocality [J]. Journal of Physics a-mathematical And theoretical, 2013, 46: 325301.

[34] MISTA L, TATHAM R, GIROLAMI D, et al. Measurement-

induced disturbances and nonclassical correlations of Gaussian states [J]. Physical Review A,2011,83:042325.

[35] LIU D,ZHAO X,LONG G L. Multiple entropy measures for multi-particle pure quantum state [J]. Communications in Theoretical Physics,2010,54:825.

[36] CAO Y,LI H,LONG G L. Entanglement of linear cluster states in terms of averaged entropies[J]. Chinese Science Bulletin,2013,58:48-52.

[37] GUO Y, LI X L, LI B, et al. Quantum correlation induced by the average distance between the reduced states [J]. International Journal of Theoretical Physics,2015,54(6):2022-2030.

[38] BOWEN W P, SCHNABEL R, LAM P K, et al. Experimental characterization of continuous-variable entanglement [J]. Physical Review A,2004,69:012304.

[39] MARIAN P, MARIAN T A. Hellinger distance as a measure of Gaussian discord [J]. Journal of Physics A-mathematical and theoretical,2015,48:115301.

[40] SU X L. Applying Gaussian quantum discord to quantum key distribution[J]. Chinese Science Bulletin,2014,11:1083-1090.

[41] QI X F, HOU J C. Nonlinear entanglement witnesses based on continuous-variable local orthogonal observables for bipartite systems[J]. Quantum Information Processing,2016,15:741-759.

[42] ANDERS J. Estimating the degree of entanglement of unknown Gaussian states[J]. arXiv:quant- ph/2006:0610263.

[43] SCUTARU H. Fidelity for displaced squeezed states and the oscillator semigroup [J]. Journal of Physics A-mathematical and general,1998,31(15):3659-3663.

[44] LUO S L. Quantum discord for two-qubit systems [J]. Physical Review A,2008,77:042303.

[45] XU J W. Which bipartite atates are lazye[J]. International Journal of Theoretical Physics,2015,54:860.

[46] GIEDKE G, CIRAC J I. Experimental criteria for steering and the Einstein-Podolsky-Rosen paradox[J]. Physical Review A, 2009, 80:032112.
[47] VIDAL G, WERNER R F. A computable measure of entanglement [J]. Physical Review A, 2002, 65:032314.
[48] FANCHINI F F, WERLANG T, BRASIL C A, et al. Non-Markovian dynamics of quantum discord[J]. Physical Review A, 2010, 81:052107.
[49] WANG B, XU Z Y, CHEN Z Q, et al. Non-Markovian effect on the quantum discord[J]. Physical Review A, 2010, 81:014101.
[50] STREL TSOV A, KAMPERMANN H, BRUS D. Behavior of quantum correlations under local noise[J]. Physical Review Letters, 2011, 107:170502.
[51] MA R F, HOU J C, QI X F, et al. Quantum correlations for bipartite continuous- variable systems[J]. Quantum Information Processing, 2018, 17:98.
[52] 马瑞芬,齐霄霏.连续变量系统高斯态的量子关联[J].山西大学学报(自然科学版),2018,41(4):679-684.
[53] LO C F. Generating displaced and squeezed number states by a general driven time-dependent oscillator[J]. Physical Review A, 1991, 43:404.
[54] NIETO M M. The discovery of squeezed states——in 1927[J]. Physical Review A, 1997, 229:135.
[55] FOLLAND G B. Harmonic analysis in phase space[M]. Princeton: Princeton University Press, 1989.
[56] MA R F, HOU J C, QI X F. Measurement-induced nonlocality for Gaussian states[J]. International Journal of Theoretical Physics, 2017, 56:1132-1140.
[57] SEN A, SARKAR D, BHAR A. Monogamy of measurement induced non-locality[J]. Journal of Physics A-mathematical and theoretical, 2012, 45:405306.

[58] XI Z J, WANG X G, LI Y M. Measurement-induced nonlocality based on the relative entropy [J]. Physical Review A, 2012, 85:042325.

[59] HU M L, FAN H. Dynamics of entropic measurement-induced nonlocality in structured reservoirs[J]. Annals of Physics, 2012, 327(9):2343-2353.

[60] WANG Y Y, HOU J C, QI X F. Nonclassicality by local Gaussian unitary operations for Gaussian states[J]. Entropy, 2018, 20:266.

[61] MIRANOWICZ A, HORODECKI P, CHHAJLANY R W, et al. Analytical progress on symmetric geometric discord: measurement-based upper bounds[J]. Physical Review A, 2012, 86:042123.

[62] ZHANG J, ZHANG Y, WU S X, et al. Non-classicalities via perturbing local unitary opera tions[J]. European Physical Journal D, 2013, 67:217.

[63] GIAMPAOLO S M, ILLUMINATI F. Characterization of separability and entanglement in (2 ×D)- and (3 ×D)-dimensional systems by single-qubit and single-qutrit unitary transformations[J]. Physical Review A, 2007, 76:042301.

[64] MONRAS A, ADESSO G, GIAMPAOLO S M. Entanglement quantification by local unitary operations[J]. Physical Review A, 2011, 84:012301.

[65] GHARIBIAN S. Quantifying nonclassicality with local unitary operations[J]. Physical Review A, 2012, 86:042106.

[66] RIGOVACCA L, FARACE A, PASQUALE A D, et al. Gaussian discriminating strength[J]. Physical Review A, 2011, 83:042325.

[67] SAFRANEK D, FUENTES I. Optimal probe states for the estimation of Gaussian unitary channels[J]. Physical Review A, 2016, 94:062313.

[68] ARVIND, DUTTA B, SIMON R. The real symplectic groups in quantum mechanics and optics[J]. Pramana, 1995, 45:471-492.

[69] WANG X G, YU C S, YI X X. An alternative quantum fidelity for

mixed states of qudits[J]. Physics Letters A,2008,373:58-60,67.

[70] MUTHUGANESAN R, SANKARANARAYANAN R. Fidelity based measurement induced nonlocality[J]. Physics Letters A,2017, 381:3028-3032.

[71] LIU L,QI X F ,HOU J C. Fidelity based unitary operation-induced quantum correlation for continuous-variable systems [J]. International Journal Of Quantum Information ,2019,17:4.

[72] MA R F,HOU J C,QI X F. Quantifying discriminating strength for Gaussian states[J]. Com munications in Theoretical Physics,2018 , 70:127-131.

[73] 马瑞芬.连续变量系统中的量子关联[D].太原:山西大学,2018.

[74] WANG Y Y ,QI X F,HOU J C,et al. Cohering power and decohering power of Gaussian unitary operations[J]. Quantum Information and Computation,2019,19(7&8):0575-0586.

[75] LIU L ,QI X F,HOU J C . Fidelity based unitary operation-induced quantum correlation for continuous-variable systems [J]. International Journal of Quantum Information,2019,17:4.

[76] SCUTARU H. Fidelity for displaced squeezed states and the oscillator semigroup [J]. Journal of Physics A-Mathematical andgeneral,1998,31(15):3659-3663.

[77] LIU L,HOU J C,QI X F. A computable Gaussian quantum correlation for continuous- variable system[J]. Entropy,2021,23(9):1190.

[78] HOU J C, LIU L, QI X F. Computable multipartite multimode Gaussian quantum correlation measure and the monogamy relations for continuous-variable systems [J]. Physical Review A, 2022, 105:032429.

[79] BRADSHAW M, LAM P K, ASSAD S M. Gaussian multipartite quantum discord from classical mutual information[J]. Journal of Physics B-atomic Molecular and Optical Physics, 2019, 52 (24):245501.

[80] 马瑞芬,吴丹彤,闫桃桃. k 体高斯乘积态的关联度量[J].太原科技

大学学报(已录用),2024.

[81] YU C S, SONG H S. Multipartite entanglement measure[J]. Physical Review A,2005,71(04):2331.

[82] MA Z H, CHEN Z H, CHEN J L, et al. Measure of genuine multipartite entanglement with computable lower bounds[J]. Physical Review A,2011 ,83(06):2325.

[83] HONG Y,GAO T,YAN F L. Measure of multipartite entanglement with computable lower bounds[J]. Physical Review A ,2012,86(06):2323.

[84] SADHUKHAN D,ROY S S,PAL A K,et al . Multipartite entanglement accumulation in quantum states:localizable generalized geometric measure[J]. Physical Review A ,2017,95:02230.

[85] GUO Y,JIA Y P ,LI X P,et al . Genuine multipartite entanglement measure[J]. Journal of Physics A-mathematical and theoretical, 2022,55:145303.

[86] WANG Y Z, LIU T W, MA R F. Schmidt number entanglement measure for multipartite k-nonseparable states[J]. International Journal of Theoretical Physics ,2020,59:983-990.

[87] 王银珠,刘亚雪,刘天文,等. 多体复合量子系统 k-积态的一类基于迹距离的关联测度[J]. 数学的实践与认识,2021(22):129-134.

[88] SCHRODINGER E, BORN M. Discussion of probability relations between separated systems[J]. Mathematical Proceedings of the Cambridge Philosophical Society,1935,31(4):555-563.

[89] WOLLMANN S, WALK N, BENNET A J, et al. Obervation of Genuine one-way Einstein-Podolsky-Rosen steering[J]. Physical Review Letters,2016,116(16):160403.

[90] BOWLES J, VERTESI T, QUINTINO M T, et al. One-way Einstein-Podolsky-Rosen steering[J]. Physical Review Letters, 2014, 112(20):200402.

[91] BOWLES J, FRANCFORT J, FILLETTAZ M, et al. Genuinely multipartite entangled quantum states with fully local hidden

variable models and hidden multipartite nonlocality[J]. Physical Review Letters,2015,116(13):130401.

[92] SUN K, YE X J, XU J S, et al. Experimental quantification of asymmetric Einstein-Podolsky-Rosen steering[J]. Physical Review Letters,2016,116(16):160404.

[93] BARTKIEWICZ K, CERNOCH A, LEMR K, et al. Temporal steering and security of quantum key distribution with mutually unbiased bases against individual attacks[J]. Physical Review A, 2016,93(6):062345.

[94] BRANCIARD C,CAVALCANTI E G,WALBORN S P,et al. One-sided device-independent quantum key distribution: security, feasibility,and the connection with steering[J]. Physical Review A Atomic Molecular & Optical Physics,2011,85(1):281-289.

[95] OPANCHUK B, ARNAUD L, REID M D. Detecting faked continuous-variable entanglement using one-sided device-independent entanglement witnesses[J]. Physical Review A,2013, 89(6):2044-2049.

[96] REID M D. Signifying quantum benchmarks for qubit teleportation and secure quantum communication using Einstein-Podolsky-Rosen steering inequalities[J]. Physical Review A,2014,88(6):062338.

[97] LI C M,CHEN Y N,LAMBERT N,et al. Certifying single-system steering for quantum-information processing[J]. Physical Review A, 2015,92(6):062310.

[98] HE Q Y,GONG Q H,REID M D. Classifying directional Gaussian entanglement, Einstein-Podolsky-Rosen steering, and discord[J]. Physical Review Letters,2015,114(6):060402.

[99] PIANI M, WATROUS J. Necessary and sufficient quantum information characterization of Einstein-Podolsky-Rosen steering [J]. Physical Review Letters,2015,114(6):060404.

[100] XIANG Y,XU B,MISTA L,et al. Investigating Einstein-Podolsky-Rosen steering of continuous-variable bipartite states by non-

Gaussian pseudospin measurements[J]. Physical Review A,2017,96(4):042326.

[101] GUHNE O,MECHLER M,TOTH G,et al. Entanglement criteria based on local uncertainty relations are strictly stronger than the computable cross norm criterion[J]. Physical Review A,2006,74(1):010301(R).

[102] SAUNDERS D J, JONES S J , WISEMAN H M, et al. Experimental EPR-steering using Bell-local states[J]. Nature Physics,2010,6:845.

[103] JI S W,LEE J,PARK J Y,et al. Steering criteria via covariance matrices of local observables in arbitrary-dimensional quantum systems[J]. Physical Review A,2015,92(6):062130.

[104] HORN R A, JOHNSON C R. Matrix analysis[M]. Cambridgeshire:Cambridge University Express,1985:455.

[105] CAVALCANTI E G,FOSTER C J,FUWA M,et al. Analog of the Clauser - Horne - Shimony - Holt inequality for steering[J]. Journal of the Optical Society of America B,2015,32(4):A74-A81.

[106] SCHNEELOCH J, BROADBENT C J, WALBORN S P, et al. Einstein-Podolsky-Rosen steering inequalities from entropic uncertainty relations[J]. Physical Review A,2013,87(6):062103.

[107] HORODECKI M, HORODECKI P, HORODECKI R. Separability of mixed states: necessary and sufficient conditions[J]. Physics Letters A,1996,223(1-2):1-8.

[108] LEWENSTEIN M, KRAUS B, Cirac J I, et al. Optimization of entanglement witnesses[J]. Physical Review A, 2000, 62(5):052310.

[109] LEWENSTEIN M, KRAUS B, HORODECKI P, et al. Characterization of separable states and entanglement witnesses[J]. Physical Review A,2001,63:044304.

[110] HYLLUS P, EISERT J. Optimal entanglement witnesses for continuous-variable systems[J]. New Journal of Physics, 2005,

8:51.

[111] HOU J C, QI X F. Constructing entanglement witnesses for infinite-dimensional systems [J]. Physical Review A, 2010, 81:062351.

[112] EISERT J, BRANDAO F G S L, AUDENAERT K M R. Quantitative entanglement witnesses[J]. New Journal of Physics, 2007,9:46.

[113] ZHAO M J, FEI S M, LI-JOST X Q. Complete entanglement witness for quantum teleportation[J]. Physical Review A,2012,85:054301.

[114] WU Y C, HAN Y J, GUO G C. When different entanglement witnesses can detect the same entangled states[J]. Physics Letters A,2006,356:402-405.

[115] HOU J C,GUO Y. When different entanglement witnesses detect the same entangled states[J]. Physical Review A,2010,82:052301.

[116] ADESSO G,ILLUMINATI J. Entanglement in continuous-variable systems: recent advances and current perspectives[J]. Journal of Physics A-mathematical and theoretical,2007,40(28):7821.

[117] ADESSO G, SERAFINI A, ILLUMINATI F. Multipartite entanglement in three-mode Gaussian states of continuous variable systems: quantification, sharing structure and decoherence [J]. Physical Review A,2006,73(3):176-176.

[118] MARIAN P,MARIAN T A,SCUTARU. Inseparability of mixed two-mode Gaussian states generated with a SU (1, 1) interferometer[J]. Journal of Physics A-General Physics,2001,34 (35):6969.

[119] MARIAN P, MARIAN T A. Bures distance as a measure of entanglement for symmetric two-mode Gaussian states[J]. Physical Review A,2008,77(6):06.

[120] 马瑞芬,闫桃桃,吴丹彤,等.关于量子导引的一些刻画[J].山西大学学报,2022,45(6):1474-1480.

[121] MA R F,YAN T T,WU D T,et al. Steering witness and steering criterion of Gaussian states[J]. Entropy,2022,24(1):62.

[122] MA R F,YAN T T,WU D T,et al. Quantum steering measure of Gaussian states[J]. TaiYuan:[s. n],2024.

[123] LI Z W, GUO Z H, CAO H X. Some characterizations of EPR steering[J]. International Journal of Theoretical Physics,2018,57(11):3285-3295.

[124] CAO H X, GUO Z H. Characterizing Bell nonlocality and EPR steering[J]. Science China,2019,62(3):030311.

[125] YA X,YE X J,SUN K,et al. Demonstration of multisetting one-way Einstein-Podolsky-Rosen steering in two-qubit systems[J]. Physical Review Letters,2017,118(14):140404.

[126] PAUL B,MUKHERJEE K. Shareability of quantum steering and its relation with entanglement[J]. Physical Review A,2020,102(5):052209.

[127] COSTA A, ANGELO R M. Quantification of Einstein-Podolski-Rosen steering for two-qubit states[J]. Physical Review A,2016,93(2):20103.

[128] ZHANG T,YANG H,LI-JOST X,et al. Uniform quantification of correlations for bipartite systems[J]. Physical Review A,2017,95(4):042316.

[129] ZHENG C M, GUO Z H, CAO H X. Generalized steering robustness of bipartite quantum states[J]. International Journal of Theoretical Physics,2018,57(6):1787-1801.

[130] DESIGNOLLE S. Robust genuine high-dimensional steering with many measurem-ents [J]. Physical Review A, 2022, 105(3):032430.